机械设计制造及其自动化专业应用型本科系列教材

机械制造技术基础

主　编　喻洪平
副主编　唐　茂　钱扬顺
参　编　汪　历　周黎明　冉龙姣
主　审　秦东兴　刘　宇

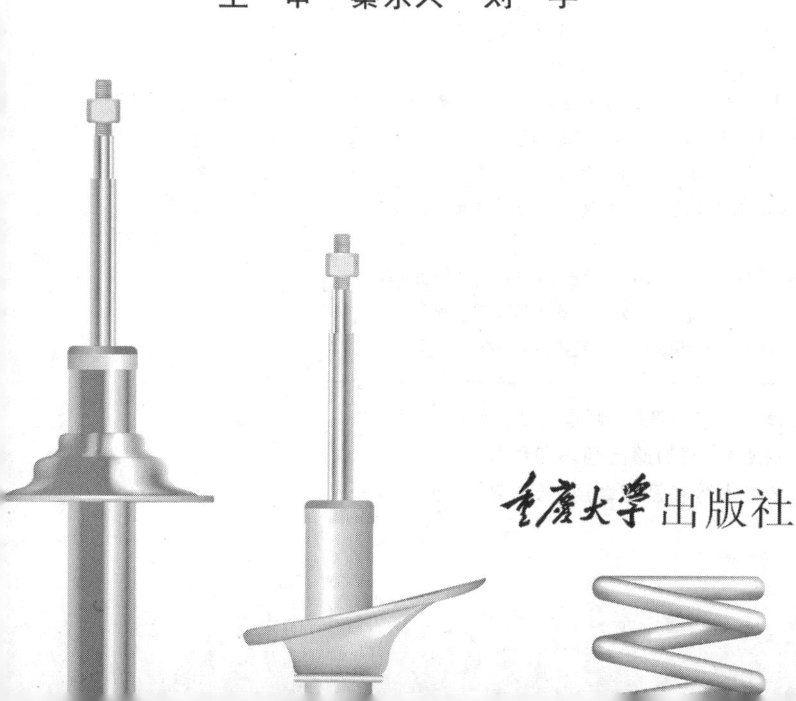

重庆大学出版社

内容提要

本书是在推动工程教育的背景下，为适应应用型本科机械设计制造及其自动化专业的人才培养目标，以机械制造技术为主要研究对象，以机械制造工艺系统的各要素为主线，介绍了金属切削的基本原理和基本概念、金属切削刀具、机械加工基本方法、机床及夹具、机械加工工艺规程的基本知识，突出"理论够用、宽度适宜、强化实践"的教学内容组织体系。

本书按56学时组织内容，可作为机械设计制造及其自动化专业的教材使用，应用型本科或高职院校机械类相关专业也可根据培养目标参考选用。

图书在版编目(CIP)数据

机械制造技术基础 / 喻洪平主编. -- 重庆 : 重庆大学出版社, 2021.6

机械设计制造及其自动化专业应用型本科系列教材

ISBN 978-7-5689-2697-3

Ⅰ. ①机… Ⅱ. ①喻… Ⅲ. ①机械制造工艺—高等学校—教材 Ⅳ. ①TH16

中国版本图书馆 CIP 数据核字(2021)第 088342 号

机械制造技术基础

主　编　喻洪平

副主编　唐　茂　钱扬顺

策划编辑：范　琪

责任编辑：杨育彪　　版式设计：范　琪

责任校对：王　倩　　责任印制：张　策

*

重庆大学出版社出版发行

出版人：饶帮华

社址：重庆市沙坪坝区大学城西路21号

邮编：401331

电话：(023)88617190　88617185(中小学)

传真：(023)88617186　88617166

网址：http://www.cqup.com.cn

邮箱：fxk@cqup.com.cn (营销中心)

全国新华书店经销

重庆华林天美印务有限公司印刷

*

开本：787mm×1092mm　1/16　印张：14.25　字数：368千

2021年6月第1版　2021年6月第1次印刷

ISBN 978-7-5689-2697-3　定价：42.00元

前言

新时期我国高等教育将进入普及化阶段，高等院校专业教学逐步突出特色化和错位发展，一批新升的本科院校都面临两个问题：基于 OBE 理念的工程教育人才培养模式变革和传统的工科人才培养如何达到未来新兴产业和新经济需要的实践能力强、创新能力强、具备国际竞争力的高素质复合型新工科人才培养质量要求。为适应应用型本科机械设计制造及其自动化专业人才的培养目标对高校人才专业知识的要求，作者总结了十多年的教学实践经验，结合一般本科院校在专业基础实训条件、师资队伍工程背景现状、学生课程与知识体系上的要求，参考传统课程内容与学生毕业出口的专业岗位能力需求编写了此书。

本书以机械制造工艺系统的各要素为主线，将机械制造过程中的基本理论、基础知识有机地结合起来，整合了原《金属切削原理与刀具》《金属切削机床》《机床夹具设计》《机械制造工艺与装备》的内容，突出"理论够用、宽度适宜、强化实践"。"机械制造技术基础"被大多数学校列为机械设计制造及其自动化专业的主要专业基础课程，通常安排在力学、材料、金工实习、机械原理、机械设计等系列课程之后讲授，计划学时为 56 学时。本课程的综合性和实践性较强，除课堂教学外，还应有实验、课外作业、生产实习和课程实训等教学环节配套。

本书的主要内容有金属切削基本原理、金属切削刀具、机械加工方法与机床、机械加工质量、机床夹具设计、机械加工工艺规程设计。综合考虑本专业知识的宽口径和总结学生前期知识的掌握情况，本书在第 1 章增加了 4 学时左右的机械材料及钢的热处理的机械加工预备知识进行回顾与巩固，为课程效果提供保证。本书系统完整，覆盖面宽，有较强实用性。

本书主要有以下特点：

(1) 内容体系与现有的教材体系完全不同，各章内容相对独立。

(2)由于各章内容相对独立,可根据学时数和不同专业的需要进行取舍。如对教学计划中后续开有“机械制造装备设计”课程的,机械夹具设计章节可以不讲;对材料成型与控制工程、工业设计、机械电子工程、测控技术与仪器、机器人工程等专业,金属切削基本原理和机械加工工艺规程设计章节仅供参考。

(3)知识结构组织上做到理论类够用,识记类够广,素质能力培养上可训、可练。

(4)注重工程应用能力的培养,用尽可能多的图、表对典型实例进行分析,弥补普通本科院校因实训条件限制在金工实习环节留下的欠缺,注重理论联系实际,尽量做到以较少的篇幅介绍更多的内容。

(5)本书每章后附有一定量的思考与习题,供学习者自我测试掌握情况。

本书由成都大学喻洪平任主编,成都大学唐茂、钱扬顺任副主编,第1章由钱扬顺编写,第2~4章和第6、7章后半部分由喻洪平编写,第5章由唐茂编写,第6章前半部分由冉龙姣编写,第7章前半部分由汪历编写,全书思考与习题部分由周黎明整理。成都大学机械工程学院老前辈龚一龙教授、董万福教授和张跃华老师对新形势下本课程内容的教学组织给予了重要意见,教研室乔水明、赵悦、莫莉等老师提供了大力支持,在此一并致谢。全书由成都大学喻洪平拟纲、统稿。

成都信息工程大学秦东兴教授、电子科技大学刘宇教授在百忙之中审阅了本书,并提出了许多宝贵的意见和建议,在此表示衷心感谢!

由于编者水平所限,书中难免有疏漏和不妥之处,殷切希望使用本书的广大教师和读者提出意见并批评指正。

编　者

2021年2月

目录

绪 论

1)机械制造业和机械制造技术及其在国民经济中的地位

制造业是一个国家的立国之本,是一个国家的民族产业和经济支柱产业,也是反映一个国家经济实力的重要标志,是为国家创造财富的重要产业。机械制造业的水平体现了国家的综合实力和国际竞争能力。世界上最大的 100 家跨国公司中,80% 都集中在制造业领域,美国 68% 的财富来源于制造业,美国约 1/4 人口直接从事制造业,其余人口中又有约半数人所做的工作与制造业有关。战后的日本由于重视制造业,产业技术水平和经济实力迅猛发展,短短 30 多年,跃升为世界经济大国,目前日本国民经济超过 50% 是由制造业提供的。在强烈依赖出口经济的日本产品中,机械产品占 70% 以上。德国制造业也被称为"众厂之厂",是世界工厂的制造者。在机械制造业的 31 个部门中,德国有 27 个占据全球领先地位,处于前三位的部门共有 17 个。中国的制造业在工业总产值占有 40% 以上的比例。可见机械制造业发展水平是衡量一个国家经济实力和科学技术水平的重要标志之一。

在国民经济中的各个部门中(如工业、农业、国防建设、交通运输等),机械制造业不仅为国民经济、国家安全提供装备,也为满足人民群众对幸福生活不断追求的物质文化条件提供丰富的机械产品。机械制造技术则是研究用于制造上述装备和机械产品的一门工程技术。

机械制造业是国民经济持续发展的基础,是工业化、现代化建设的发动机和动力源,是在国际竞争中取胜的法宝,是技术进步的主要舞台,是提高人均收入的财源,是国家安全的保障,是发展现代文明的物质基础。

机械制造业是国民经济的产业主体,是富民强国之本,在国民经济中无论 GDP 所占的比例还是对其他产业的感应系数都很大。机械制造业是国民经济的支柱产业,占到了国民经济总收入的 60% 以上;机械制造业产品(含机电产品)约占中国社会物质总产品的 50%。机械制造业是实现跨越发展战略的中坚力量。在工业化过程中,机械制造业始终是推动经济发展的决定性力量。机械制造业是科学技术的载体和实现创新的舞台。

纵观机械制造业的发展,可以分为以下几个阶段:

17 世纪 60 年代,瓦特改进蒸汽机,标志第一次工业革命兴起,工业化大生产从此开始。

18 世纪中期,麦克斯韦尔建立电磁场理论,电气化时代开始。

20 世纪初,福特汽车生产线、泰勒科学管理方法,标志自动化时代到来(以大量生产 Mass

Production 为特征)。

第二次世界大战后,计算机、微电子技术、信息技术及软科学的发展,以及市场竞争的加剧和市场需求多样性的趋势,使中小批量生产自动化成为可能,并产生了综合自动化和许多新的制造哲理与生产模式。

进入 21 世纪,制造技术向自动化、柔性化、集成化、智能化、精密化和清洁化的方向发展。

2)机械制造业的现状与发展趋势

当今信息科学技术的高速发展,使传统制造业革新了原来的面目,丰富了新的内涵。发达国家的机械制造技术已经达到相当高的水平,实现了机械制造系统高度自动化。但是一个经济体,如果忽视制造技术的发展,就会导致其经济发展步入歧途。这一点为不少国家经济发展的历程所证明,如美国近年来的发展情况即是一例。第二次世界大战以来,美国一直是制造业大国。但在 20 世纪七八十年代,一度受到所谓制造业已成为"夕阳工业"的思潮影响,美国在汽车、家电的生产方面受到了日本的有力挑战,丧失了许多市场,导致了 20 世纪 90 年代初美国经济的衰退。这一严重局面使得美国决策层重新审视自己的产业政策,先后制定实施了一系列振兴制造业的计划,并特别将 1994 年确定为美国的先进制造技术年,制造技术是美国当年财政重点扶植的唯一领域。这些措施,使先进制造技术在美国得到长足的发展,其结果促进了美国经济的全面复苏,夺回了许多原先失去的市场。2013 年 4 月,德国政府在汉诺威工业博览会上首次推出"工业 4.0 战略",此后又实施"国家产业计划 2030",对于德国这一素以制造业为核心竞争力的国家而言,此乃着眼全球制造业竞争力较量及产业变革趋势而制定的战略性规划。这既是落实"工业 4.0"的自选动作,也是为参与国际科技大博弈的必选动作,期望借此让德国继续领跑全球制造业,保持制造强国地位。

改革开放以来,开放与引进在一定程度上促进了我国制造业的发展及制造技术水平的提高,但与工业发达国家相比,我们还存在着明显的差距。由于技术、管理、投入不足等许多方面的因素,有些差距还有加大的趋势,我国制造业正承受着国际市场的巨大压力。我国现在已经是制造大国,要想成为制造强国,还有很长的路要走。目前在尖端设备的制造、大型装备的制造方面我国还主要依赖进口,如高速高精度机床、制造集成电路的光刻设备、600 MW 以上的大型发电机组等,还常常受到国外的技术封锁和出口限制。因此,振兴我国制造业,必须走自主发展的道路。

近年来,我国大力推广应用 CIMS 技术,20 世纪 90 年代初期已建成研究环境,包括 CIMS 实验工程中心和 7 个开放实验室。在全国范围内,部署了 CIMS 的若干研究项目,诸如 CIMS 软件工程与标准化、开放式系统结构与发展战略、CIMS 总体与集成技术、产品设计自动化、工艺设计自动化、柔性制造技术、管理与决策信息系统、质量保证技术、网络与数据库技术以及系统理论和方法等专题,各项研究均取得了丰硕成果,获得不同程度的进展。

以先进制造技术与信息化的融合为代表特征的智能制造已成为全球制造业新的竞争焦点。近年来,我国传统产业与互联网融合发展明显提速,促使智能制造水平持续提升,一批核心技术装备研发与应用取得新突破,为传统产业转型升级提供了强大动力,但我国的大部分大型机械制造企业和绝大部分中小型机械制造企业主要受限于 CAD 和管理信息系统,因底层(车间层)基础自动化还十分薄弱,数控机床由于编程复杂,还没有真正发挥作用。加工中心无论是数量还是利用率都很低。可编程控制器的使用并不普及,工业机器人的应用还很有限。因此,要努力开展制造业自动化和信息化系统的研究与应用,做好基础自动化的工作仍是我国制造企业一项十分紧迫而艰巨的任务。

3)本课程的性质、研究对象、学习要求及学习方法

(1)性质

本课程是机械类各专业的主干专业技术基础课程。

(2)研究对象

研究对象包括金属切削原理、金属切削机床与刀具、机床夹具设计原理、机械产品的制造加工工艺以及机械加工质量。

(3)学习要求

①以金属切削理论为基础,要求掌握金属切削的基本原理和基本知识,并具有根据具体情况合理选择加工方法(机床、刀具、切削用量、切削液等)的初步能力。

②掌握机械加工的基础理论和各种机械加工方法的基本知识。

③了解影响加工质量的各种因素,学会分析研究加工质量的方法。

④学会制订零件机械加工工艺过程的方法。

⑤掌握机床夹具设计的基本原理和方法。

(4)学习方法

"机械制造技术基础"是一门综合性、实践性、灵活性较强的课程,课程内容知识面广,概念性强,与生产实践关系密切。它涉及了前期课程的金属材料性能、热处理工艺、公差配合等知识点,课程内的金属切削理论和机械制造工艺知识具有很强的实践性。因此,学习本课程时仅通过课堂上听教师的讲授远远不够,必须重视实践环节,即通过实验、生产实习、课程设计及工厂调研来更好地体会、加深理解。对本书内容也必须在不断的实践—理论—实践的循环中善于摸索和总结,学生才能具备制订工艺规程的能力,掌握机械加工精度和表面质量分析的基本理论及基本知识,以及掌握具备分析解决现场工艺问题的能力。

第 1 章 机械加工材料预备知识

【教学目标】

本章主要介绍金属材料的性能指标，机械工程材料的分类以及钢的热处理工艺等。

通过本章的学习，能让学生总体回顾金属材料的基础性能指标和机械工程材料的分类，熟悉钢的热处理工艺，以及了解化学成分对钢性能的影响。

【重点难点】

- 金属材料的力学性能指标
- 机械工程材料的分类
- 钢的热处理工艺

1.1 金属材料的性能指标

机械制造行业里所用的零件或构件都是由金属材料或非金属材料制成的，它们在不同的载荷和环境条件下服役。机械加工中的加工对象多数是金属材料，为配合本书后面章节内容，本章重点讲述金属材料的性能指标。如果金属材料对变形和断裂的抗力与服役条件不相适应，就会使机件失去预定的效能而损坏，即产生所谓的“失效”。

金属材料的性能指标包含使用性能和工艺性能。使用性能是金属材料在使用过程中反映出来的特性，它决定了金属材料的应用范围、安全可靠性和使用寿命。使用性能又包括力学性能、物理性能和化学性能。工艺性能是指金属材料在制造加工过程中反映出的各种特性，它决定材料是否易于加工以及如何进行加工等要素。

在选用金属材料制造机械零件时主要考虑力学性能和工艺性能。在某些特定环境和工作条件下，还要考虑零件的物理性能和化学性能。金属材料的主要性能指标见表 1.1。

表1.1　金属材料的主要性能指标

性能种类	主要性能指标
力学性能	弹性极限、强度、塑性、硬度、冲击韧性、疲劳强度等
物理性能	密度、熔点、导热性、导电性、导磁性、热膨胀性等
化学性能	耐腐蚀性、抗氧化性、化学稳定性等
工艺性能	铸造性、锻造性、焊接性、切削加工性、热处理性等

要注意的是，刚度不属于材料的力学性能指标，它是零件或结构受到的外力与该外力作用方向上产生的结构变形量的比值。零件或结构的刚度不仅与材料性能有关，而且与构件的结构形式、载荷作用方式等有关。因此，构件或机械系统的刚度有静刚度和动刚度之分。

1.1.1　金属材料的力学性能

金属材料的力学性能又称机械性能，它是金属材料在外力作用下反映出的性能指标，主要包含弹性极限、强度、塑性、硬度、冲击韧性和疲劳强度等。金属材料的力学性能是零件设计计算、选择材料、工艺评定以及材料检验的主要依据。

1）弹性极限、强度与塑性

金属材料的弹性极限、强度与塑性一般是取金属试样在金属拉伸试验机上进行拉伸试验来测定的。其试样要求及拉伸试验过程可参见《金属材料　拉伸试验　第1部分：室温试验方法》（GB/T 228.1—2010）来确定。通过在试样两端逐渐施加轴向载荷过程中测定试样承受的载荷和产生的变形量之间的关系，从而得到金属的拉伸曲线，这一过程持续到试样被拉断为止。金属的拉伸曲线可以测定该金属的弹性极限、强度与塑性等指标。

金属材料在拉伸过程中通常会经历弹性变形、塑性变形和断裂3个阶段。常见的低碳钢的拉伸曲线如图1.1所示。其横坐标代表伸长量 Δl，纵坐标代表试件受到的载荷 F。当载荷不超过 F_e 时，拉伸曲线为一条直线（oe 段），试样的伸长量与载荷成正比，这时试件处于弹性变形阶段；当载荷超过 F_e 后试样除了产生弹性变形还将产生塑性变形；达到 F_s 时试样出现明显的塑性变形，在拉伸曲线上出现了水平或锯齿形线段，这种现象称为“屈服”；当载荷继续增加到某一最大值 F_b 时，试样的局部截面缩小，产生“缩颈”现象；由于试件的截面逐渐变小，伸长量加大，试件上的载荷也逐渐降低，当到达拉伸曲线 k 点时试件在“缩颈”处断裂。

在实际工程应用中，拉伸曲线的纵坐标也可以由试件受到的应力 σ（单位截面积上受到的拉力）表示，横坐标由试件受到的应变 ε（单位长度上的伸长量）表示。因此，测得材料的拉伸曲线对应地也可以得到该材料的应力 σ-应变 ε 曲线。

（1）弹性极限

弹性极限是金属材料在外力作用下不产生塑性变形时所能承受的最大应力值，即

$$\sigma_e = \frac{F_e}{A_o} \tag{1.1}$$

式中　σ_e——弹性极限，MPa；

F_e——试样不产生塑性变形时的最大载荷，N；

A_o——试样的原始横截面积，mm^2。

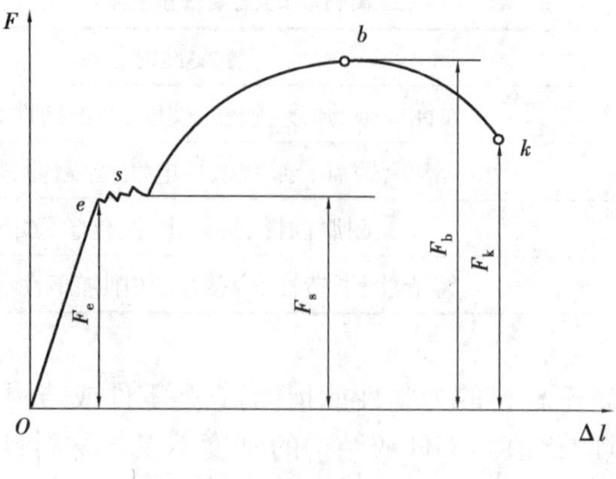

图 1.1　低碳钢拉伸曲线

(2)强度

强度是金属材料在静载荷作用下抵抗塑性变形和断裂的能力。由于载荷对材料的作用方式有拉伸、压缩、弯曲、剪切等多种形式,所以强度又包含屈服强度、抗拉强度、抗压强度、抗弯强度和抗剪强度等。工程上以材料的屈服强度和抗拉强度最为常用。

①屈服强度是金属拉伸试样产生屈服现象时所对应的应力,即

$$\sigma_s = \frac{F_s}{A_o} \tag{1.2}$$

式中　σ_s——屈服强度,MPa;

F_s——试样产生屈服时对应的最大载荷,N;

A_o——试样的原始横截面积,mm^2。

②抗拉强度是金属试样在拉断前所能承受的最大应力,即

$$\sigma_b = \frac{F_b}{A_o} \tag{1.3}$$

式中　σ_b——抗拉强度,MPa;

F_b——试样在拉断前所能承受的最大载荷,N;

A_o——试样的原始横截面积,mm^2。

当零件在工作时所受应力 $\sigma < \sigma_e$ 时材料只产生弹性变形;当 $\sigma_e < \sigma < \sigma_s$ 时材料除有弹性变形外,还产生微量的塑性变形;当 $\sigma_s < \sigma < \sigma_b$ 时材料除有弹性变形外,还产生明显的塑性变形;当 $\sigma > \sigma_b$ 时零件产生裂纹,甚至出现断裂。因此,在选择评定金属材料和设计机械零件时应以零件工作的载荷状况不同选择不同的强度极限为依据。

(3)塑性

塑性是金属材料产生塑性变形而不被破坏的能力。通常用材料的伸长率 δ(指金属试样拉断后标距的增长量与原始标距的百分比)和断面收缩率 ψ(指金属试样拉断处横截面积的缩减量与原始横截面积的百分比)来表示材料的好坏。

伸长率 δ 与试样的尺寸有关,而断面收缩率 ψ 与试样的尺寸无关。δ 和 ψ 值越大,材料的塑性越好。机器零件工作时的可靠性要求材料具有一定的塑性,遇到偶然过载时才能避免零件突然断裂而失效。同时,良好的塑性也是金属材料进行塑性变形的必要条件。

2)硬度

硬度是金属材料在一个小的体积范围内抵抗弹性变形、塑性变形或断裂的综合能力。它是衡量材料软硬的一个指标,在工程中常用硬度计来测定,主要有布氏硬度、洛氏硬度和维氏硬度三大表征方法。一般来说,材料的硬度越高,耐磨性越好,强度也越高。

①布氏硬度是用一定的淬火钢球或硬质合金球在一定压力下压入材料试样表面,保持压力后卸载,测得压痕直径,计算压痕表面积进而得到平均压力值。这个值就是布氏硬度,常用 HB 表示,其试验原理如图 1.2 所示。硬度值一般不直接计算,而是用放大镜测出压痕直径再查表得到。当压头为淬火钢球时测得的硬度用 HBS 表示,压头为硬质合金时则用 HBW 表示。一般未淬火的碳钢,或者正火及调质状态的钢材多用 HB 表示。

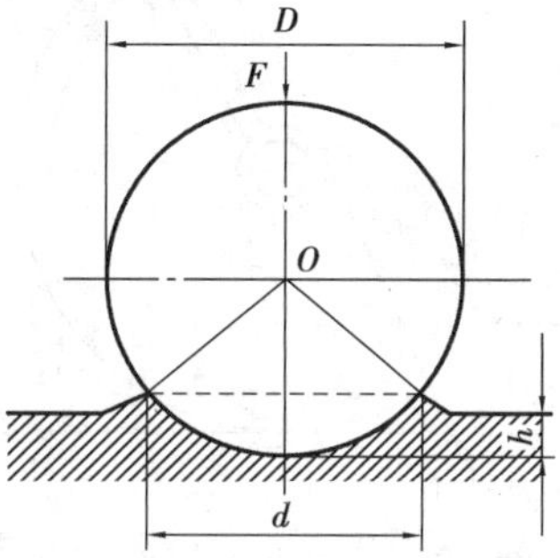

图 1.2　布氏硬度试验原理图

布氏硬度法测得的压痕面积大,数据重复性好,但不适于测定产品成品及薄而小的零件,也不适于测定太硬的材料。一般超过 650HB 的材料就不用布氏硬度法标定。

②洛氏硬度是用一个锥顶角为 120°的金刚石圆锥体或一定直径的钢球在规定载荷下压入材料试样表面,卸载后测得压痕深度来确定洛氏硬度值,常用 HR 表示。

根据不同的压头和载荷用 3 种不同的标定值即 HRA、HRB、HRC,其中 HRC 硬度值应用最广泛。HRA 一般用于硬质合金及高硬度表面,其测量范围一般为 70 ~ 85HRA,比如汽车传动箱从动齿轮的齿部局部表面淬火后就常用 HRA 表示;HRB 一般用于软钢、灰铸铁及有色金属的硬度标定,其测量范围一般为 20 ~ 100HRB;HRC 主要应用在一般通用淬火钢件的硬度标定,其测量范围一般为 20 ~ 65HRC,如汽车齿轮轴是低碳合金钢,常采用整体渗碳淬火热处理工艺,其表面硬度值一般习惯用 HRC。

③维氏硬度可采用不同标尺测定极软到极硬金属材料的硬度值,一般用 HV 表示,其试验基本原理与布氏硬度方法类似。自然界最坚硬的物质金刚石的显微硬度就达到了10 000HV。

维氏硬度是一个连续一致的标尺,试验时所加载荷小,压入深度浅,适于测试零件的表面淬硬层和化学热处理的表面层,但测试工作效率不如洛氏硬度高。

3)冲击韧性

冲击韧性是金属材料在冲击载荷作用下抵抗被破坏的能力。前面提到的强度、硬度等都是在静载荷作用下的力学指标。实际上很多零件,如柴油机曲轴、压力机的锻锤和冲模等都是在冲击载荷下工作的。瞬时的外力冲击所引起的变形和应力比受静载时大得多,所以设计冲击载荷的零件时必须考虑材料的冲击韧性。

冲击韧性的测定通常用摆锤式冲击试验机进行,其试验原理如图 1.3 所示。将带缺口的冲击材料试样用摆锤一次冲断,以试样缺口处单位截面积所吸收的冲击功表示其冲击韧性,即

$$a_k = \frac{A_k}{A} \tag{1.4}$$

式中 a_k——冲击韧性值,根据试样缺口形状不同,有 a_{kV}、a_{kU} 两种表示法,J/ cm^2;

A_k——冲断试样所消耗的冲击功,J;

A——试样缺口处的截面积,cm^2。

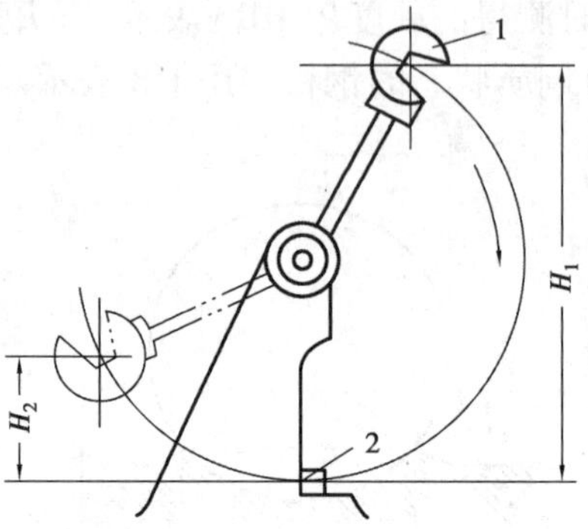

图 1.3　冲击韧性试验原理

1—摆锤;2—试样

a_k 值越低,表示材料的冲击韧性越差。材料的冲击韧性与塑性之间有一定的联系,a_k 值高的材料,一般都具有较高的塑性指标;但塑性好的材料其 a_k 值不一定高。这是因为在静载荷作用下能充分变形的材料,在冲击载荷下不一定能迅速进行塑性变形。实验研究表明,材料承受小能量的多次重复冲击的能力主要取决于强度而不是冲击韧性值。例如球磨铸铁的冲击韧性仅为 15 J/cm^2,但只要强度足够,也适合用来制造柴油机曲轴。

4)疲劳强度

疲劳强度是金属材料经过无数次循环载荷作用而不致引起疲劳断裂的最大应力。承受交变应力或重复应力的零件,往往在工作应力远低于其强度极限时就发生断裂,这个现象工程上称为疲劳断裂。不管是脆性材料还是塑性材料,疲劳断裂都有可能突然发生,断裂前材料无明显的塑性变形征兆,具有很大的危险性。当应力按正弦曲线对称循环时,疲劳强度用符号 σ_{-1} 表示。

由于实际测试中不可能做到无限次应力循环,故规定各种金属材料的疲劳强度应有一定的应力循环次数基数。如钢材常规定以 10^7 应力循环次数为基数测试,如仍不发生疲劳断裂,就认为该材料再不会发生疲劳断裂了。对于非铁合金和某些超高强度钢,常取 10^8 为基数。

工程上常通过诸多措施来提高零件的疲劳强度。比如在结构设计上避免应力集中,工艺上提高表面质量,进行表面强化,材料上减少夹杂疏松来提高冶金质量等。

1.1.2　金属材料的物理、化学性能

(1)金属材料的物理性能

金属材料的物理性能是指它对自然界各种物理现象,如温度变化、地球引力、电磁环境改变等所引起的反应。

金属材料的物理性能主要有材料的密度、熔点、导热性、导电性、导磁性和热膨胀性等。不同工作环境的零件对零件材料的物理性能提出了不同要求。比如,飞机上的零件由于考虑飞机整体质量常选用密度较小的铝、镁、钛等合金来制造;电机、电器等的导电零件常用导电性能好的铜基材料。

金属材料的物理性能有时对加工工艺有一定影响。比如高速钢导热性较差,所以锻造高速钢时应采用较低的加热速度来升温加热,否则材料容易产生裂纹;前面提及的镁、钛等合金虽然密度小,但它们的机械切削加工工艺性能较差。

(2)金属材料的化学性能

金属材料的化学性能主要是指它在常温或高温时,抵抗各种活泼介质的化学侵蚀能力。如材料的耐腐蚀性、耐酸性、耐碱性、抗氧化性等。

在一些腐蚀介质或高温等恶劣环境下工作的机械零件就要特别注意采用化学稳定性良好的金属。比如,化工设备和医疗设备常用耐腐蚀性能较高的不锈钢制造;内燃机排气阀和电站的发电机组的一些零件常用耐热钢来制造。

1.1.3　金属材料的工艺性能

金属材料的工艺性能是指该材料对制造零件时的工艺适应性能,它包括铸造性、锻造性、焊接性、切削加工性等。

在零件设计选材和选用工艺方法时都要重点考虑材料的工艺性能。比如,广泛用来制造铸件的灰铸铁,其铸造性能优良但可锻性极差,基本不能进行锻造加工,焊接性也比较低;低碳钢的焊接性能优良而高碳钢则焊接性差,所以在机械结构设计中有焊接结构时,其构件材料通常用低碳钢。关于零件结构的工艺性能本书后面有相关章节专门讨论,在此不再赘述。

1.2　机械工程材料的分类

1.2.1　机械工程材料的分类

机械工程中用到的材料非常广泛,其总体包含两大类,即金属材料和非金属材料。传统制造业里的机械零件或构件多采用金属材料,但由于资源和环境保护因素,以及材料科学的飞速发展,目前非金属材料的应用也极其普遍。机械工程材料的分类如图1.4所示。

- 机械工程材料
  - 金属材料
    - 黑色金属
      - 铸铁
      - 钢
      - 合金钢
    - 有色金属
      - 铝合金
      - 铜合金
      - 其他有色合金
  - 非金属材料
    - 无机非金属材料
    - 有机材料
      - 塑料
      - 橡胶
      - 合成纤维

图1.4　机械工程材料的分类

钢是机械工业中应用最广泛的金属材料，在工业生产中起着十分重要的作用。在此重点介绍黑色金属，特别是各种钢材的分类及选用，对于非金属材料可以参阅其他相关专业书籍。

1.2.2 工业用钢的分类

钢是指含碳质量百分比大于0.022%而小于2.11%的铁碳合金。而含碳量小于0.022%的铁碳合金一般称为纯铁，含碳量大于2.11%的铁碳合金一般称为铸铁。

钢的分类方法有很多，常见的有以下几种。

(1)按用途分类

钢按用途分类，可分为结构钢、工具钢和特殊性能钢。结构钢可分为工程用钢和机器用钢。工具钢根据用途不同又可分为刃具钢、模具钢、量具钢等。特殊性能钢包括不锈钢、耐热钢、耐磨钢等。

(2)按化学成分分类

钢按化学成分不同，可分为碳素钢和合金钢。碳素钢又按含碳量（常用 w_C 表示）不同分为低碳钢（$w_C<0.25\%$）、中碳钢（$w_C=0.25\%\sim0.65\%$）和高碳钢（$w_C>0.65\%$）；合金钢按合金元素总含量（常用 w_{Me} 表示）分为低合金钢（$w_{Me}<5\%$）、中合金钢（$w_{Me}=5\%\sim10\%$）和高合金钢（$w_{Me}>10\%$）。另外，根据钢中所含主要合金元素种类的不同，可分为锰钢、铬钢、铬钼钢、铬锰钛钢等。

(3)按钢的质量等级分类

钢材中，还存在硅、锰、磷、硫等杂质元素。这些杂质中按磷、硫含量的多少可分为普通碳素结构钢、优质碳素结构钢和特殊性能钢。

此外，钢按平衡状态的金相组织分为亚共析钢、共析钢和过共析钢；按脱氧程度又分为沸腾钢（钢号用F开头表示）、镇静钢（钢号用Z开头表示）等。

典型钢的牌号及主要用途见表1.2。

表1.2 典型钢的牌号及主要用途

种类	C%	典型牌号	合金元素作用	热处理	性能	用途
碳素结构钢	<0.4	Q195 Q235	—	热轧空冷	塑性、焊接性好	建筑结构
低合金高强度钢	<0.2	Q345 (16Mn)	Mn:强化F，增加P，降低脆转温度	热轧空冷	塑性、焊接性好	桥梁、船舶、容器
渗碳钢	0.1~0.25	20 20Cr 20CrMnTi	Cr、Mn:提高淬透性，强化F；Ti:细化晶粒	渗碳+淬火+低温回火	表硬里韧	轴、齿轮
调质钢	0.3~0.5	45 40Cr 40CrNiMo	Cr、Ni:提高淬透性，强化F； Mo:防止第二类回火脆性	调质 (淬火+高温回火)	良好的综合力学性能	轴、齿轮

续表

种类	C%	典型牌号	合金元素作用	热处理	性能	用途
弹簧钢	0.6～0.9 0.45～0.7	65Mn 60Si2Mn	Cr、Mn：提高淬透性，强化 F；Si：提高屈服强度比	淬火＋中温回火	高 σ_s/σ_b、高 σ_{-1}	弹簧
滚动轴承钢	0.95～1.10	GCr15	Cr：提高淬透性，耐磨耐蚀性	球退＋淬火＋低温回火	高耐磨、高 σ_{-1}、足够 a_k	滚动轴承
耐磨钢	1.0～1.3	ZGMn13	Mn：形成 A 组织	水韧处理	高耐磨、耐冲击	铲齿、履带板
碳素工具钢	0.65～1.35	T7～T13	含 Cr、Ni 等合金元素量很低	球退＋淬火＋低温回火	高硬度、高耐磨	冲子、丝锥、锉刀
低合金工具钢	0.75～1.5	9SiCr	Si、Cr：提高淬透性	球退＋淬火＋低温回火	高硬度、高耐磨	低速刃具
高速钢	0.7～1.5	W18Cr4V	Cr：提高淬透性；W、V：提高热硬、耐磨性	锻、退火、淬火＋三次回火	高耐热、高硬度、高耐磨	高速刃具
冷作模具钢	1.4～2.3	Cr12 Cr12MoV	Cr：提高淬透性；MoV：提高耐磨性	锻、退、淬火＋低温回火	高硬度、高耐磨	冷冲模、挤压模
热锻模钢	0.5～0.6	5CrNiMo 5CrMnMo	同调质钢	调质	抗热疲劳	热锻模
压铸模钢	0.03～0.95	3Cr2W8V	同高速钢	淬火＋回火	抗热疲劳、耐磨	压铸模
不锈钢	0.03～0.95	1Cr13，2Cr13	Cr：提高耐蚀性；Ni：形成 A；Ti：防止晶间腐蚀	调质	高耐蚀性（随 C% 增加，耐蚀性下降）	汽轮机叶片
		3Cr13，4Cr13		淬火＋低温回火		医疗器械
		0Cr13		不能热处理		硝酸氮肥工业
		1Cr18Ni9Ti		固溶处理		化工管道
耐热钢		15CrMo，12Cr1MoV	Cr、Si：提高抗氧化性；Mo：提高 $T_{再}$；V、Ti：弥散强化；Ni：形成 A 组织	正火	高热强性、高抗氧化性	锅炉零件
		4Cr9Si2，1Cr11MoV		调质		气阀、叶片
		1Cr18Ni9Ti		固溶		气阀、叶片、过热器管

1.2.3 铸铁的分类

常用铸铁的成分与钢不同,铸铁的含碳量大于2.11%(常用2.5% ~ 4.0%),其杂质远大于钢。根据铸铁中碳的存在形式不同,将其分为白口铸铁、灰口铸铁和麻口铸铁。白口铸铁中碳主要以渗碳体的形式存在,灰口铸铁中碳主要以石墨的形式存在,麻口铸铁中的碳以渗碳体和石墨两种形式存在,其中,灰口铸铁应用得最多。

由于石墨的强度近于零,因此石墨的存在相当于钢的基体上存在裂缝或空洞,使铸铁的性能比钢低,特别是抗拉强度和塑性很低,不能进行锻压加工,但其硬度和抗压强度较好,所以灰口铸铁主要用于承受压力的零件,比如机床的机座。工业上根据铸铁中石墨存在的形态不同,灰口铸铁可分为灰铸铁、可锻铸铁和球墨铸铁等。

(1)灰铸铁

石墨以片状形态存在的铸铁称为灰铸铁。由于片状石墨的存在,其石墨尖端的应力集中现象使灰铸铁的抗拉强度及塑性低。灰铸铁的牌号为HT后加三位数字。三位数字表示最低的抗拉强度(MPa)。例如HT200、HT250和HT300等。

(2)可锻铸铁

石墨以团絮状形态存在的铸铁称为可锻铸铁。由于团絮状石墨对应力集中影响较小,故可锻铸铁的力学性能较普通灰铸铁高。可锻铸铁的牌号为三个字母和两组数字:如KTH300-06、KTZ550-04。KT表示“可锻”,“H”和“Z”分别表示“黑”和“珠”的字首;前一组三位数表示最低的抗拉强度(MPa);后一组数字表示最低伸长率(%)。

(3)球墨铸铁

石墨以球状形态存在的铸铁称为球墨铸铁。由于球状石墨的应力集中影响更小,故球墨铸铁的性能最好。球墨铸铁的牌号表示和可锻铸铁类似,只是把拼音字母改为“QT”,如QT450-10、QT600-3等。

常见灰口铸铁种类及主要用途见表1.3。

表1.3 常见灰口铸铁种类及主要用途

铸铁名称	牌号举例	获得方法	组织	热处理	用途
灰铸铁	HT250(最低抗拉强度为250 MPa)	液态金属石墨化+孕育处理	基体(F、P、F+P)+片状石墨	去应力,消除白口,表面淬火	机床床身
可锻铸铁	KTZ450-06(最低抗拉强度为450 MPa,最低伸长率为6%)	白口+石墨化退火	基体(F、P)+团絮状石墨	石墨化退火	车轮毂、管接头
球墨铸铁	QT500-7(最低抗拉强度为500 MPa,最低伸长率为7%)	液态金属石墨化+球化处理+孕育处理	基体(F、P、F+P)+球状石墨	可进行各种热处理	柴油机曲轴

1.2.4　化学成分对钢性能的影响

1)含碳量对钢的性能的影响

含碳量对钢的性能影响很大。通常随含碳量的增加,钢的抗拉强度及硬度增加而塑性和韧性下降。

但从铁碳合金状态图可看出,随含碳量的继续逐渐增加,铁素体逐渐减少,珠光体逐渐增加,当含碳量超过 0.77% 时逐渐出现渗碳体,渗碳体的数量不断增加,使钢的韧性下降,脆性增加,所以强度下降。这是随含碳量增加影响力学性能改变的根本原因所在。随含碳量的增加,钢的硬度、强度增加,塑韧性降低,钢的切削加工性能、冲压性、可锻性和焊接性都下降。含碳量对金属性能的影响如图 1.5 所示。

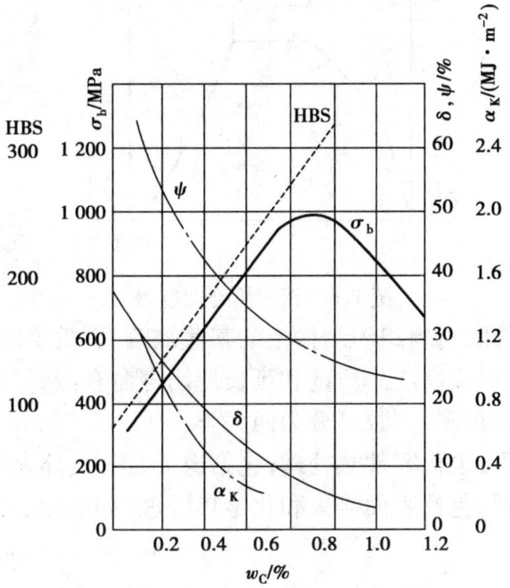

图 1.5　含碳量对金属性能的影响

2)杂质对钢的性能的影响

(1)硅、锰的影响

通常认为,硅、锰是一种有益的元素,它既能脱氧,消除氧的不良影响,又能使强度、硬度、弹性增加,而塑韧性能降低。硅的含量小于 0.4%,锰的含量为 0.4% ~0.8%,对钢的力学性能影响不大,当硅、锰的含量分别大于 2.0% 时对钢的性能便有所影响。

(2)硫、磷杂质的影响

硫是钢中的有害元素,它是钢在冶炼时由燃料带入钢中的元素,而与铁生成 FeS,再与铁形成低熔共晶体,熔点为 985 ℃。当钢在 1 000 ~1 200 ℃轧制或锻造时,共晶体熔化沿晶粒边界裂开,常把这种现象称为热脆性。因此,钢中的硫含量必须严格控制在0.045% 以下。

磷在钢中虽然能使钢的强度、硬度增加,但塑韧性显著下降,特别是在室温下,严重影响钢的脆性,这种现象称为冷脆性,因此磷在钢中的含量也必须控制在 0.045% 以下。

1.3 钢的热处理

钢的热处理是将固态钢采用适当的方式进行加热、保温和冷却,以获得所需的组织结构和性能的一种工艺。热处理的特点是改变零件或者毛坯的内部组织,而不改变其形状和尺寸。所以热处理的过程就是按加热—保温—冷却这三阶段进行,这三个阶段可用冷却曲线来表示。不管是哪种热处理工艺,都分为这三个阶段,不同的只是加热温度、保温时间和冷却速度。钢的热处理过程如图1.6所示。

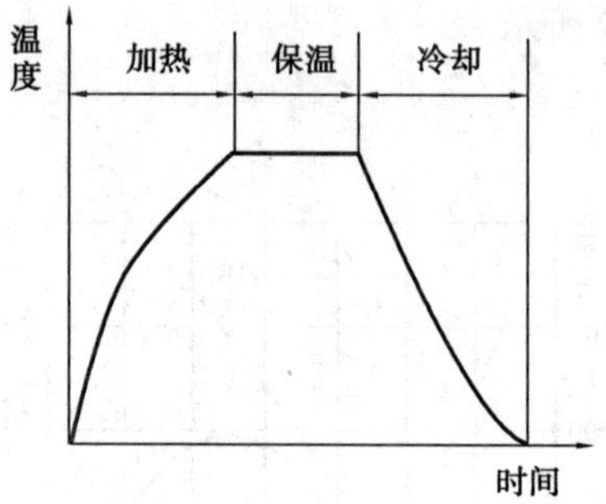

图1.6 钢的热处理过程

钢的热处理的目的是消除材料组织结构上的某些缺陷,更重要的是改善和提高钢的性能,充分发挥钢的性能潜力,这对提高产品质量和延长使用寿命有重要的意义。

钢的热处理的工艺方法很多,大致可分为两大类:

①第一类是普通热处理,也称零件热处理,包括退火、正火、淬火、回火等;

②第二类是表面热处理,包括表面淬火和化学热处理(如渗碳、渗氮、渗硼处理)。

1.3.1 普通热处理

1)退火

退火就是将金属或合金的工件加热到适当温度(高于或低于临界温度,临界温度就是使材料发生相变的温度),保持一定的时间,然后进行缓慢冷却(即随炉冷却或者埋入导热性较差的介质中)的热处理工艺。退火工艺的特点是保温时间长,冷却缓慢,可获得平衡状态的组织。钢退火的主要目的是细化组织,提高性能,降低硬度,以便切削加工;消除内应力,提高韧性,稳定尺寸,使钢的组织与成分均匀化;也可为以后的热处理工艺作组织准备。

根据退火目的的不同,退火分为完全退火、球化退火、消除应力退火等几种。

退火常在零件制造过程中对铸件、锻件、焊件进行,以便以后的切削加工或为淬火作组织准备。

2)正火

将钢件加热到临界温度以上30~50 ℃,保温适当时间后,在静止的空气中冷却的热处理工艺称为正火。正火的主要目的是细化组织,改善钢的性能,获得接近平衡状态的组织。

正火与退火工艺相比,其主要区别是正火的冷却速度稍快,热处理的生产周期短,故退火与正火同样能达到零件性能要求时,尽可能选用正火。大部分中、低碳钢的坯料一般都采用正火热处理。一般合金钢坯料常采用退火，若用正火，由于冷却速度较快，使其正火后硬度较高，不利于切削加工。

3）淬火

将钢件加热到临界点以上某一温度（45 号钢淬火温度为 840 ~ 860 ℃，碳素工具钢的淬火温度为 760 ~ 780 ℃），保持一定的时间，然后以适当速度冷却以获得马氏体或贝氏体组织的热处理工艺称为淬火。

淬火与退火、正火处理在工艺上的主要区别是冷却速度快，目的是获得马氏体组织。也就是说，要获得马氏体组织，钢的冷却速度必须大于钢的临界冷却速度。这里的临界冷却速度，就是获得马氏体组织的最小冷却速度。钢的种类不同，临界冷却速度就不同，一般碳钢的临界冷却速度要比合金钢大。所以碳钢加热后要在水中冷却，而合金钢要在油中冷却。虽然冷却速度小于临界冷却速度得不到马氏体组织，但冷却速度过快，会使钢中内应力增大，引起钢件的变形，甚至开裂。

4）回火

钢件淬硬后，再加热到临界温度以下的某一温度，保温一定时间，然后冷却到室温的热处理工艺称为回火。

淬火后的钢件一般不能直接使用，必须进行回火后才能使用。因为淬火钢的硬度高、脆性大，直接使用常发生脆断。通过回火一方面可以消除或减少内应力、降低脆性、提高韧性；另一方面可以调整淬火钢的力学性能，达到钢的使用性能。根据回火温度的不同，回火可分为低温回火、中温回火和高温回火三种。

（1）低温回火

淬火钢件在 250 ℃以下的回火称为低温回火。低温回火主要是消除内应力，降低钢的脆性，且仍保持钢件的高硬度。如钳工实习时用的锯条、锉刀等一些有高硬度的钢件，都是淬火后经低温回火处理的。

（2）中温回火

淬火钢件在 350 ~ 500 ℃的回火称为中温回火。淬火钢件经中温回火后可获得良好的弹性，因此弹簧、压簧、汽车中的板弹簧等，常采用淬火后的中温回火处理。

（3）高温回火

淬火钢件在高于 500 ℃的回火称为高温回火。淬火钢件经高温回火后，具有良好的综合力学性能（既有一定的强度、硬度，又有一定的塑性、韧性），因此，中碳钢和中碳合金钢常采用淬火后的高温回火处理，轴类零件应用最多。淬火 + 高温回火这一热处理工艺组合通常又称为调质处理。

1.3.2　表面热处理

仅对工件表层进行热处理以改变组织和性能的工艺称为表面热处理。

（1）表面淬火

对钢件表层进行淬火的工艺称为表面淬火，其热处理特点是用快速加热的方法把钢件表面迅速加热到淬火温度（这时钢件的芯部温度较低），然后快速冷却，使钢件一定深度的表层淬硬，芯部仍保持其原来状态。这样就提高了钢件表面的硬度和耐磨性，芯部仍具有较好的综合力学性能（一般表面淬火前进行了调质处理）。例如齿轮工作时表面接触应力大，摩擦大,要求表层硬度高,而齿轮芯部通过轴传递动力(包括冲击力),因此,中碳钢制造的齿轮需调质处理后,再经表面淬火。表面淬火由于快速加热方法的不同分为火焰加热表面淬火和感应加热表面淬火。感应加热表面淬火又由于电源频率不同分为高频淬火、中频淬火等。

(2)化学热处理

将金属或合金工件置于一定温度的活性介质中保温,使一种或几种元素渗入它的表面,以改变工件表面的化学成分、组织和性能的热处理工艺称为化学热处理。化学热处理的过程也是加热—保温—冷却这三个阶段,不同之处是在一定介质中保温。根据渗入元素不同,化学热处理有渗低碳合金钢(如 20 钢、20Cr 钢等);气体渗碳时的渗碳剂为煤油或乙醇;渗碳温度为 900 ~ 950 ℃,煤油或乙醇在该温度下裂解出活性碳原子,碳原子渗入低碳钢件的表层,然后依靠浓度差向内部扩散,形成一定厚度的渗碳层。

1.3.3 热处理常用加热设备

热处理中常用的加热设备主要有加热炉、测温仪表、冷却设备和硬度计等。其中,加热炉有很多种,常用的有电阻炉和盐浴炉。

(1)电阻炉

电阻炉是利用电流通过电热元件(如金属电阻丝、SiC 棒等)产生的热量来加热工件。根据其加热温度的不同,可分为高温电阻炉、中温电阻炉和低温电阻炉等;又根据形状不同分为箱式电阻炉和井式电阻炉等多种。这种炉子的结构简单、操作容易、价格较低,主要用于中、小型零件的退火、正火、淬火、回火等热处理,其主要缺点是加热易氧化、脱碳,是一种周期性作业炉,生产率低。

(2)盐浴炉

盐浴炉是用熔融盐作为加热介质(即工件放入熔融的盐中加热)的加热炉,使用较多的是电极式盐浴炉和外热式盐浴炉。盐浴炉常用的盐为氯化钡、氯化钠、硝酸钾和硝酸钠。由于工件加热是在熔融盐中进行,与空气隔开,因此工件的氧化、脱碳少,加热质量高,且加热速度快而均匀。盐浴炉常用于小型零件及工具、模具的淬火和回火。

思考与习题

1.1 金属材料的性能指标包含哪些?各指标参数的具体内涵是什么?

1.2 常见工业用钢是怎么分类的?

1.3 钢的热处理工艺主要流程是哪三个?典型的热处理工艺对材料性能有哪些影响?

第 2 章
金属切削基本原理

【教学目标】

本章主要介绍切削运动的基本概念、表面成形运动与切削用量、刀具切削部分的几何参数及金属切削过程的变形分析等。

通过本章的学习，能了解工件表面的成形运动过程、切削层参数度量，掌握刀具切削部分的几何参数，了解影响切削变形的主要因素。

【重点难点】

- 切削用量对切削过程的影响
- 刀具角度
- 影响切削变形的主要因素

2.1 切削运动与切削用量

切削加工过程中，刀具与工件之间要产生相对运动，才能完成切削过程。同时，切削过程的参数控制对切削加工质量有非常重要的影响。

2.1.1 工件表面和表面成形

图 2.1 为机械零件上常用的表面。组成机械零件的常用表面有平面、圆柱面、圆锥面、成形表面（例如螺纹表面、齿轮渐开线齿形表面等），此外，还有球面、圆环面、双曲面等。

这些表面的几何本质是由一条线（称为母线）沿着另一条线（称为导线）相对运动而形成的轨迹。图 2.2 中，(a)为平面，由直线 1（母线）沿着直线 2（导线）运动而形成；(b)、(c)为圆柱面和圆锥面，由直线 1（母线）沿着圆 2（导线）运动而形成；(d)为圆柱螺纹的螺旋面，由该螺纹轴向剖面中的“∧”截形线 1（母线）沿着螺旋线 2（导线）运动而形成；(e)为直齿圆柱齿轮的渐开线柱面，由渐开线 1（母线）沿直线 2（导线）运动而形成。

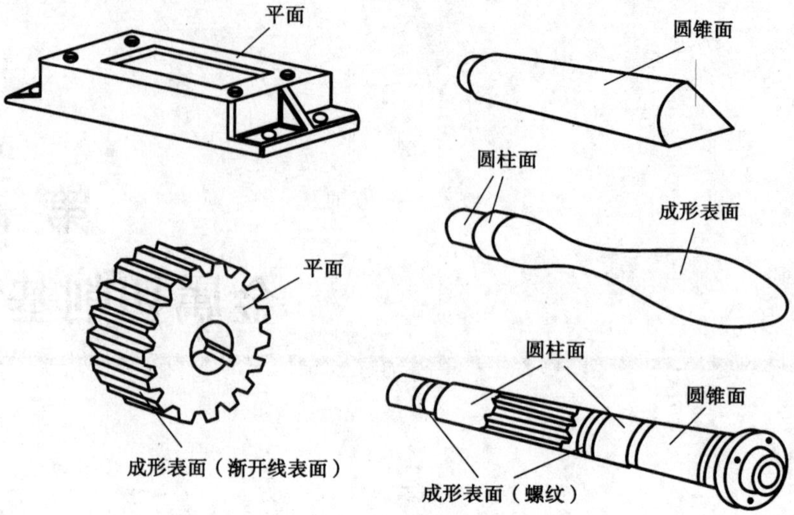

图 2.1　机械零件上常用的表面

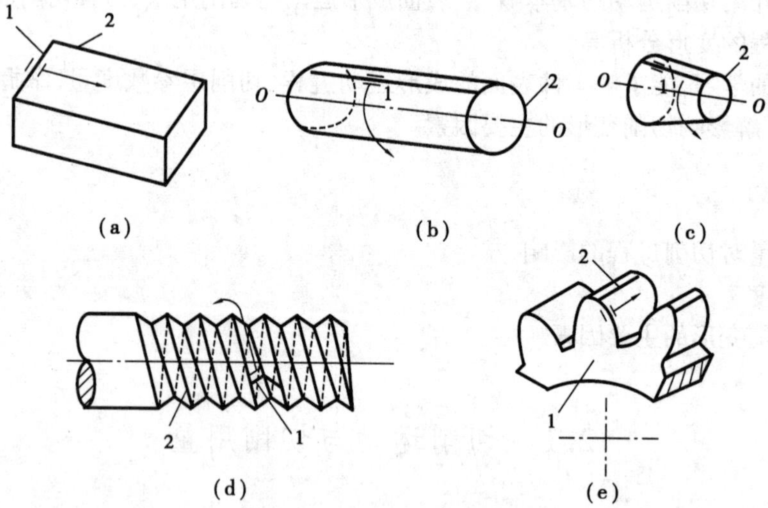

图 2.2　零件表面的形成

由图 2.2 可以看出，有些表面的母线和导线可以互换，如平面、圆柱面和直齿圆柱齿轮的渐开线柱面等，这些表面称为可逆表面；而另一些表面，其母线和导线不可互换，如圆锥面、螺旋面等，称为不可逆表面。很明显，可逆表面的加工方法要比不可逆表面的加工方法多。

母线和导线统称为发生线。有些表面的两条发生线完全相同，但母线的原始位置不同，也可形成不同的表面。如图 2.3 所示，母线均为直线 1，导线均为圆 2，轴线均为 $O—O$，所需的运动也相同，但因母线 1 相对于旋转轴线 $O—O$ 的原始位置不同，因此，所产生的表面也就不同，它们分别为圆柱面、圆锥面和双曲面。

在机床上加工零件表面的过程中，工件、刀具之一或两者同时按一定的规律运动，就可形成所需的发生线，进而生成所要求的表面。形成发生线的方法有以下 4 种。

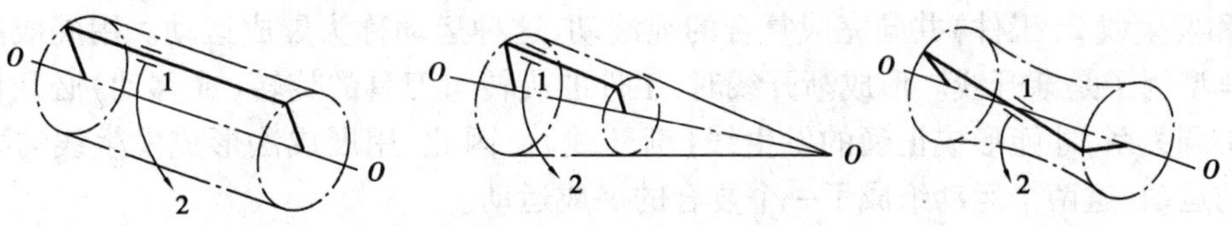

图 2.3　母线原始位置变化时形成的不同表面

(1)成形法

成形法是利用成形刀具对工件进行加工的方法,如图 2.4(a)所示。刀刃为切削线 1,它的形状与需要形成的发生线完全重合,故形成发生线不需要专门的运动,而由刀刃本身来实现。考虑到工件宽度存在误差,所以成形刀刃应比发生线长。

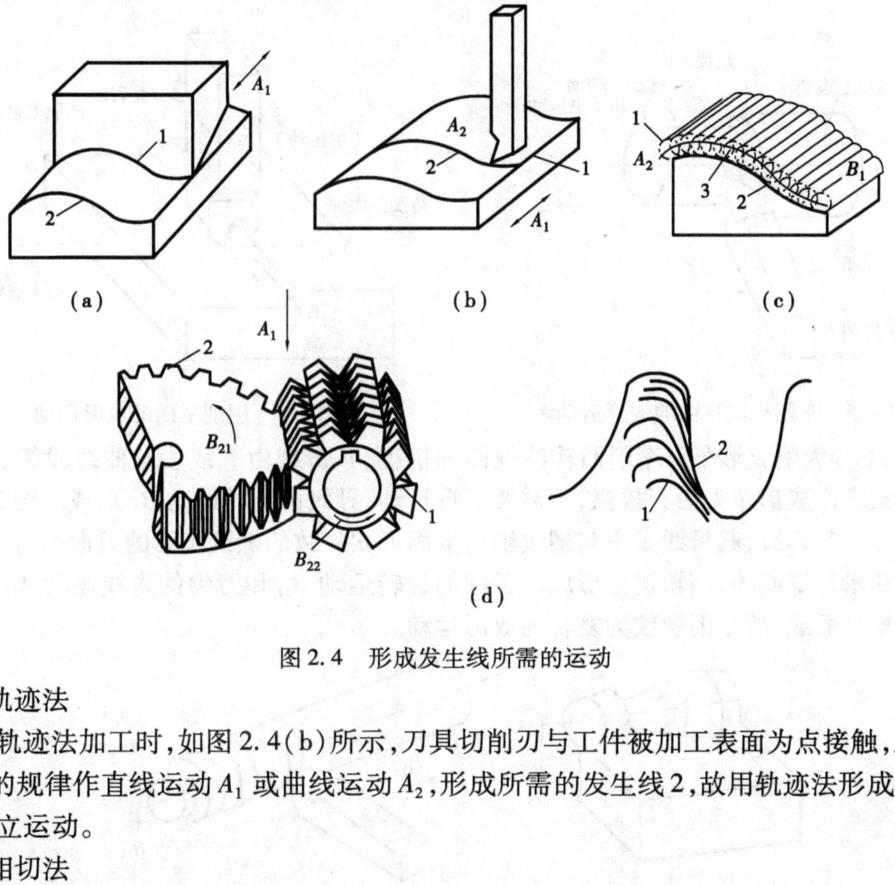

图 2.4　形成发生线所需的运动

(2)轨迹法

采用轨迹法加工时,如图 2.4(b)所示,刀具切削刃与工件被加工表面为点接触,此接触点 1 按一定的规律作直线运动 A_1 或曲线运动 A_2,形成所需的发生线 2,故用轨迹法形成发生线需要一个独立运动。

(3)相切法

如图 2.4(c)所示,用砂轮、铣刀等旋转类刀具加工时,刀具圆周上有多个切削点 1 依次与工件表面相接触,除旋转运动外,刀具(或砂轮)中心还要沿某一轨迹 3 运动,刀具上多个切削点在运动过程中共同形成了发生线 2,故用相切法得到发生线需要两个成形运动。

(4)展成法

展成法是利用工件和刀具作展成切削运动的方法,如图 2.4(d)所示,刀具切削刃为切削线 1,可以是直线(齿条刀)或曲线(插齿刀),它与需要形成的发生线 2 的形状完全不同。切削线 1 与发生线 2 作无滑动的纯滚动,发生线 2 即是切削线 1 的一系列连续运动位置的包络线。在形成发生线 2 的过程中,或者仅由切削刃 1 沿着由它生成的发生线 2 滚动,或者切削刃 1

(刀具)和发生线2(工件)共同完成复合的纯滚动,这种运动称为展成运动。用展成法形成发生线的典型例子是渐开线。形成渐开线时,工件的旋转与刀具的旋转(或移动)必须保持严格的运动协调关系,才能形成正确的发生线(渐开线)。因此,用展成法形成发生线需要两个相互联系的运动,这两个运动组成了一个复合的展成运动。

要获得所需工件的表面形状,必须使刀具和工件按上述方法完成一定的运动,称为表面成形运动。表面成形运动中最常见的是直线运动和旋转运动,如图2.5所示,用外圆车刀车削外圆柱面,工件旋转运动 B_1 相当于产生了圆周母线,车刀的纵向直线移动 A_2 则产生了导线(直线)。故外圆柱面是由两个表面成形运动 B_1 和 A_2 实现的。当使用牛头刨床刨削平面时,如图2.6所示,滑枕带着刨刀的直线往复运动产生直母线;工作台带着工件作间隙的直线移动产生导线。

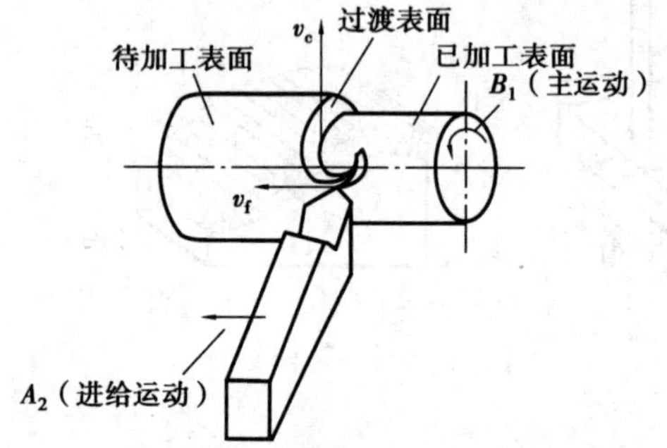

图2.5　车削外圆柱面的成形运动

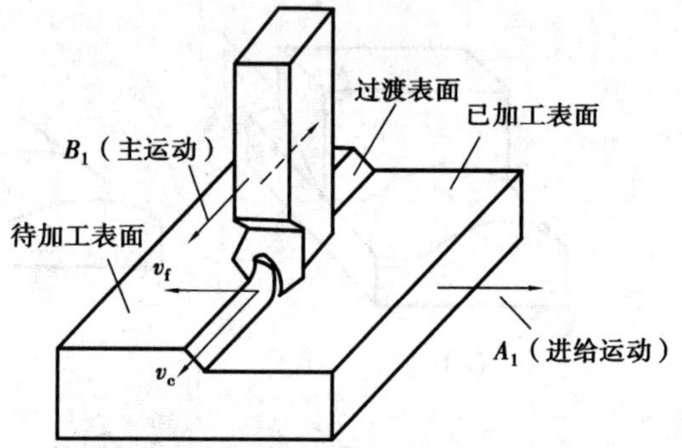

图2.6　刨削平面的成形运动

图2.7(a)为用成形车刀车削回转体表面的情况,其母线由直线段与曲线段组合形成,这条组合线轮廓由成形车刀刀刃提供,不需要成形运动;导线由圆周运动 B_1 形成。图2.7(b)为用螺纹车刀车削螺纹,其母线是由与螺纹轴向剖面形状一致的螺纹车刀的刃形本身提供;其导线为一阿基米德螺旋线,用轨迹法形成。工件的旋转运动 B_{11} 和刀尖的直线运动 A_{12} 按严格的运动关系复合而成,故车削螺纹为复合的成形运动。

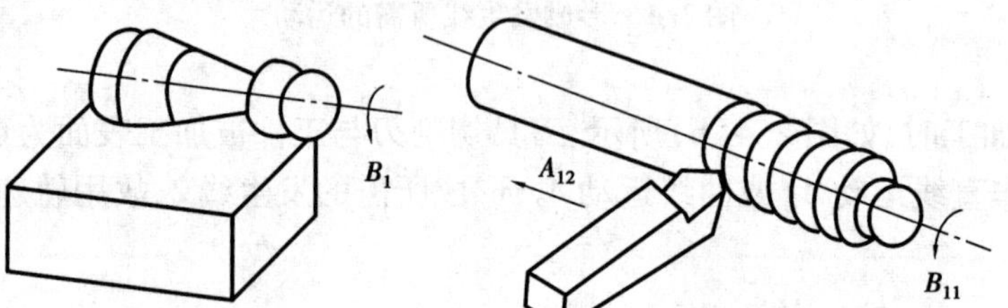

(a)成形车刀回转面　　(b)螺纹车刀车螺纹

图2.7　常见典型表面的成形运动

某些零件(如螺旋桨)的表面形状十分复杂,加工时的表面成形运动也十分复杂,可分解成更多的简单或复合的成形运动。

2.1.2　切削运动

在金属切削机床上切削工件时,工件与刀具之间的相对运动称为切削运动。

参见图2.5外圆车削,圆母线沿直导线运动形成了工件上的外圆表面,故工件的旋转运动和车刀的纵向直线运动就是外圆车削时的切削运动。

图2.6表示在牛头刨床上刨平面的情况,直母线沿直导线运动形成了工件上的平面,故在牛头刨床上刨平面时,刨刀的直线往复运动和工件的间歇直线运动就是切削运动。

在其他各种切削加工方法中,工件和刀具同样也必须完成一定的切削运动。切削运动通常按其在切削中所起的作用分为以下两种。

(1)主运动

使工件与刀具产生相对运动以进行切削的最基本的运动称为主运动。这个运动通常其速度最高,消耗的功率最大。例如,外圆车削时工件的旋转运动和平面刨削时刀具的直线往复运动都是主运动。金属切削加工方法中主运动通常只有一个。

(2)进给运动

使主运动能够继续切除工件上多余的金属,以便形成工件表面所需的运动称为进给运动。例如外圆车削时车刀的纵向连续直线运动(图2.5)和平面刨削时工件的间歇直线运动(图2.6)都是进给运动。进给运动可能不止一个,它的运动形式可以是直线运动、旋转运动或两者的组合。无论哪种形式的进给运动,其运动速度和消耗的功率都比主运动小。

普通机床的主运动一般只有一个,进给运动可以是一个或多个,常见机床的切削运动见表2.1。另外,机床还有吃刀、退刀和让刀等辅助运动。在普通机床上,辅助运动多为手动。

表2.1　常见机床的切削运动

机床名称	主运动	进给运动	机床名称	主运动	进给运动
卧式车床	工件旋转运动	车刀纵向、横向、斜向直线移动	龙门刨床	工件往复移动	刨刀横向、垂向、斜向间歇移动
钻　床	钻头旋转运动	钻头轴向移动	外圆磨床	砂轮高速旋转	工件转动,同时工件往复移动,砂轮横向移动
卧(或立)式铣床	铣刀旋转运动	工件纵向、横向直线移动(有时也作垂直方向移动)	内圆磨床	砂轮高速旋转	工件转动,同时工件往复移动,砂轮横向移动
牛头刨床	刨刀往复移动	工件横向间歇移动或刨刀垂向、斜向间歇移动	平面磨床	砂轮高速旋转	工件往复移动,砂轮横向、垂向移动

在切削加工中,由主运动和进给运动合成的运动称为合成切削运动。切削刃选定点相对于工件的瞬时合成切削运动的方向就是合成切削运动的方向;切削刃选定点相对于工件的合成切削运动的瞬时速度就是合成切削速度。

在切削加工过程中,工件上始终有三个不断变化着的表面,如图2.5和图2.6所示。

①待加工表面:工件上即将被切去的表面;

②过渡表面:工件上由切削刃形成的那部分表面,它在下一切削行程、刀具或工件的下一转里被切除,或者由下一切削刃切除;

③已加工表面:工件上经刀具切削掉一部分金属形成的新的零件表面。

2.1.3 切削层参数

在切削过程中,由刀具切削部分的一个单一动作所切除的工件材料层就是切削层。所谓刀具切削部分的一个单一动作,是指刀具切削部分切过工件的一个单程动作,或指只产生一圈过渡表面的动作。为了定义切削层及其参数,先要确定一个截面,称切削层尺寸平面,如图2.8所示。GB/T 12204—2010 规定:通过切削刃基点并垂直于该点主运动方向的平面就是切削层尺寸平面。

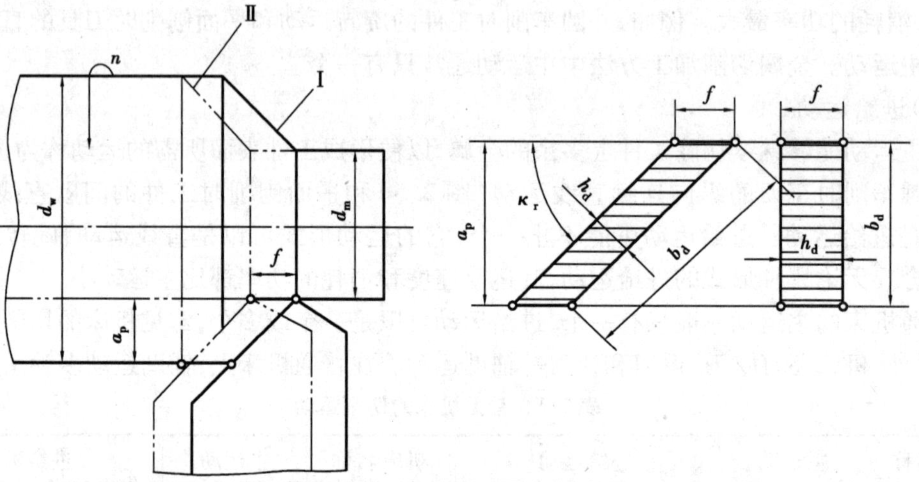

图 2.8 切削层尺寸平面参数

有关切削层参数的定义如下:

①切削层几何参数:切削层公称横截面积 A_D、切削层公称宽度 b_d、切削层公称厚度 h_d。

②切削层的工艺参数:在忽略了残留面积后,近似地认为切削层公称横截面积 A_D 可按下式计算:

$$A_D = b_d h_d = a_p f \tag{2.1}$$

因此,常把背吃刀量 a_p 和进给量 f 称作切削层的工艺参数。

2.1.4 切削用量

在切削加工过程中,应针对不同的工件材料、刀具材料、工艺装备和其他技术经济要求等来选择适宜的切削速度 v_c、进给量 f 或进给速度 v_f 值以及背吃刀量 a_p 值。v_c、f、a_p 称为切削用量三要素。

(1)切削速度

大多数切削加工的主运动采用回转运动。回旋体(刀具或工件)上外圆或内孔某一点的切削速度计算公式如下:

$$v_c = \frac{\pi d n}{1\ 000} \tag{2.2}$$

式中 v_c——切削速度,m/s 或 m/min;

d——工件或刀具上某一点的回转直径,mm;

n——工件或刀具的转速,r/s 或 r/min。

在实际生产中，切削速度单位常用 m/s，其他加工的切削速度单位习惯用 m/min。

在转速 n 值一定时，切削刃上各点的切削速度不同，计算时，应取最大的切削速度。如外圆车削时计算待加工表面上的速度（用 d_w 代入公式），内孔车削时计算已加工表面上的速度（用 d_m 代入公式），钻削时用钻头外径尺寸计算切削速度。

（2）进给速度、进给量和每齿进给量

进给速度 v_f 是单位时间的进给量，单位是 mm/s（或 mm/min）。

进给量 f 是工件或刀具每回转一周时两者沿进给运动方向的相对位移，单位是 mm/r（毫米/转）。

刨削、插削等主运动为往复直线运动的加工，可以不规定进给速度，但要规定间歇进给的进给量，其单位为 mm/（d · st）（毫米/双行程）。

铣刀、铰刀、拉刀、齿轮滚刀等多刃切削工具，在它们进行工作时，应规定每一个刀齿的进给量 f_z，即后一个刀齿相对于前一个刀齿的进给量，单位是 mm/z（毫米/齿）。

显而易见

$$v_f = f \cdot n = f_z \cdot z \cdot n \text{（mm/s 或 mm/min）} \tag{2.3}$$

（3）背吃刀量

车削和刨削加工，背吃刀量 a_p 为工件上已加工表面和待加工表面间沿进给运动方向垂直方向上度量的距离，单位为 mm。

外圆表面车削的背吃刀量可用下式计算：

$$a_p = \frac{d_w - d_m}{2} \tag{2.4}$$

对于钻孔可用下式计算：

$$a_p = \frac{d_m}{2} \tag{2.5}$$

式中　a_p——背吃刀量，mm；

d_m——已加工表面直径，mm；

d_w——待加工表面直径，mm。

2.2　刀具切削部分的几何参数

2.2.1　刀具切削部分的组成

金属切削刀具的种类很多，总体结构上包含刀头和刀杆。它们切削部分的几何形状与参数都有着共性。国际标准化组织（ISO）以车刀切削部分为基础，制订了一套便于制造、刃磨和测量刀具角度的用以确定金属切削刀具工作部分几何形状的一般术语。刀具切削部分的构造要素如图 2.9 所示，其定义和说明如下。

前刀面（A_γ）——切下的切屑沿其流出的表面，简称前面。

主后刀面（A_α）——与工件上过渡表面相对的表面，简称后面。

副后刀面（A'_α）——与工件上已加工表面相对的表面，简称副后面。

主切削刃(S)——前面与主后面的交线。它承担主要的金属切除工作并形成工件上的过渡表面。

副切削刃(S')——前面与副后面的交线。它参与部分的切削工作,配合主切削刃并最终形成工件上的已加工表面。

刀尖——主、副切削刃的交点。但多数刀具将此处磨成圆弧或一小段直线,如图 2. 10 所示。

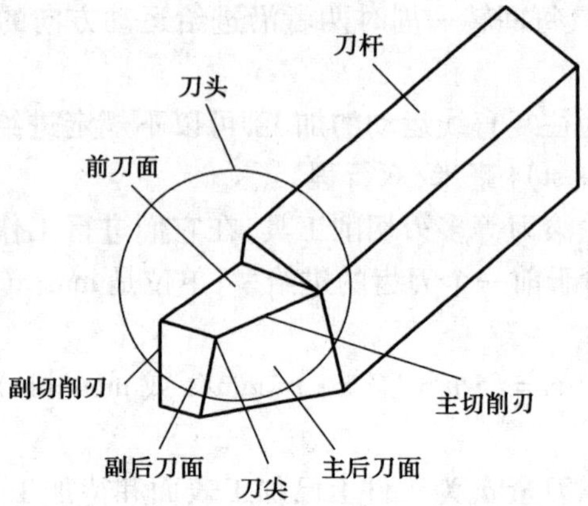

图 2. 9　刀具切削部分的构造要素

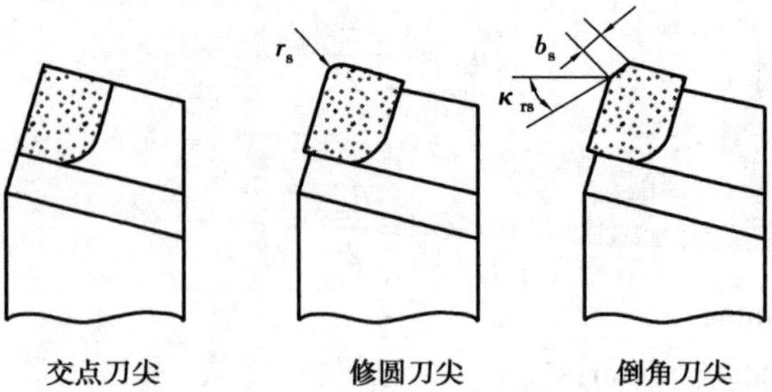

图 2. 10　刀尖形状

2. 2. 2　刀具角度标注的参考系

要确定金属切削刀具的刀面和刀刃的位置,首先必须建立位置坐标参考系。每一段刀刃都可采用其上的一点(选定点)作参考系原点,再依据切削运动的方向来建立角度标注的参考系。切削运动的方向应按照刀具所处的状态来确认。

在设计、绘制和制造刀具时,刀具尚处于静止状态,这时可以比照刀具实际工作时的主运动方向、进给运动方向和刀具的安装位置建立假定条件的参考系,这就是刀具的静止参考系;当刀具在工作时,可以依据实际的合成切削运动方向、进给运动方向和刀具的安装位置来确认,这样建立的参考系就是刀具的工作参考系。因此,刀具角度分两类:在静止参考系内的称为刀具的静态角度,也称标注角度,通常也是标注在刀具的设计图上的刀具角度;在工作参考系内把刀具的安装条件同工件和切削运动联系起来的称为刀具工作角度,当合成切削运动方向或刀具的安装位置有所变动时,刀具工作角度也会有所改变。可见,刀具工作角度能直接反映刀具的工作状况。

建立刀具角度静止参考系时，要作如下假设：

①运动条件：不考虑进给运动的影响，用主运动向量 $\boldsymbol{v}_c$ 近似代替合成速度向量 $\boldsymbol{v}_e$；然后再用平行和垂直于主运动方向的坐标平面构成参考系。

②安装条件：刀具的刀尖与工件的中心等高，安装时车刀刀柄的中心线垂直于工件轴线。

(1)正交平面参考系

基面(P_r)——过切削刃上选定点并垂直于该点切削速度向量 $\boldsymbol{v}_c$ 的平面。对于车刀，基面为过切削刃选定点的水平面。

切削平面(P_s)——过切削刃上选定点作切削刃的切线，此切线与该点的切削速度向量 $\boldsymbol{v}_c$ 所组成的平面。对于车刀，切削平面一般为铅垂面。

正交平面(P_o)——过切削刃上选定点，同时垂直于该点基面 P_r 和切削平面 P_s 的平面。对于车刀，正交平面一般也是铅垂面。

显然，对于切削刃上某一选定点，该点的基面 P_r、切削平面 P_s 和正交平面 P_o 构成了一个两两互相垂直的空间直角坐标系，称之为正交平面参考系，如图2.11所示。

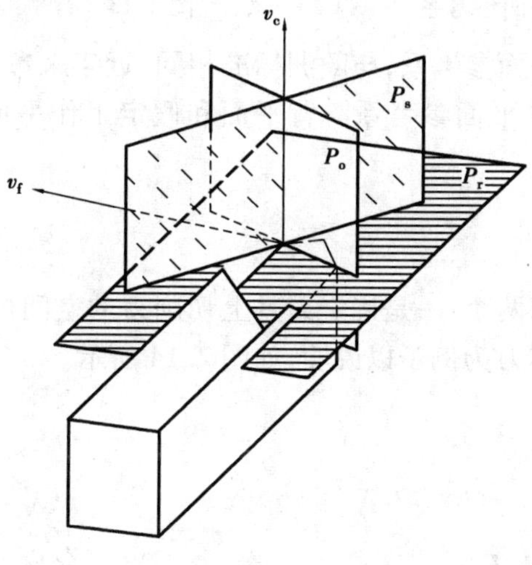

图2.11 正交平面参考系

(2)法平面参考系

基面 P_r 和切削平面 P_s 的定义与正交平面参考系里的 P_r、P_s 相同。

法平面(P_n)——过切削刃上选定点垂直于切削刃或其切线的平面。对于切削刃上某一选定点，该点的法平面 P_n、基面 P_r 和切削平面 P_s 就构成了法平面参考系，如图2.12所示。在法平面参考系中，$P_s \perp P_r$、$P_s \perp P_n$，但在刃倾角 $\lambda_s \neq 0$ 的条件下，P_n 不垂直于 P_r。

(3)背平面和假定工作平面参考系

基面 P_r 的定义同正交平面参考系。

背平面(P_p)——过切削上选定点，平行于刀杆中心线并垂直于基面 P_r 的平面，它与进给方向 v_f 是垂直的。

假定工作平面(P_f)——过切削刃上选定点，同时垂直于刀杆中心线与基面 P_r 的平面，它与进给方向 v_f 平行。

对于切削刃上某一选定点,该点的 P_p、P_f 与 P_r 就构成了背平面和假定工作平面参考系,如图 2.13 所示。显然,这个参考系也是一个空间直角坐标系。

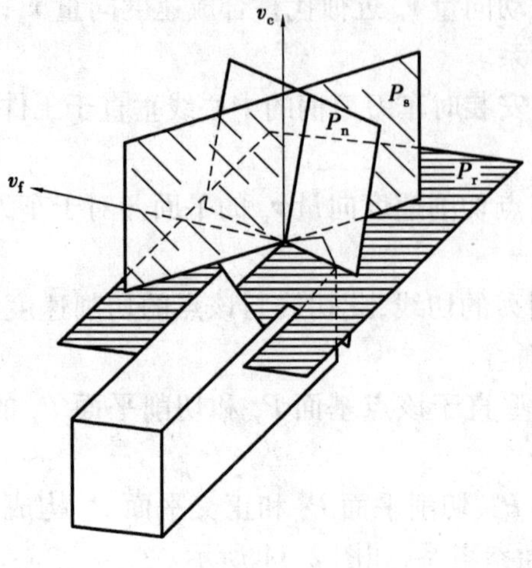

图 2.12　法平面参考系

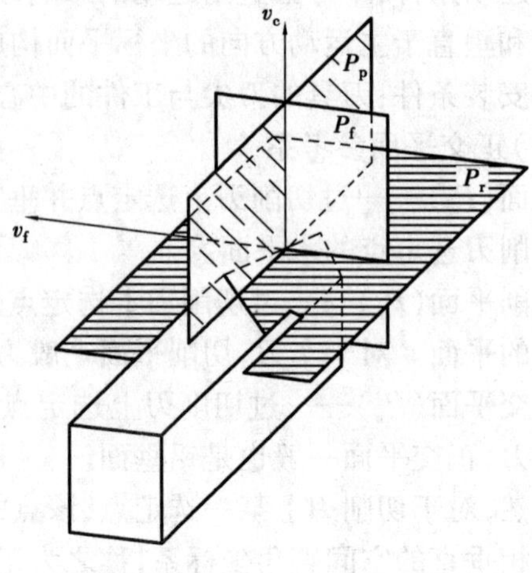

图 2.13　背平面、假定工作平面参考系

我国过去多采用正交平面参考系,与欧洲标准相同,近年来参照国际标准 ISO 的规定,逐渐兼用正交平面参考系和法平面参考系。背平面和假定工作平面参考系则常见于美、日文献中。

2.2.3　刀具标注角度

刀具标注角度的作用有两个:一是确定刀具上切削刃的空间位置;二是确定刀具上前、后面的空间位置。现以外圆车刀为例予以说明,如图 2.14 所示。

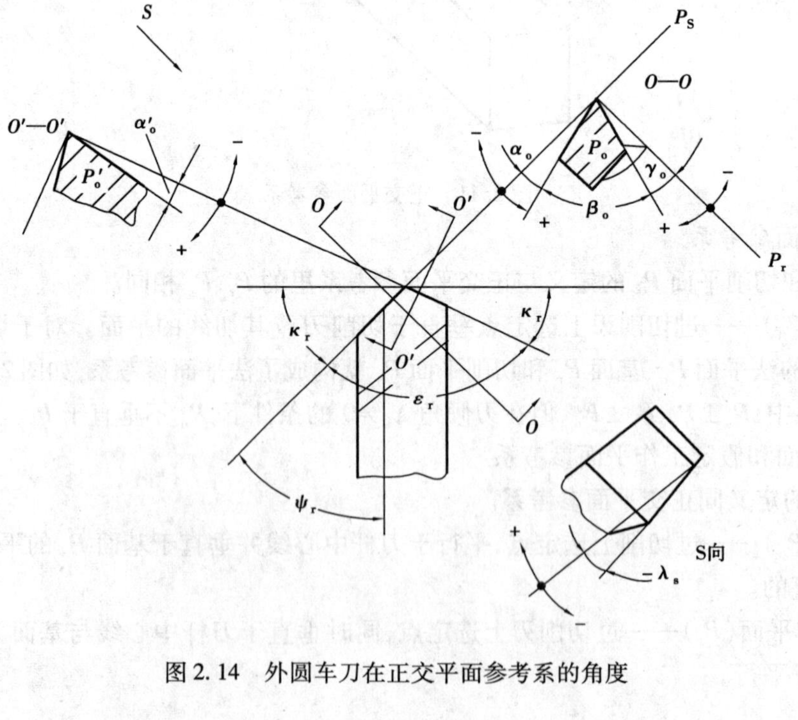

图 2.14　外圆车刀在正交平面参考系的角度

刀具在正交平面参考系中的角度：

主偏角 κ_r——主切削刃在基面上的投影与进给方向之间的夹角，在基面 P_r 上测量。

刃倾角 λ_s——主切削刃与基面 P_r 的夹角，在切削平面 P_s 中测量。当刀尖在主切削刃上为最低点时，λ_s 为负值；反之，当刀尖在主切削刃上为最高点时，λ_s 为正值。

前角 γ_o——在主切削刃上选定点的正交平面 P_o 内，前面与基面之间的夹角。

后角 α_o——在同一正交平面 P_o 内，后面与切削平面之间的夹角。

以上四个角度与主切削刃有关，以下两个角度与副切削刃有关：

副偏角 κ_r'——副切削刃在基面上的投影与进给方向之间的夹角，它在基面 P_r 上测量。

副后角 α_o'——在副切削刃上选定点的副正交平面 P_o' 内，副后面与副切削平面之间的夹角。副切削平面是过该选定点作副切削刃的切线，此切线与该点切削速度向量所组成的平面。副正交平面 P_o' 是过该选定点并垂直于副切削平面与基面的平面。

以上是外圆车刀必须标出的6个基本角度。有了这6个基本角度，外圆车刀的三面（前面、主后面、副后面）、两刃（主切削刃、副切削刃）、一尖（刀尖）的空间位置就完全确定下来了。根据实际需要，还可以标出以下的其他角度：

楔角 β_o——在主切削刃上选定点的正交平面 P_o 内，前面与后面的夹角，$\beta_o = 90° - (\gamma_o + \alpha_o)$。

刀尖角 ε_r——主、副切削刃在基面上投影之间的夹角，在基面 P_r 上测量，$\varepsilon_r = 180° - (\kappa_r + \kappa_r')$。

余偏角 ψ_r——主切削刃在基面上的投影与进给方向垂线之间的夹角，在基面 P_r 上测量，$\psi_r = 90° - \kappa_r$。

2.2.4　刀具工作角度

在实际使用时，静止参考系所确定的刀具角度，往往不能确切地反映切削加工的真实情形。只有用合成切削运动方向 v_e 来确定参考系，才符合切削加工的实际。例如，图2.15所示三把刀具的标注角度完全相同，但由于合成切削运动方向 v_e 不同，后刀面与加工表面之间的接触和摩擦的实际情形有很大的不同；图2.15(a)刀具后刀面同工件已加工表面之间有适当的间隙，切削情况正常；图2.15(b)中该两个表面全面接触，摩擦严重；图2.15(c)刀具的背棱顶在已加工表面上，切削刃无法切入，切削条件被破坏。可见，在这种场合下，只考虑主运动的假定条件是不合适的，还必须考虑进给运动速度的影响，也就是必须考虑合成切削运动方向来确定刀具工作角度的参考系。

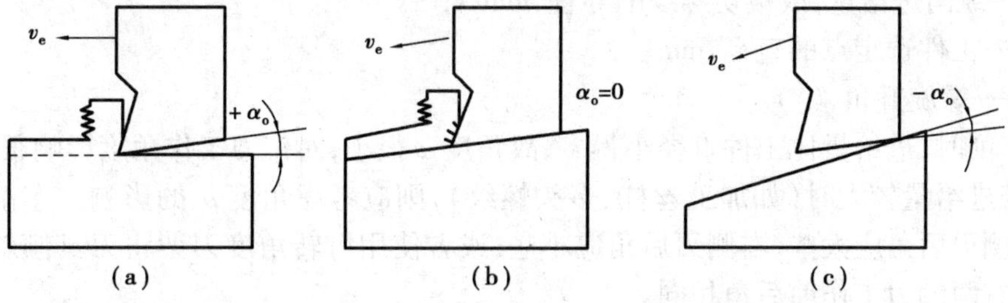

图2.15　刀具工作角度示意图

同样，刀具实际安装位置也影响工作角度的大小。只有采用刀具工作角度的参考系，才能反映切削加工的实际情况。

刀具工作角度参考系同刀具角度静止参考系的唯一区别是用 v_e 取代 v_c，用实际进给运动方向取代假设进给运动方向。

刀具在工作状态下的切削角度，称为刀具的工作角度。工作角度记作为：γ_{oe}、α_{oe}、κ_{re}、κ'_{re}、λ_{se}、α'_{oe} 等。

(1)进给运动对工作角度的影响

①横向进给运动对工作角度的影响。车端面或切断时，车刀沿横向进给，合成运动方向与主运动方向的夹角为 $\mu\left(\tan\mu=\dfrac{v_f}{v_c}=\dfrac{f}{\pi d}\right)$，运动轨迹是阿基米德螺旋线，如图 2.16 所示。这时工作基面 P_{re} 和工作切削平面 P_{se} 分别相对于基面 P_r 和切削平面 P_e 转过 μ 角。刀具的工作前角 γ_{oe} 增大和工作后角 α_{oe} 减小，分别为

$$\gamma_{oe}=\gamma_o+\mu,\alpha_{oe}=\alpha_o-\mu$$

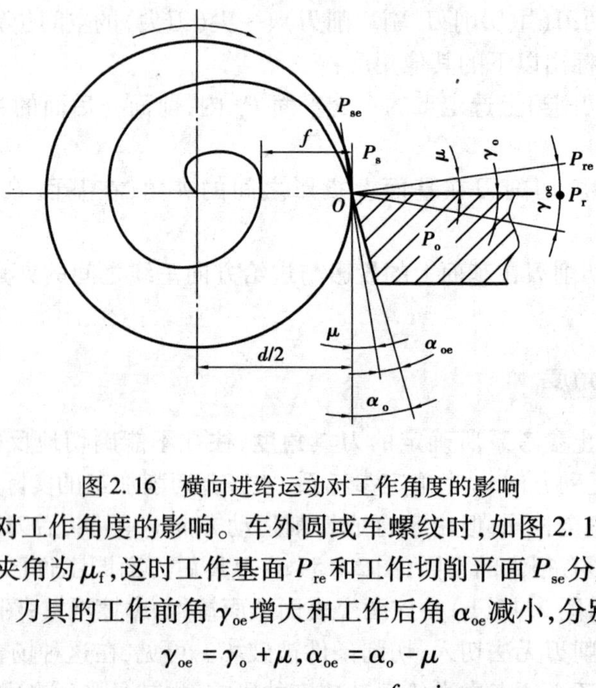

图 2.16 横向进给运动对工作角度的影响

②纵向进给运动对工作角度的影响。车外圆或车螺纹时，如图 2.17 所示，合成运动方向与主运动方向之间的夹角为 μ_f，这时工作基面 P_{re} 和工作切削平面 P_{se} 分别相对于基面 P_r 和切削平面 P_s 转过 μ_f 角。刀具的工作前角 γ_{oe} 增大和工作后角 α_{oe} 减小，分别为

$$\gamma_{oe}=\gamma_o+\mu,\alpha_{oe}=\alpha_o-\mu$$

$$\tan\mu=\tan\mu_f\cdot\sin\kappa_\gamma=\frac{f\cdot\sin\kappa_\gamma}{\pi d}\tag{2.6}$$

式中 f——纵向进给量，或被切螺纹的导程，mm/r；

d——工件选定点的直径，mm；

μ_f——螺旋升角，(°)。

一般车削时，进给量比工件直径小得多，故角度 μ 很小，对车刀工作角度影响很小，可忽略不计。但若进给量较大时(如加工丝杠、多头螺纹)，则应考虑角度 μ 的影响。车削右旋螺纹时，车刀左侧刃后角应大些，右侧刃后角应小些；或者使用可转角度刀架将刀具倾斜一个 μ 角安装，使左右两侧刃工作前后角相同。

(2)刀具安装对工作角度的影响

①刀刃安装高度对工作角度的影响。车削时刀具的安装常会出现刀刃安装高于或低于工

件回转中心的情况，如图 2.18 所示，此时工作基面、工作切削平面相对于标注参考系产生 θ 角的偏转，将引起工作前角和工作后角的变化：$\gamma_{oe}=\gamma_o\pm\theta$，$\alpha_{oe}=\alpha_o\pm\theta$。

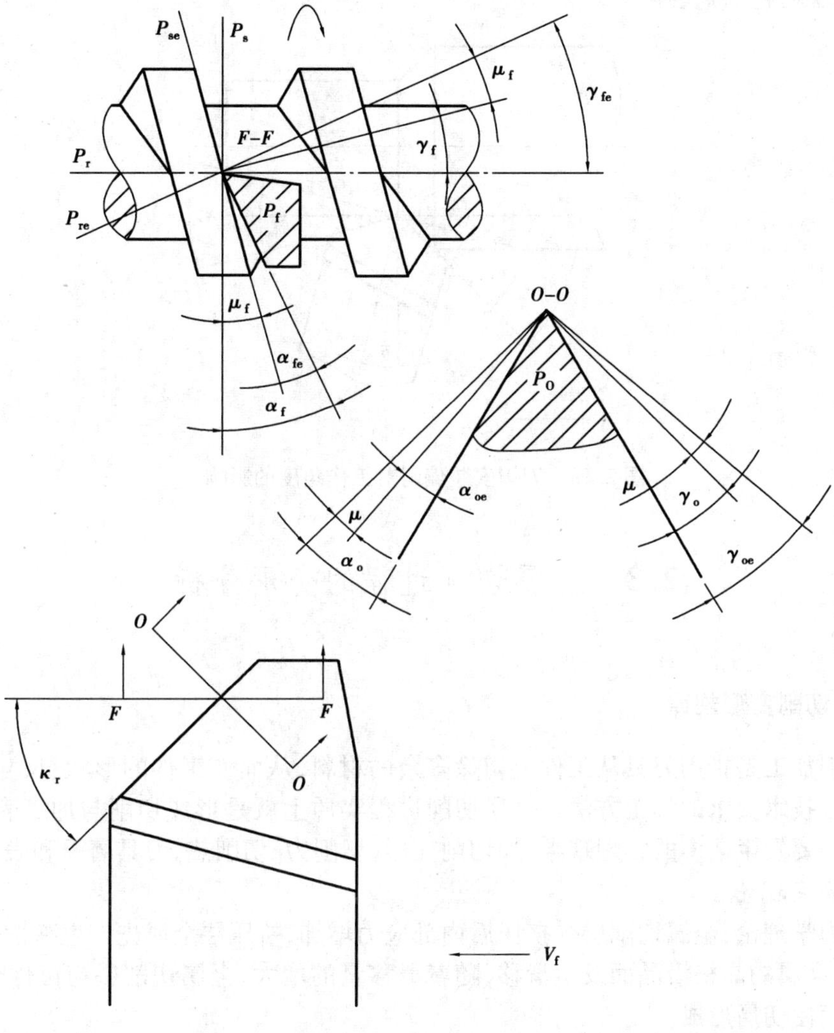

图 2.17　纵向进给运动对工作角度的影响

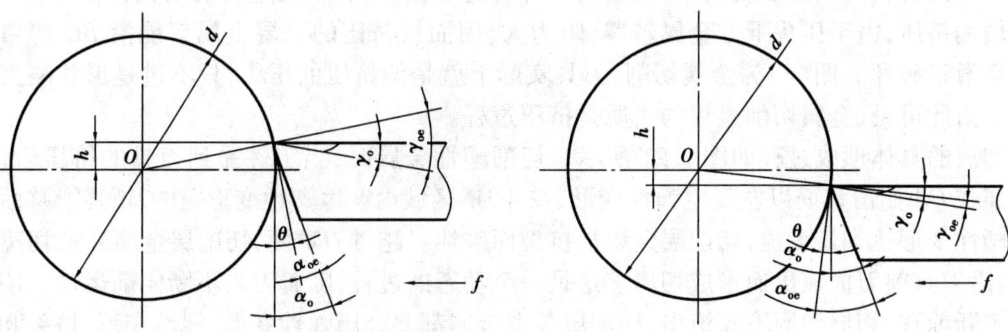

图 2.18　刀刃安装高度对工作角度的影响

②刀柄安装偏斜对工作角度的影响。在车削时会出现刀柄与进给方向不垂直的情况，如图 2.19 所示，此时刀柄垂线与进给方向产生 θ 角的偏转，将引起工作主偏角和工作副偏角的变化：$\kappa_{re} = \kappa_r \pm \theta, \kappa'_{re} = \kappa'_r \pm \theta$。

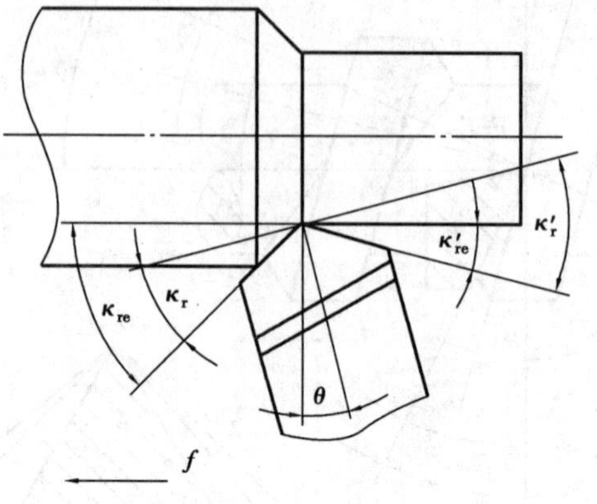

图 2.19　刀刃安装偏斜对工作角度的影响

2.3　金属切削过程的变形分析

2.3.1　切削变形规律

金属切削加工是指用刀具从工件上切除多余的材料，从而使工件的形状、尺寸、位置和表面质量均符合技术要求的加工方法。金属切削过程实质上就是形成切削与加工表面的过程。在切削过程中要发生诸多的物理现象，如切削变形、切削力、切削热、刀具磨损和表面强化等。

1）金属塑变理论

由材料力学理论，金属切削层受挤压后内部应力增加，挤压层金属先产生弹性变形继而产生塑性变形，金属的晶格沿晶面发生滑移，随着滑移量的增大，金属切削层与母体金属产生破裂而分离从而使切屑形成。

在图 2.20 中，图(a)为塑性金属受挤压时，在与作用力大致成 45°方向上剪应力最大。当剪应力达到材料的屈服强度极限时，金属即沿着剪切面 *AD*、*BC* 发生剪切滑移而破坏。图(b)为金属偏挤压，由于压头下方金属较厚，阻力大，因而被挤压的一层金属只能沿 *BC* 剪切面向上剪切滑移破坏。图(c)为金属切削，刀具实际上就是偏挤压的压头，只不过是形状略为修改而已。由此可见，金属切削过程的实质是挤压过程。

切屑的具体形成过程如图 2.21 所示。切削塑性金属时，当工件受到刀具的挤压后，切削层金属在 *OA* 始滑移面以左发生弹性变形，在 *AOM* 区域内产生塑性变形，在 *OM* 终滑移面上应力和塑性变形达到最大值，切削层金属被挤裂而破坏。越过 *OM* 面，切削层金属即被切离工件母体，沿刀具前刀面流出而形成切屑。这是一个动态的过程，随着刀具不断向前运动，*AOM* 区域也不断前移，切屑源源不断流出，切削层各点金属都要经历弹性变形、塑性变形、挤裂和切离的过程。由此可见，塑性金属的切削过程是一个挤压、变形、切离的过程，经历了弹性变形、塑性变形、挤裂和切离 4 个阶段。

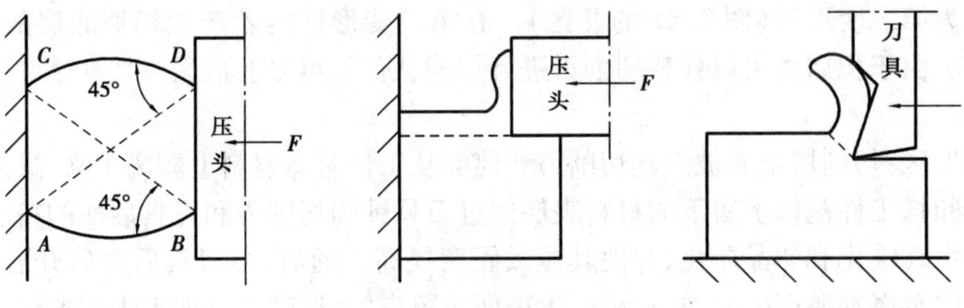

图2.20　金属挤压与金属切削

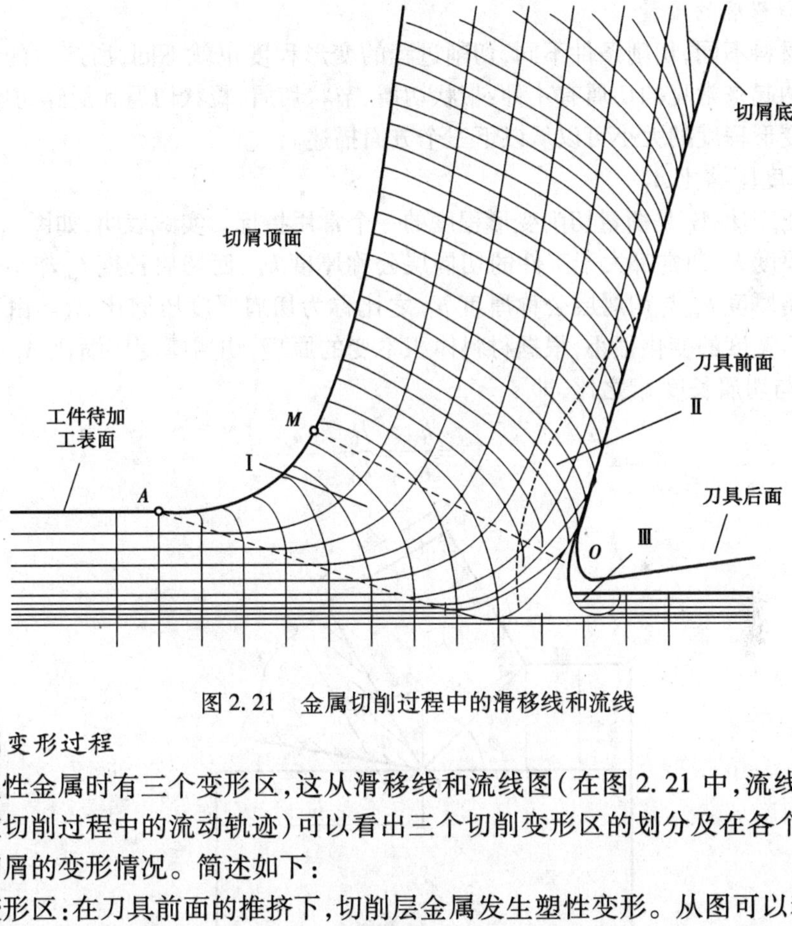

图2.21　金属切削过程中的滑移线和流线

2)切削变形过程

切削塑性金属时有三个变形区,这从滑移线和流线图(在图2.21中,流线表示被切金属的某一点在切削过程中的流动轨迹)可以看出三个切削变形区的划分及在各个变形区中切削层金属和切屑的变形情况。简述如下:

第一变形区:在刀具前面的推挤下,切削层金属发生塑性变形。从图可以看出,塑性变形是从 *OA* 线开始,直到 *OM* 线结束。在这个区域内,被刀具前面推挤的工件的切削层金属完成了剪切滑移的塑性变形过程,金属的晶粒被显著地拉长。离开了 *OM* 线之后,切削层金属已经变成了切屑,并沿着刀具前面流动。可见,这一变形区域是切屑形成的主要区域(图2.21的Ⅰ区),称为第一变形区。

第二变形区:切屑沿前面流动时,进一步受到刀具前面的挤压,在刀具前面与切屑底层之间产生了剧烈摩擦,使切屑底层的金属晶粒纤维进一步被拉长,其方向基本上和刀具前面平行。由于切屑底层的这种严重的剪切滑移变形,使切屑底层变得平整光亮。由于切屑底层的金属被拉长而顶层的金属并没有被拉长,所以切屑发生向顶层的卷曲。切屑底层金属的这个变形区域称为第二变形区(图 2. 21 的Ⅱ区)。在第二变形区内若产生切屑底层的堆积,就形成了积屑瘤。由于积屑瘤可以代替切削刃进行切削,所以,第二变形区对切削过程会产生较显著的影响。

第三变形区:切削层金属被刀具切削刃和前面从工件基体材料上剥离下来,进入第一和第二变形区,同时,工件基体上留下的材料表层经过刀具钝圆切削刃和刀具后面的挤压、摩擦,使表层金属产生纤维化和非晶质化,并使其显微硬度提高。随后,当刀具后面离开后,已加工表面表层和深层金属都要产生回弹,从而产生表面残留应力,这就是已加工表面的形成过程。上述已加工表面的形成过程都是在第三变形区(图 2. 21 的Ⅲ区)内完成的。已加工表面表层金属在第三变形区内的摩擦与变形情况,直接影响着已加工表面的质量。

3)切削变形程度的度量

由于工件材料不同,切削条件不同,切削过程的变形程度也就不同,所产生的切屑种类也多种多样。归纳起来常见的切屑有 4 种:带状切屑、节状切屑、粒状切屑和崩碎切屑。

衡量切削变形程度的大小可以从以下三个方面描述。

(1)切削厚度压缩比 Λ_h

切削厚度压缩比 Λ_h 是衡量切削变形程度的一个常用指标。实践表明,如图 2. 22 所示,刀具切下的切屑厚度 h_{ch} 通常都大于工件的切屑层公称厚度 h_D,而切屑长度 l_{ch} 却小于切屑层公称长度 l_D。切屑厚度 h_{ch} 与切屑层公称厚度 h_D 之比称为切屑厚度压缩比 Λ_h。由于工件上切屑层变成切屑后宽度的变化很小,根据材料体积不变的原理,切屑厚度压缩比 Λ_h 也等于切屑层公称长度 l_D 与切屑长度 l_{ch} 之比,即

$$\Lambda_h = \frac{h_{ch}}{h_D} = \frac{l_D}{l_{ch}} \tag{2.7}$$

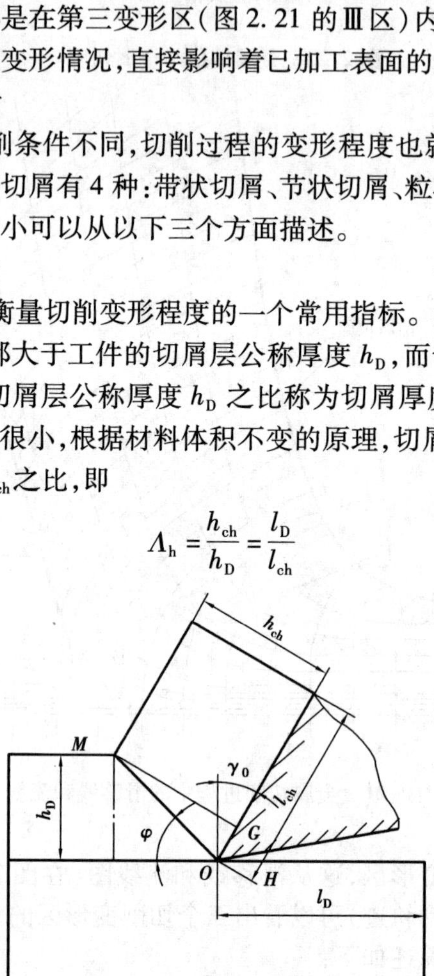

图 2. 22　切屑的变形程度

切屑厚度压缩比 Λ_h 一般均大于 1,它直观反映了切屑的变形程度,切屑厚度压缩比 Λ_h 越大,表明切屑越厚、越短,说明切削变形程度越大。

(2)切应变 ε

由于切削过程中金属变形的主要形式是剪切滑移,当切削层平行四边形发生滑移后,其切应变 ε 为

$$\varepsilon = \frac{\Delta x}{\Delta y} \tag{2.8}$$

(3)剪切角 φ

在常用的切削速度范围内,可以用一个简化的平面来表示第一变形区,这个平面称为剪切平面。剪切平面与切削速度方向的夹角称为剪切角 φ。可以推证出切削厚度压缩比 Λ_h 与剪切角 φ 的关系为

$$\Lambda_h = \frac{h_{ch}}{h_D} = \frac{\cos(\varphi - \gamma_0)}{\sin\varphi} \tag{2.9}$$

由此可知,剪切角 φ 越大,切削厚度压缩比 Λ_h 越小,即切削变形越小。说明剪切角 φ 也可以作为衡量切削变形程度的一个参数。但由于剪切角的测量比切削厚度压缩比测量要麻烦得多,所以一般很少用它来衡量切削变形的程度。

4)积屑瘤现象

切削层经第一变形区后沿前刀面排出,受到前刀面的挤压和摩擦变形加剧,进入第二变形区。中低速切削时,切屑在流经前刀面时,在高温高压的作用下相互产生剧烈的摩擦,致使刀具前刀面与切屑底层产生黏结现象,也称冷焊。这种摩擦与一般金属接触面间的摩擦不同。如图 2.23 所示,刀屑接触区分为黏结区和滑动区两部分。黏结区的摩擦为金属间的内摩擦,是金属内部的剪切滑移,这部分的切向应力等于被切材料的剪切屈服点 τ_s。滑动区的摩擦为外摩擦,即滑动摩擦,这部分的切向应力随着远离切削刃由 τ_s 逐渐减小至零。而刀屑接触面上正应力分布是刃口处最大,远离刃口处变小,直至减小至零。所以前刀面上各点的摩擦是不同的。

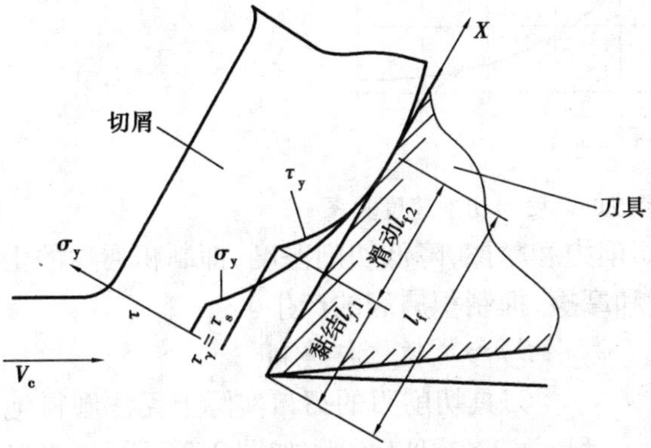

图 2.23　切屑和前刀面的摩擦

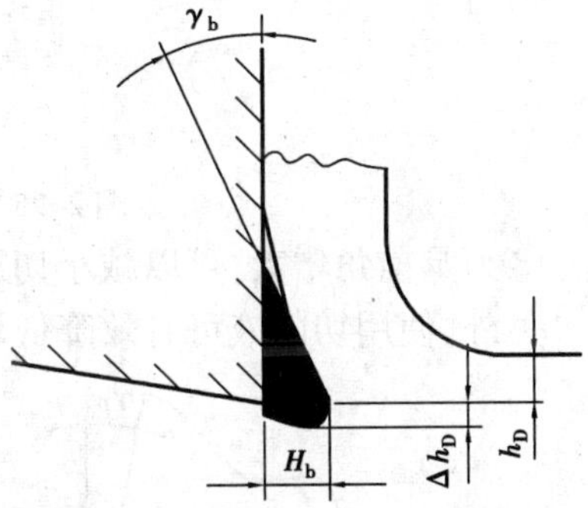

图 2.24　积屑瘤的度量

(1)积屑瘤的形成

由于刀具工作的接触面通常很洁净,切削塑性材料时,在黏结摩擦和滞留的作用下,当前刀面上的温度和压力适宜时,切屑底层金属黏结在前刀面的刃口附近(即所谓的“冷焊”),形成硬度很高(是工件材料的 2 ~ 3 倍)的一个楔块,称为积屑瘤。积屑瘤的大小常用积屑瘤的高度 H_b 表示,如图 2.24 所示。

在加工过程中,积屑瘤的高度是逐层积聚的,到一定高度后,受振动或外力作用会脱落,所以加工时积屑瘤是一个生成、长大、脱落的周期性过程。

(2)积屑瘤对切削过程的影响

①增大前角,减小切削力。积屑瘤在刀面上增大了刀具的实际工作前角,可减小切屑变形,减小切削力。

②影响尺寸精度。积屑瘤前端伸出量 H_b 导致切削厚度增加了 Δh_D,影响工件尺寸精度。

③增大表面粗糙度值。高度不稳定的积屑瘤会在工件表面上划出沟痕和挤歪已有沟痕,脱落后的积屑瘤颗粒会嵌在已加工表面上,从而增大表面粗糙度值。

④减小刀具磨损。积屑瘤包裹着刀具切削刃,代替切削刃、前刀面和后刀面进行切削,减小刀具的磨损。

(3)影响积屑瘤的主要因素

积屑瘤的形成主要取决于切削区温度。此外,接触面间的压力、粗糙程度、黏结强度等因素都与形成积屑瘤的条件有关。

①工件材料塑性越大,切削温度越高,越容易形成积屑瘤。可以采用正火或调质处理来避免积屑瘤的生成。

②切削速度实验表明,采用低速($v_c \leqslant 3$ m/min)或较高速($v_c > 40$ m/min)切削时,不易产生积屑瘤,如图 2.25 所示。

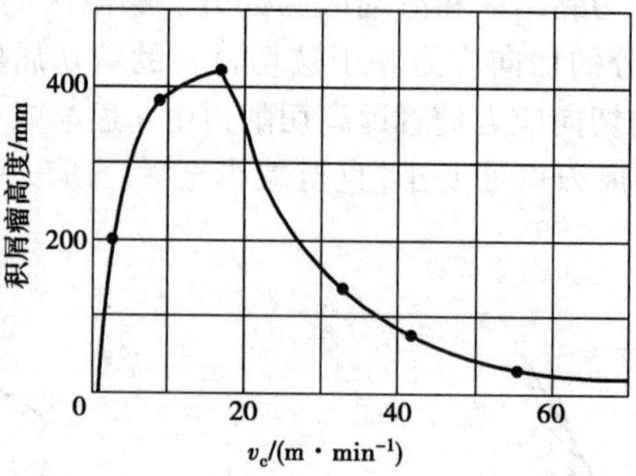

图 2.25 积屑瘤形成的高度与切削速度关系

③刀具前角增大,可以减小切屑变形、切削力和摩擦,降低切削温度,抑制积屑瘤的生成。

另外,使用切削液可有效降低切削温度和摩擦,抑制积屑瘤的产生。

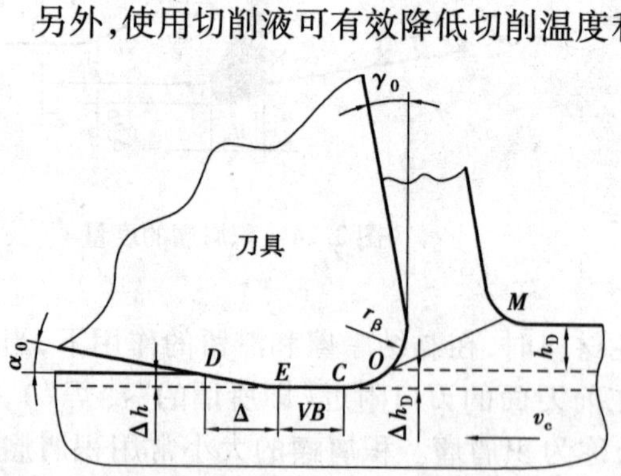

图 2.26 加工表面的硬化层形成

5)加工硬化与鳞刺

刀具切削刃的刃口实际上无法磨得绝对锋利,总存在刃口圆弧,如图 2.26 所示,刃口圆弧半径为 r_β。切削时由于刃口圆弧的切削和挤压摩擦作用,使刃口前区的金属内部产生复杂的塑性变形。通常以 O 点为分界点,O 点以上金属晶体向上滑移形成切屑;O 点以下厚度 Δh_D 的金属层晶体向下滑移绕过刃口形成已加工表面。这层金属被刃口圆弧挤压后,还继续受到后刀面上小棱面 CE 的摩擦,以及由已加工表面弹性恢复层 Δh 与后刀面上 ED 部分接触产生挤压摩擦,使已加工表面变形更剧烈。

经切削产生的变形使得已加工表面层的金属晶格产生扭曲、挤紧和碎裂，造成已加工表面的硬度增高，这种现象称为加工硬化（冷硬现象）。硬化程度严重的材料使切削变得困难。冷硬还使已加工表面出现显微裂纹和残余应力等，从而降低了加工表面的质量和材料的疲劳强度。

鳞刺是已加工表面上的一种鳞片状毛刺，它对表面粗糙度有严重的影响。通常在以较低的切削速度对塑性金属进行车、刨、钻、拉等加工时，都可能出现鳞刺。采用高速切削、减小切削厚度、使用润滑性能好的切削液等措施，都可抑制鳞刺。

2.3.2　影响切削变形的主要因素

（1）工件材料

工件材料的强度越低，工件塑性越大，加工时的切削变形越大。因为强度越低，屈服强度也越小，在较小的应力作用下就会产生塑性变形，并且连续进行塑性变形的能力强，破坏之前的塑性变形量大。

（2）进给量

切屑底层的金属，经过第Ⅰ、第Ⅱ变形区的两次塑性变形，其变形程度要比切屑上层剧烈得多。进给量 f 增大，切屑层公称厚度也增大，切削厚度压缩比减小，切削变形减小。f 增大 1 倍时，切削力 F_c 仅增大 75% 左右。其主要原因是，进给量 f 增大 1 倍时，切削层宽度 b_D 不变，而切削层厚度 h_D 增大 1 倍，切削变形减小，使第Ⅰ、Ⅱ变形区的变形和摩擦不能按比例增长，所以使切削力只能增大 75% 左右。

（3）切削速度

切削铸铁等脆性材料时，因塑性变形小，切削速度 v_c 对切削变形无明显影响。

切削一般钢材时，切削速度 v_c 对切削变形的影响呈波浪形。切削速度主要通过积屑瘤来影响切削变形。这是因为在较宽的切削速度内只有中间的一部分速度段区域会产生积屑瘤。低速时切削速度的增大导致积屑瘤厚度增加，刀具实际前角增大，切削变形减小；切削速度再增加，积屑瘤减小，切削变形增大；当切削速度达到高速段后，切削通过变形区的时间极短，切削来不及变形产生剪切滑移即被排除到切削区外。

（4）刀具前角

前角 γ_o 增大，若后角 α_o 不变，楔角 β_o 减小，则刀具锋利，切削变形减小，使切削力下降。加工塑性大的材料，增大前角，切削力下降明显；加工脆性的材料，增大前角，切削力下降不显著。

2.3.3　切削力

1）总切削力的分解、计算和切削功率

在切削过程中，刀具切入工件，使切削层变为切屑并沿前面流出，同时获得已加工表面。这不仅需要使工件材料产生剪切变形的作用力，还需要克服发生在刀具前、后面上的内摩擦阻力。因此，切削过程中的力是分散在第Ⅰ、第Ⅱ和第Ⅲ变形区内的，为便于研究，将这些分散的力集中起来，这就是总切削力 F。总切削力是计算切削功率，设计和选用机床、夹具、刀具的必要依据。

(1)总切削力的分解

图 2.27 为车削外圆时,刀具作用在工件上的总切削力的分解示意图。随着加工条件的不同,总切削力 F 的方向和数值都是变化的。为了应用和测量的方便,常将总切削力 F 分解在与机床主运动和进给运动方向相一致的三个互相垂直的方向上,形成三个分力。

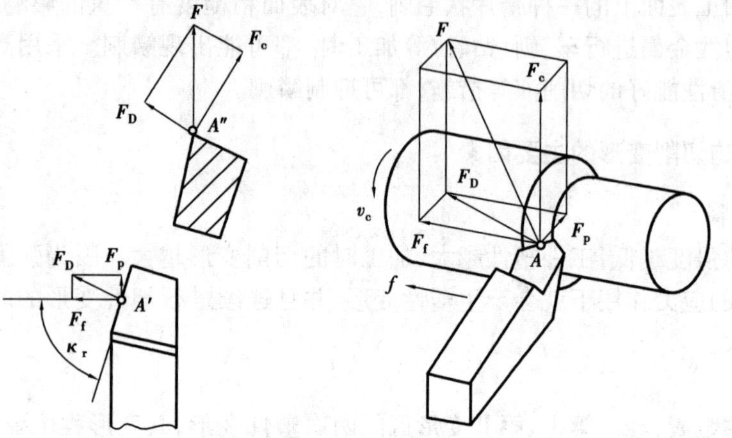

图 2.27　总切削力的分解

①切削力 F_c——总切削力 F 在主运动方向上的分力。由于 F_c 是主要做功的力,所以也称为主切削力或切向力,是计算刀具强度、设计机床零件及校验机床功率的主要参数。

②背向力 F_p——总切削力 F 在垂直于工作平面方向上的分力。由于 F_p 指向工件轴心,所以也称为径向力,它能使工件变形或产生切削振动,故对加工精度及已加工表面质量影响较大,是计算工艺系统的刚度及变形量的主要参数。

③进给力 F_f——总切削力 F 在进给运动方向上的分力。由于 F_f 的指向与工件轴线的方向一致,所以也称为轴向力,是计算机床走刀机构强度及校验机床进给功率的主要参数。

由图 2.27 可知,总切削力 F 先分解为 F_c 和 F_D,然后再将 F_D 分解为 F_p 和 F_f,因此

$$F = \sqrt{F_c^2 + F_D^2} = \sqrt{F_c^2 + F_p^2 + F_f^2} \tag{2.10}$$

如果不考虑副切削刃的切削作用及其他造成流屑方向改变的因素的影响,总切削 F 就在刀具的正交平面内,如图 2.27(a)所示,故有

$$F_p = F_D \cos \kappa_r \tag{2.11}$$

$$F_f = F_D \sin \kappa_r \tag{2.12}$$

一般情况下,主切削力 F_c 最大,F_p 和 F_f 小一些。随着刀具几何参数、刃磨质量、磨损情况和切削用量的不同,F_p 和 F_f 相对于 F_c 的比值在很大的范围内变化。

$$F_p = (0.15 \sim 0.7) F_c$$

$$F_f = (0.10 \sim 0.6) F_c$$

(2)切削力计算

切削力计算指消耗在切削过程中的功率。总切削力所做的功实际上是第一变形区内的剪切功和第二、第三变形区内的摩擦功的总和。

通过大量实验,用测力仪测得各向分力后,通过数据处理,可得切削力的经验公式。生产

中切削力的经验公式分两类：一是指数公式；一是按单位切削力计算的公式。

①计算切削力的指数公式：

$$\text{切削力}\quad F_c = C_{F_c} a_p^{x_{F_c}} f^{y_{F_c}} v_c^{n_{F_c}} k_{F_c} \tag{2.13}$$

$$\text{背向力}\quad F_p = C_{F_p} a_p^{x_{F_p}} f^{y_{F_p}} v_c^{n_{F_p}} k_{F_p} \tag{2.14}$$

$$\text{进给力}\quad F_f = C_{F_f} a_p^{x_{F_f}} f^{y_{F_f}} v_c^{n_{F_f}} k_{F_f} \tag{2.15}$$

式中 $C_{F_c}, C_{F_p}, C_{F_f}$——与工件材料、刀具有关的影响系数，其大小与试验条件有关；

$x_{F_c}, x_{F_p}, x_{F_f}$——背吃刀量 a_p 对切削各分力的影响指数；

$y_{F_c}, y_{F_p}, y_{F_f}$——进给量 f 对切削各分力的影响指数；

$n_{F_c}, n_{F_p}, n_{F_f}$——切削速度 v_c 对切削各分力的影响指数；

$k_{F_c}, k_{F_p}, k_{F_f}$——实验条件与计算条件不同时的修正系数。

具体切削环境下的上述经验公式中的指数或系数参见相关的《机械加工工艺手册》。

对于最常见的外圆车削、镗孔等，$x_{F_c}=1$，$y_{F_c}=0.75$，$n_{F_c}=0$，这是一组最典型的值。不仅用于计算切削力，还可用于分析切削中的一些现象。

②单位切削力的计算公式：

用单位切削力 p 来计算主切削力是一种更简便的形式。单位切削力是指切除单位切削层面积所产生的主切削力。用 p 表示为

$$p = \frac{F_c}{A_c} = \frac{F_c}{a_p f} = \frac{F_c}{h_D b_D} \tag{2.16}$$

(3)切削功率计算

切削功率指消耗在切削过程中的功率。如前所述，总切削力所做的功实际上是第一变形区内的剪切功和第二、第三变形区内的摩擦功的总和，也就是各切削分力所作功的总和。外圆车削中，F_c 方向的运动速度是切削速度 v_c；F_p 方向的运动速度为零，即 F_p 不做功；F_f 方向的运动速度是进给速度 v_f，由于 F_f 小于 F_c，v_f 又比 v_c 小得多，F_f 所做的功仅占1%～2%，因此，一般切削功率 P_c 仅根据 F_c 和 v_c 来计算，即

$$P_c = \frac{F_c v_c}{6 \times 10^4} \tag{2.17}$$

式中 P_c——切削功率，kW；

F_c——切削力，N；

v_c——切削速度，m/min。

根据切削功率选择电动机时，还要考虑机床的传动效率，故机床电动机的功率 P_E 为

$$P_E \geqslant \frac{P_c}{\eta_c} \tag{2.18}$$

式中 P_E——机床电动机功率，kW；

η_c——机床传动效率，一般取0.75～0.85。

2)影响切削力的主要因素

(1)工件材料的影响

工件材料的强度硬度越高，切削力越大；工件材料的塑性或冲击韧度越大，变形抗力和摩擦力越大，切削力也越大。切削脆性材料时，由于塑性变形小，蹦碎切屑与前刀面的摩擦小，所以切削力小。

(2)切削用量的影响

①背吃刀量:背吃刀量 a_{sp} 增大,切削力也增大,a_{sp} 增大1倍时,F_c 增大约1倍。其主要原因是 a_{sp} 增大1倍时,切削层厚度 h_D 不变,而切削层宽度 b_D 增大1倍,切削刃上的切削载荷随之增大1倍,即第Ⅰ、Ⅱ变形区的变形和摩擦按比例增大,所以导致切削力 F_c 增大约1倍。

②进给量:进给量 f 增大,切削力 F_c 也增大。f 增大1倍时,F_c 仅增大75%左右。其主要原因是 f 增大1倍时,切削层宽度 b_D 不变,而切削层厚度 h_D 增大1倍,切削变形减少,使第Ⅰ、Ⅱ变形区的变形和摩擦不能按比例增长,所以使切削力只能增大75%左右。

③切削速度:切削一般钢材时,切削速度 v_c 对切削力 F_c 的影响呈波浪形,如图2.28所示。切削铸铁等脆性材料时,因塑性变形小,切削速度 v_c 对切削力 F_c 无明显影响。

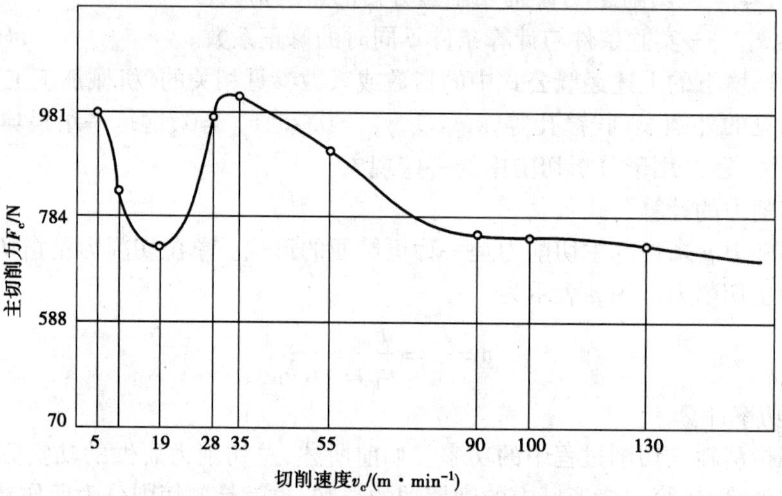

图2.28　切削速度对切削力影响

(3)刀具几何参数的影响

①前角:前角 γ_o 增大,若后角 α_o 不变,楔角 β_o 减小,则刀具锋利,切削变形减小,使切削力下降。加工塑性大的材料,增大前角,切削力下降明显;加工脆性的材料,增大前角,切削力下降不显著。

②主偏角:切削一般钢材时,当主偏角 $\kappa_r < 60°$ 时,随着 κ_r 的增大,切削力 F_c 减小;当 $\kappa_r = 60° \sim 75°$ 时,F_c 减小至最小;当 $\kappa_r > 75°$ 时,随着 κ_r 的增大,F_c 增大。

在切削铸铁等脆性材料时,主偏角对切削力的影响很小,可忽略。背向力 F_p 随 κ_r 增大而减小;进给力 F_f 随 κ_r 增大而增大。

③刃倾角:刃倾角 λ_s 对切削力 F_c 的影响较小,而对背向力 F_p 和进给力 F_f 影响较大,如图2.29所示。

④刀尖圆弧半径:刀尖圆弧半径 r_ε 增大,刀尖圆弧部分参加切削的长度增大。因此切削变形增大,切削力增大。另外,刀尖圆弧部分各点的 κ_r 角不同,其平均角度值小于主切削刃直线部分的 κ_r 值,使背向力 F_p 增大,进给力 F_f 减小。因此当工艺系统刚性较差时,应选用小的圆弧半径,以避免振动。

(4)切削液的影响

切削液具有冷却、润滑、清洁、防锈的作用。选用润滑性能好的切削液,可以减小刀具前刀面与切屑、刀具后刀面与工件之间的摩擦,从而降低切削力。矿物油、植物油、极压切削油都有良好的润滑性能。

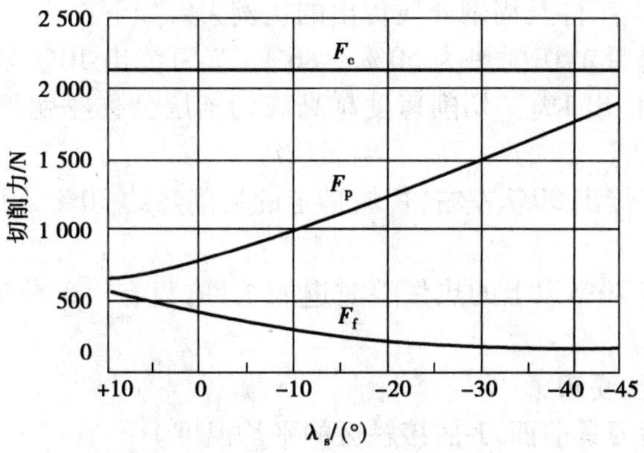

图 2.29 刃倾角对切削力的影响

2.3.4 切削热和切削温度

切削热是金属切削过程中产生的重要现象之一。它直接影响刀具磨损和耐用度,因而限制了切削速度的提高。在使用焊接刀具进行重切削时,由于切削温度过高,有时会使刀体受热段变形,导致刀片脱落;在精加工中,切削温度还会影响工件的加工精度和表面质量。同时,切削温度过高也不利于安全生产。

然而在一定条件下,也可利用切削热,使不利的一面变为有利。因此,研究切削热的来源与切削温度的变化规律,更好地限制与利用它,对进一步提高刀具耐用度,提高生产效率,保证加工质量,是十分必要的。

1)切削热的来源

切削过程中所消耗的能量绝大多数转变为热量。三个变形区就是三个发热区,如图 2.30 所示,因此,切削热的来源就是切屑的变形功和刀具前、后面的摩擦功。

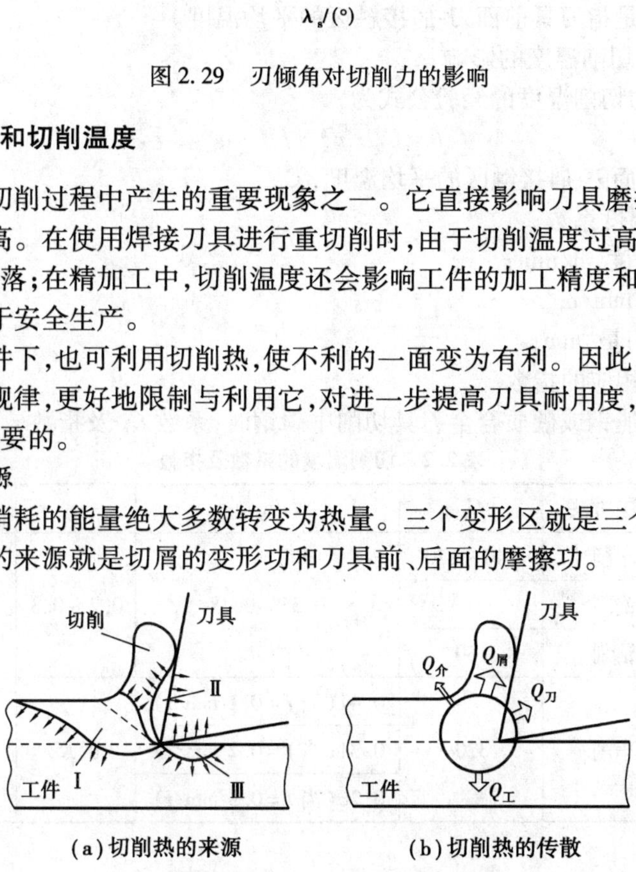

图 2.30 切削热的来源与传散

根据热力学平衡原理,产生的热量和散出的热量应相等,即

$$Q_s + Q_r = Q_c + Q_t + Q_w + Q_m \qquad (2.19)$$

式中 Q_s——工件材料弹、塑性变形所产生的热量 ,J;

Q_r——切屑与前面、加工表面与后面摩擦所产生的热量,J;

Q_c——切屑带走的热量,J;

Q_t——刀具传散的热量,J;

Q_w——工件传散的热量,J;

Q_m——周围介质如空气、切削液带走的热量,J。

切削热由切屑、刀具、工件及周围介质传出的比例大致如下：

①车削加工时，切屑带走切削热为50%～86%，车刀传出10%～30%，工件传出3%～9%，其他介质（如空气）传出1%。切削速度越高或切削层公称厚度越厚，则切屑带走的热量越多。

②钻削加工时，工件传出50%左右，切屑带走的切削热约30%，刀具传出约15%，周围介质传出5%。

③磨削加工时，约有70%以上的热量瞬时进入工件，只有小部分通过切屑、砂轮、冷却液和大气带走。

2）影响切削温度的主要因素

所谓切削温度，是指刀具前面刀-屑接触区的平均温度。

（1）切削用量对切削温度的影响

通过实验得出的切削温度的经验公式为

$$\theta = C_\theta \cdot v_c^{z_\theta} \cdot f^{y_\theta} \cdot a_{sp}^{x_\theta} \tag{2.20}$$

式中 θ——刀具前面刀-屑接触区的平均温度，℃；

C_θ——切削温度系数；

v_c——切削速度，m/min；

f——进给量，mm/r；

a_{sp}——背吃刀量，mm；

z_θ、y_θ、x_θ——相应的指数。

实验得出，用高速钢或硬质合金刀具切削中碳钢时，系数 C_θ 及指数 z_θ、y_θ、x_θ 见表2.2。

表2.2 切削温度的系数及指数

刀具材料	加工方法	C_θ	z_θ	y_θ	x_θ
高速钢	车削	140～170	0.35～0.45	0.2～0.3	0.08～0.10
	铣削	80			
	钻削	150			
硬质合金	车削	320	0.41（当 f=0.1 mm/r）	0.15	0.05
			0.31（当 f=0.2 mm/r）		
			0.26（当 f=0.3 mm/r）		

由上式及表2.2可知，v_c、f、a_{sp} 增大，切削温度升高，但切削用量三要素对切削温度的影响程度不一，以 v_c 的影响最大，f 次之，a_{sp} 最小。因此，为了有效控制切削温度以提高刀具耐用度，在机床允许的条件下，选用较大的背吃刀量 a_{sp} 和进给量 f，比选用大的切削速度 v_c 更为有利。

（2）刀具几何参数的影响

前角 γ_o 增大，使切屑变形程度减小，产生的切削热减小，因而切削温度下降。但前角为18°～20°时，对切削温度的影响减小，这是因为楔角减小而使散热体积减小的缘故。

主偏角 κ_r 减小，使切削层公称宽度 b_D 增大，散热增大，故切削温度下降。负倒棱及刀尖圆弧半径增大，能使切屑变形程度增大，产生的切削热增加；但另一方面这两者都能使刀具的散热条件改善，使传出的热量增加，两者趋于平衡，所以，对切削温度影响很小。

(3)工件材料的影响

工件材料的强度、硬度增大时,产生的切削热增多,切削温度升高;工件材料的导热系数越大,通过切屑和工件传出的热量越多,切削温度下降越快。

(4)刀具磨损的影响

刀具后面磨损量增大,切削温度升高,磨损量达到一定值后,对切削温度的影响加剧;切削速度越高,刀具磨损对切削温度的影响就越显著。

(5)切削液的影响

切削液对降低切削温度、减少刀具磨损和提高已加工表面质量有明显的效果。切削液对切削温度的影响与切削液的导热性能、比热、流量、浇注方式以及本身的温度有很大关系。

3)切削温度的分布规律

前面分析的为刀-屑-工件接触区的平均温度。为了深入研究,还应该知道工件、切屑和刀具上各点的温度分布,这种分布称为温度场。

切削温度场可用人工热电偶法或其他方法测出。

图2.31是切削钢料时,实验测出的正交平面内的温度场,可得切削温度分布的规律:

①剪切面上各点的温度几乎相同,说明剪切面上各点的应力应变规律基本相同。

②刀具前、后面上最高温度都不在切削刃上,而是在离切削刃有一定距离的地方。这是摩擦热沿着刀面不断增加的缘故。

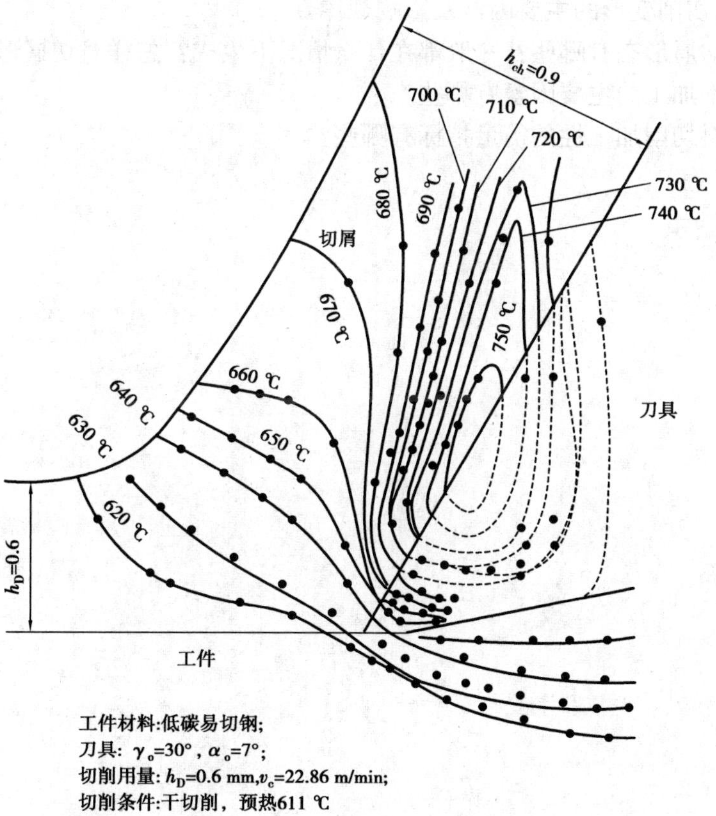

图2.31　二维切削中的温度分布

思考与习题

2.1 外圆车削加工时,工件上出现了哪些表面?试绘图说明,并对这些表面下定义。

2.2 什么是切削用量三要素?在外圆车削中,它们与切削层参数有什么关系?

2.3 确定外圆车刀切削部分几何形状最少需要几个基本角度?试画图标出这些基本角度。

2.4 试述刀具标注角度和工作角度的区别。

2.5 试述判定车刀前角、后角和刃倾角正负号的规则。

2.6 在 CA6140 型车床上车削外圆,已知:工件毛坯直径为 $\phi70$ mm,加工长度为 400 mm;加工后工件尺寸为 $\phi60^{0}_{-0.1}$ mm,表面粗糙度 Ra 为 3.2 μm;工件材料为 40Cr($\sigma_b = 700$ MPa);采用焊接式硬质合金外圆车刀(牌号为 YT15),刀杆截面尺寸为 16 mm × 25 mm,刀具切削部分的几何参数为:$\gamma_a = 10°$, $\alpha_0 = 6°$, $\kappa_r = 45°$, $\kappa'_r = 10°$, $\lambda_s = 0°$, $r_\varepsilon = 0.5$ mm, $\gamma_{01} = -10°$, $b_{\gamma1} = 0.2$ mm。试为该工序确定切削用量(CA6140 型车床纵向进给机构允许的最大作用力为 3 500 N)。

2.7 怎样划分切削变形区?第一变形区有哪些变形特点?

2.8 什么是积削瘤?它对加工过程有什么影响?如何控制积削瘤的产生?

2.9 试述影响切削变形的主要因素及影响规律。

2.10 常用的切屑形态有哪些?一般都在什么情况下生成?怎样对切屑形态进行控制?

2.11 影响切削加工的主要因素有哪些?

2.12 工件材料切削加工性的衡量指标有哪些?

第 3 章 金属切削刀具

【教学目标】

本章主要介绍金属切削的刀具材料、常见的金属切削刀具、刀具磨损与耐用度以及金属切削条件的合理选择。

通过本章的学习,能认识金属切削的刀具材料和常见的金属切削刀具,熟悉在特定场合选用高效率的切削刀具,掌握金属切削条件的合理选择。

【重点难点】

- 刀具的材料及种类
- 刀具磨损与耐用度
- 切削条件的合理选择

3.1 刀具材料

刀具在结构上通常包括刀头和刀体两大部分。本章阐述的刀具材料是指刀头即刀具实际参与切削部分的材料。为了完成切削,除了要求刀具具有合理的角度和适当的结构外,刀具材料是保证刀具完成切削功能的重要基础。在切削过程中,由于刀具在大切削力、高切削热、切屑与工件表面剧烈摩擦等恶劣环境下,刀具的性状会发生一系列改变。因此,不同切削环境和切削条件下选择合适的刀具材料,对于保证刀具具有良好的切削性能,从而保证工件的加工质量、生产率和降低加工成本都具有重要影响。

3.1.1 刀具材料应具备的性能

所谓金属切削加工的实质,就是用比工件材料硬的刀具,在机械能和机械力的作用下,切除工件上多余材料的过程。刀具材料的性能应满足以下基本要求:

(1)硬度和耐磨性

刀具材料的硬度应比工件材料的硬度高,一般常温硬度要求60HRC以上。刀具材料应具有较高的耐磨性。材料硬度越高,耐磨性也越好。刀具材料含有耐磨的合金碳化物越多、晶粒越细、分布越均匀,则耐磨性越好。

(2)强度和韧性

刀具材料必须有足够的强度和韧性,以便在承受振动和冲击时不产生崩刃和脆性断裂。

(3)耐热性

刀具材料在高温下保持硬度、耐磨性、强度和韧性的性能。

(4)工艺性

为便于制造,刀具材料本身应具备较好的可加工性(焊接、锻、轧、热处理、切削和磨削等)。

(5)良好的热物理性能和耐热冲击性能

刀具材料导热性要好,不会因受到大的热冲击,产生刀具内部裂纹而导致刀具断裂。

(6)经济性

经济性是评价刀具材料的重要指标之一,刀具材料的价格应低廉,便于推广。但有些材料虽单件成本很高,但因其使用寿命长,分摊到每个工件上的成本不一定很高。

由于在工程实践中,刀具材料的上述几个性能相互间制约,如硬度高、耐磨性越好的材料其韧性和抗破损能力越差,耐热性好的材料韧性又较差。所以应根据具体切削环境和加工对象要求选择合适的刀具材料。

3.1.2 常用刀具材料

刀具材料中使用最广泛的是高速钢和硬质合金,主要有碳素工具钢、合金工具钢、高速钢、硬质合金、陶瓷、金刚石、立方氮化硼等。碳素工具钢(如T10A、T12A)及合金工具钢(如9SiCr、CrWMn)因耐热性较差,通常仅用于手动刀具和切削速度较低的刀具。陶瓷、金刚石、立方氮化硼虽然性能好,由于成本较高,经济性差,目前并没有广泛使用。常用刀具材料的分类及特性见表3.1。

表3.1 常用刀具材料的分类及特性

<table>
<tr><th>种类</th><th>牌号</th><th>硬度</th><th>维持切削性能的最高温度/℃</th><th>抗弯强度/GPa</th><th>工艺性能</th><th>用途</th></tr>
<tr><td>碳素工具钢</td><td>T12A
T10A
T8A</td><td>60 ~64HRC</td><td>约200</td><td>2.0 ~2.25</td><td rowspan="2">可冷热加工成形,工艺性能良好,磨削性好,须热处理</td><td>只用于手动刀具,如手动丝锥、板牙、铰刀、锯条、锉刀等</td></tr>
<tr><td>合金工具钢</td><td>CrWMn
9SiCr</td><td>60 ~65HRC</td><td>250 ~200</td><td>2.2 ~2.45</td><td>只用于手动或低速机动刀具,如丝锥、板牙、拉刀等</td></tr>
</table>

续表

种类	牌号	硬度	维持切削性能的最高温度/℃	抗弯强度/GPa	工艺性能	用途
高速钢	W10Mo4Cr4V2Al W6Mo5Cr4V2Co8 W6Mo5Cr4V2Al W6Mo5Cr4V2 W18Cr4V	62 ~ 70HRC	580 ~ 650	2.5 ~ 4.5	可冷热加工成形,工艺性能良好,须热处理,磨削性好,但钒类较差	用于各种刀具,特别是形状较复杂的刀具,如钻头、铣刀、拉刀、齿轮刀具、丝锥、板牙、刨刀等
硬质合金	YW1,YW2 YT5,YT14,YT15, YT30,YG3,YG6, YG6X,YG8	89 ~ 94HRA	800 ~ 1 000	0.88 ~ 2.45	压制烧结后使用,不能冷热加工,多镶片使用,无须热处理	车刀刀头大部分采用硬质合金,钻头、铣刀、滚刀、丝锥等可镶刀片使用
陶瓷	—	91 ~ 95HRA	>1 200	0.45 ~ 0.80		多用于车刀,性脆,适用于连续切削
金刚石	—	10 000HV	700 ~ 800	0.2 ~ 0.5	用天然金刚石砂轮刃磨极困难	用于有色金属的高精度、小表面粗糙度切削
立方氮化硼	—	7 200 ~ 9 000HV	1 400 ~ 1 500	0.3	压制烧结而成,可用金刚石砂轮磨削	用于硬度、强度较高材料的精加工

(1)碳素工具钢与合金工具钢

碳素工具钢是含碳量最高的优质钢(通常含碳量的质量百分数在 0.7% ~ 1.2%),如 T10A。碳素工具钢淬火后具有较高硬度,而且价格低廉。但这种材料的最大缺点是热硬性差,当温度达到 200 ℃时,即不能保持原来的硬度,并且淬火后容易产生变形和裂纹。

合金工具钢是在碳素工具钢中加入少量的 Cr、W、Mn、Si 等合金元素组成的刀具材料(如 9SiCr)。与碳素工具钢相比,合金工具钢的热硬性有所改善,淬火后的变形也较小。

上述两种刀具材料的耐热性都比较差,所以常用在制造手动刀具和一些形状较简单的低速切削环境的刀具,如锉刀、锯条和手用铰刀等。

(2)高速钢

高速钢又称锋钢或风钢,是含有 W、Mo、Cr、V 等合金元素较多的合金工具钢。它所允许的切削速度比碳素工具钢及合金工具钢高 1 ~ 3 倍,故称为高速钢。高速钢具有较高的耐热性,在 500 ~ 650 ℃时仍能切削。高速钢还具有高的强度、硬度(62 ~ 70HRC)和耐磨性,另外,其热处理变形小、能锻易磨,是一种综合性能好、应用最广泛的刀具材料。特别适合制造结构复杂的成形刀具、钻头、滚刀、剃齿刀、拉刀和螺纹刀具等。由于高速钢的硬度、耐磨性、耐热性不及硬质合金,因此只适于制造中、低速切削的各种刀具。高速钢分两大类:普通高速钢和高性能高速钢,常用高速钢的化学成分、性能和用途见表 3.2。切削一般材料可选用普通高速钢,其中 W18Cr4V 过去国内用得多,目前国内外大量使用的是 W6Mo5Cr4V2;切削难加工材料时可选用高性能高速钢。

表 3.2　常用高速钢的化学成分、性能和用途

类别		牌号	化学成分/%						硬度/HRC	600 ℃高温硬度/HRC	抗弯强度/GPa	冲击韧性 $a_k/(J \cdot m^{-2})$	磨削性能	主要用途
			C	W	Mo	Cr	V	其他						
普通高速钢		W18Cr4V	0.70 ~ 0.80	17.5 ~ 19.5	<0.30	3.80 ~ 4.40	1.00 ~ 1.40		62 ~ 66	48	~3.5	~30	好	用途广泛，如齿轮刀具、钻头、铰刀、铣刀、拉刀等
普通高速钢		W6Mo5Cr4V2	0.80 ~ 0.90	5.50 ~ 6.75	4.50 ~ 5.50	3.80 ~ 4.40	1.75 ~ 2.20		62 ~ 66	47 ~ 48	4.5 ~ 4.7	~50	稍差	制造要求热塑性好和受较大冲击负荷的刀具
高性能高速钢	高碳	9W18Cr4V	0.90 ~ 1.00	17.5 ~ 19.0	<0.30	3.80 ~ 4.40	1.00 ~ 1.40		67 ~ 68	51	~3.0	~10	好	用于对韧性要求不高，但对耐磨性要求较高的刀具
高性能高速钢	高钒	W12Cr4V4Mo	1.20 ~ 1.40	11.5 ~ 13.0	0.90 ~ 1.20	3.80 ~ 4.40	3.80 ~ 4.40		63 ~ 66	51	~3.2	~25	差	用于形状简单，但要求耐磨的刀具
高性能高速钢	超硬	W6Mo5Cr4V2Al	1.00 ~ 1.15	5.50 ~ 6.75	4.50 ~ 5.55	3.80 ~ 4.40	1.75 ~ 2.20	Al1.08 ~ 1.20	68 ~ 69	55	3.5 ~ 3.8	20	稍差	制造复杂刀具和难加工材料用刀具
高性能高速钢	超硬	W2Mo9Cr4VCo8	1.00 ~ 1.15	1.15 ~ 1.85	9.00 ~ 10.0	3.50 ~ 4.25	0.95 ~ 1.35	Co7.75 ~ 8.75	66 ~ 70	55	2.5 ~ 3.0	10	好	制造复杂刀具和难加工材料用刀具，价格昂贵

(3)硬质合金

硬质合金是由高硬度的难熔金属碳化物(如WC、TiC、TaC、NbC等)和金属黏结剂(如Co、Ni、Mo等)经高温高压的粉末冶金烧结方法制成的。硬质合金的硬度特别是高温硬度、耐磨性、耐热性都高于高速钢,硬质合金的常温硬度可达89～94HRA,在800～1 000 ℃时仍能进行切削。硬质合金的切削性能优于高速钢,刀具耐用度也比高速钢高几倍到几十倍,在相同耐用度时,切削速度可提高4～10倍。但硬质合金较脆,抗弯强度低,韧性也很低。

硬质合金的种类很多,ISO组织将切削用硬质合金分为K、P、M三类,分别大致对应国内常见的有钨钴类(YG)、钨钛钴类(YT)、稀有金属碳化物类(YW)。

硬质合金的代号里,Y表示硬质合金;G代表钴,其后数字表示合金中的钴含量;T表示钛,其后数字表示合金中TiC的含量;W表示通用合金。

其中,YG类一般用于切削铸铁等脆性材料和有色金属及其合金,也适于加工不锈钢、高温合金、钛合金等难加工材料;常用牌号有YG3、YG6、YG6X、YG8。精加工可用YG3,半精加工选用YG6、YG6X,粗加工宜用YG8。

YT类一般用于连续切削塑性金属材料,如普通碳钢、合金钢等。但不宜用于加工含钛的不锈钢和钛合金,因为硬质合金中的钛元素和工件材料中的钛元素之间易发生亲和作用,会加速刀具的磨损。常用牌号有YT5、YT14、YT15、YT30。精加工可用YT30,半精加工选用YT14、YT15,粗加工宜用YT5。

YW类主要用于难切削材料的加工。

硬质合金中含Co量增多,WC、TiC含量减少时,抗弯强度和冲击韧性提高,适用于粗加工;含Co量减少,WC、TiC增加时,其硬度、耐磨性及耐热性提高,强度及韧性降低,适用于精加工;所以新型的镍钼钛类(YN类)硬质合金含碳量较低,但TiC含量可达60%以上。

(4)其他刀具材料

①陶瓷。陶瓷是以氧化铝(Al_2O_3)或以氮化硅(Si_3N_4)为基体再添加少量金属,在高温下烧结而成的一种刀具材料。陶瓷刀具比硬质合金具有更高的硬度和耐热性,在1 200 ℃的温度下仍能切削,切削速度更高,并可切削难加工的高硬度材料。它的主要缺点是性脆,抗冲击韧性差,抗弯强度低。

②金刚石。天然金刚石是自然界最硬的材料。耐磨性极好,但价格昂贵,主要用于制造加工精度和表面粗糙度要求极高的零件的刀具,如加工磁盘、激光反射镜等。人造金刚石是除天然金刚石外最硬的材料,多用于有色金属及非金属材料的超精加工以及作磨料用。金刚石是碳的同素异形体,与碳极易发生亲和反应,故金刚石刀具不能用来加工含有碳的黑色金属。

③立方氮化硼。立方氮化硼刀具硬度与耐磨性仅次于金刚石。它的耐热性可达1 300 ℃以上,化学稳定性很高,在高温下与大多数铁族金属都不起化学反应,一般用于高硬度和难加工材料的高速精加工。

3.1.3　刀具改性技术——涂层刀具

(1)现代涂层刀具技术

涂层刀具已成为现代切削刀具的标志,在刀具中的使用比例已超过50%。切削加工中传统使用的各种刀具,如车刀、镗刀、钻头、铰刀、拉刀、丝锥、螺纹梳刀、滚压头、铣刀、成形刀具、齿轮滚刀和插齿刀等都可采用涂层工艺来提高它们的使用性能。

涂层刀具是在强度和韧性较好的硬质合金或高速钢(HSS)基体表面上,利用气相沉积方法涂覆一薄层耐磨性好的难熔金属或非金属化合物(也可涂覆在陶瓷、金刚石和立方氮化硼等超硬材料刀片上)而获得的。涂层作为一个化学屏障和热屏障,涂层刀具的构成减少了刀具与工件间的扩散和化学反应,从而减少了月牙槽磨损。涂层刀具具有表面硬度高、耐磨性好、化学性能稳定、耐热耐氧化、摩擦因数小和热导率低等特性,切削时可比未涂层刀具提高刀具寿命3~5倍以上,提高切削速度20%~70%,提高加工精度0.5~1级,降低刀具消耗费用20%~50%。

(2)涂层方法

生产上常用的涂层方法有两种:物理气相沉积(PVD)法和化学气相沉积(CVD)法。前者沉积温度为500 ℃,涂层厚度为2~5 μm;后者的沉积温度为900~1 100 ℃,涂层厚度可达5~10 μm,并且设备简单,涂层均匀。因PVD法未超过高速钢本身的回火温度,故高速钢刀具一般采用PVD法,硬质合金大多采用CVD法。硬质合金用CVD法涂层时,由于其沉积温度高,故涂层与基体之间容易形成一层脆性的脱碳层(η相),导致刀片脆性破裂。近十几年来,随着涂覆技术的进步,硬质合金也可采用PVD法。国外还用PVD/CVD相结合的技术,开发了复合的涂层工艺,称为PACVD法(等离子体化学气相沉积法),即利用等离子体来促进化学反应,可把涂覆温度降至400 ℃以下(涂覆温度已可降至180~200 ℃),使硬质合金基体与涂层材料之间不会产生扩散、相变或交换反应,可保持刀片原有的韧性。文献记载,这种方法对涂覆金刚石和立方氮化硼超硬涂层特别有效。

(3)新型涂层技术

用CVD法涂层时,切削刃需预先进行钝化处理(钝圆半径一般为0.02~0.08 mm,切削刃强度随钝圆半径增大而提高),故刃口没有未涂层刀片锋利。所以,对精加工产生薄切屑、要求切削刃锋利的刀具应采用PVD法。涂层工艺除可涂覆在普通切削刀片上外,还可涂覆到整体刀具上,目前已发展到涂覆在焊的硬质合金刀具上。

Ti-Al-X-N新型涂层技术是利用气相沉积方法在高强度工具基体表面涂覆几微米高硬度、高耐磨性难熔Ti-Al-X-N涂层,从而达到减少刀具磨损、延长寿命、提高切削速度的目的。这在国内高档数控机床与国家重大基础制造装备中已经得到应用。

3.2 常见金属切削刀具

金属切削刀具是机械加工中最基本的工艺技术装备,加工表面的现状外廓不同、加工对象的材质状态相异、选用不同的加工方法和加工设备等,在实践中都会导致可能使用不同的加工刀具。

3.2.1 车刀

车刀是金属切削加工中使用最广泛的刀具,它是加工各种内、外回转体表面的主要刀具,如外圆、内孔、端面、螺纹,也可用于切槽和切断等。车刀按结构可分为整体式、焊接式、机夹重磨式、可转位式及成形车刀等,如图3.1所示,以下只简述焊接车刀、可转位车刀和成形车刀。

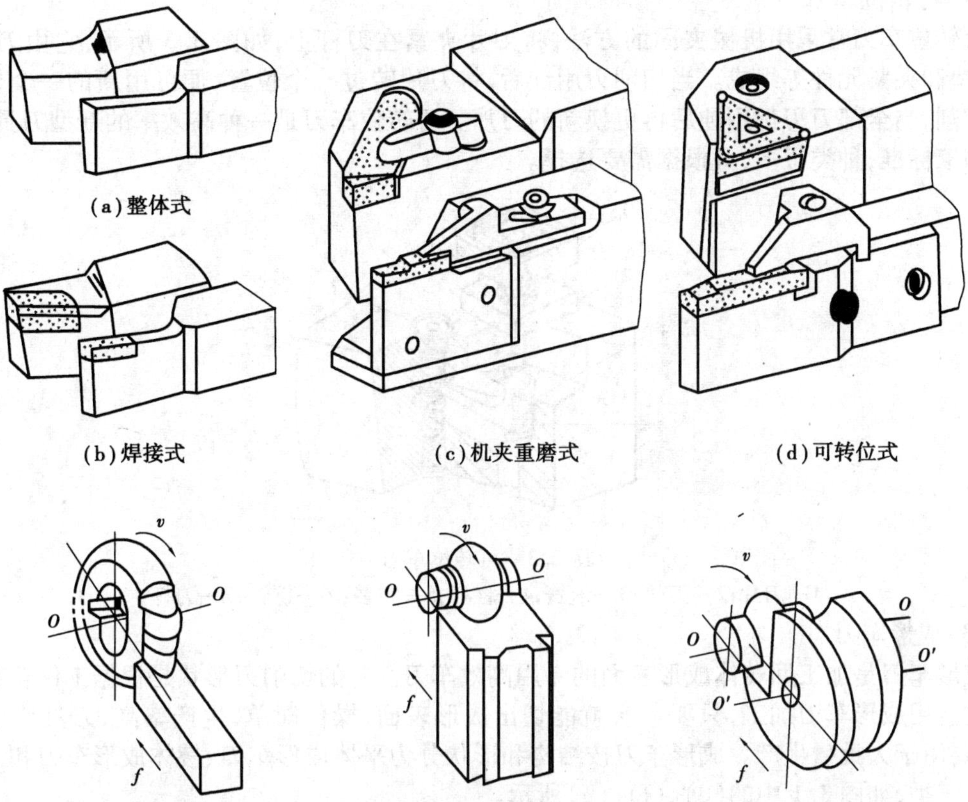

(a)整体式
(b)焊接式
(c)机夹重磨式
(d)可转位式
(e)平体成形车刀
(f)棱体成形车刀
(g)圆体成形车刀

图3.1　车刀结构类型

(1)焊接车刀

焊接车刀是由一定形状的硬质合金刀片用黄铜、纯铜等焊接在刀杆上的刀槽内而成。各种焊接式车刀刀头上的刀片有标准规格,使用时应选用合适类型的硬质合金牌号和刀片尺寸规格,所加工的表面如图3.2所示。

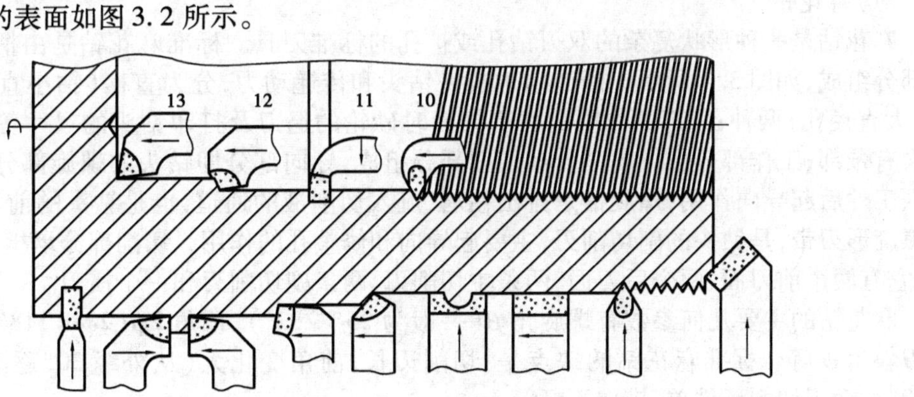

图3.2　焊接车刀及可加工的成形面

1—切断刀;2、3—90°偏刀;4—弯头刀;5—直头刀;6—成形车刀;7—宽刃精车刀;
8、10—螺纹车刀;9—端面车刀;11—内槽车刀;12—通孔车刀;13—盲孔车刀

(2)可转位车刀

可转位车刀常采用机械夹固的方法,将刀片夹紧在刀杆上,如图3.3所示,它由刀杆、刀片、刀垫和夹紧元件等组成。当切削刃用钝后,将刀片转过一个位置,便可用新的一个切削刃进行切削,当全部刀刃都用钝后再更换新的刀片。可转位车刀是一种高效率的新型刀具,其已经有国家标准,种类很多,可根据需要选择。

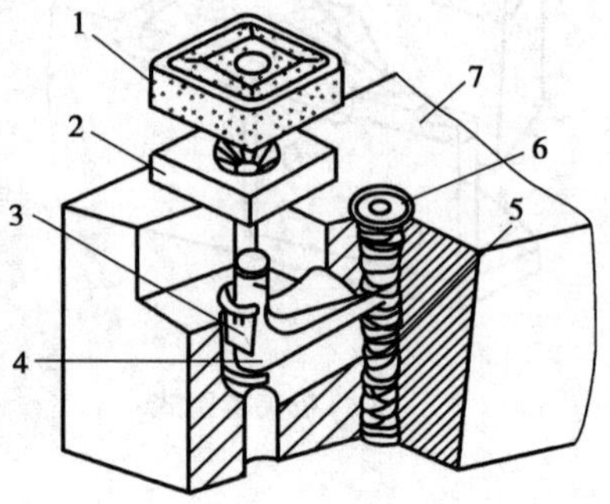

图3.3 可转位车刀

1—刀片;2—刀垫;3—卡簧;4—杠杆;5—弹簧;6—螺钉;7—刀杆

(3)成形车刀

成形车刀是加工回转体成形表面的专用高效车刀。它的切削刃形状是根据工件轮廓形状设计的。用成形车刀加工,只要一次就能切出成形表面,操作简单,生产率高,刀具使用寿命长,主要用于大批量生产。成形车刀按结构和形状分为平体成形车刀、棱体成形车刀和圆体成形车刀三类,如图3.1中的(e)、(f)、(g)所示。

3.2.2 孔加工刀具

在实体上加工孔,常用麻花钻、中心钻及深孔钻;而对已有孔作进一步加工,则用扩孔钻、铰刀、镗刀等。此外,内孔拉(推)刀、内圆磨砂轮及珩磨头也用来对已有的孔开展后序的精加工。

(1)麻花钻

麻花钻是一种形状复杂的双刃钻孔或扩孔的标准刀具。标准麻花钻是由柄部、颈部和工作部分组成,如图3.4所示。柄部用于装夹钻头和传递动力,分为直柄(钻小直径孔)和锥柄(钻大直径孔)两种;颈部的作用是磨削锥面时砂轮的退刀及打印钻头的尺寸等标记,直柄钻头没有颈部;工作部分由导向部分和切削部分组成,导向部分即钻头的螺旋部分,当切削部分切入工件后起导向作用,螺旋槽是排出钻屑、流入切削液的通道,也是钻头的前刀面。外圆上的螺旋形刃带,是钻头的副切削刃,主要起导向和修整孔的作用。切削部分承担主要的切削工作,它有两个前刀面、两个后刀面、两条主切削刃、两条副切削刃和一个横刃。

麻花钻的主要几何参数有螺旋角β(一般为25°~32°)、顶角2ϕ($2\phi=118°$)、横刃长度、横刃斜角ψ等。标准麻花钻的缺点是:切削刃长,前角变化大(从外缘30°逐渐减小到钻芯-30°),横刃切削条件差,排屑不畅等。

(2)扩孔钻

扩孔钻是将已有的孔进一步扩大的刀具。扩孔钻有整体式和套式两种,如图3.5所示。扩孔钻的外形与麻花钻类似,但其刀刃齿数较多(一般为3~4齿),容屑槽较浅,无横刃,导向性好,可获得比钻孔要高的加工质量和生产效率,常用来加工直径小于100 mm的孔。

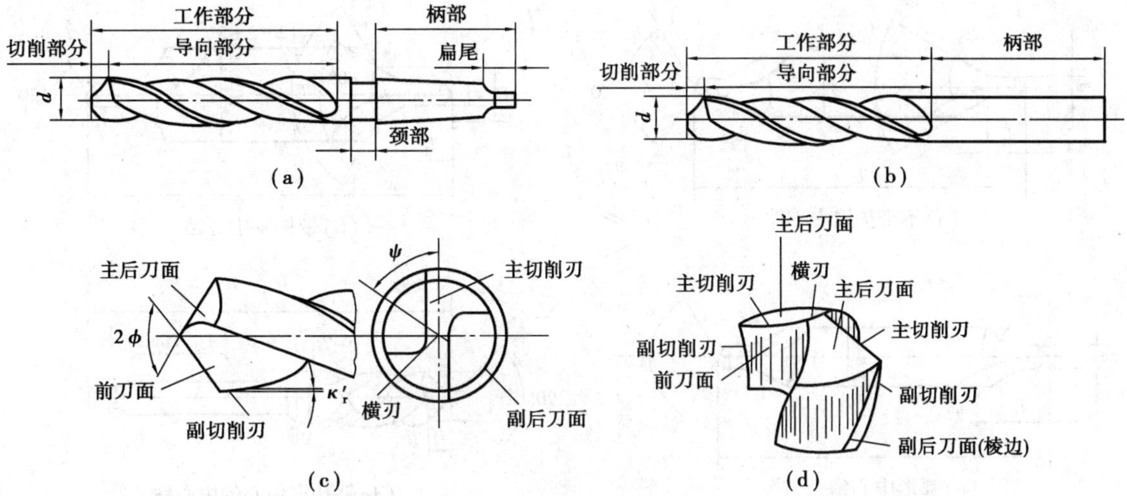

图3.4　麻花钻的结构

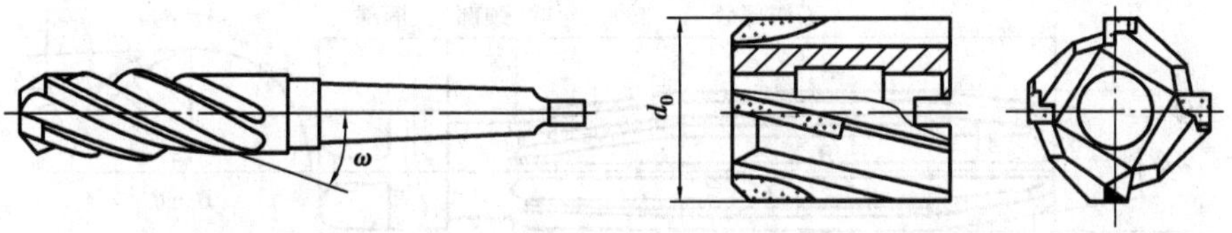

(a)整体式　　(b)套式

图3.5　扩孔钻

(3)中心钻

中心钻是用于轴类等零件端面上中心孔的加工。随着自动化技术的普遍应用,在多功能数控设备中应用更为广泛,其最大的功能就是钻中心孔,以保证零件后续孔、轴及其他回转轮廓加工时的位置度。

中心钻常见有四类:不带护锥的A型中心钻适用于不需要多次装夹或不保留中心孔的工件,如图3.6(a)所示;B型中心钻带120°护锥角,适用于多次装夹的工件,如图3.6(b)所示;弧形(C型)中心钻可以减少中心孔与顶尖的接触面积,减少摩擦,提高定位精度,如图3.6(c)所示;钻孔定中心的中心钻尾部一般都带莫氏锥度,如图3.6(d)所示。

(4)铰刀

铰刀主要用于中小尺寸孔的半精加工和精加工,其加工余量很小。铰刀的切削刃齿数多(6~12个),齿槽浅,容屑槽槽形导线多数与铰刀轴心线平行,刚性和导向性好。铰刀的结构由工作部分、颈部和柄部组成,如图3.7所示,工作部分有切削部分和校准部分,校准部分有圆柱部分和倒锥部分。铰刀圆柱校准部分的直径为铰刀的直径,它直接影响被加工孔的尺寸精度及刀具使用寿命。

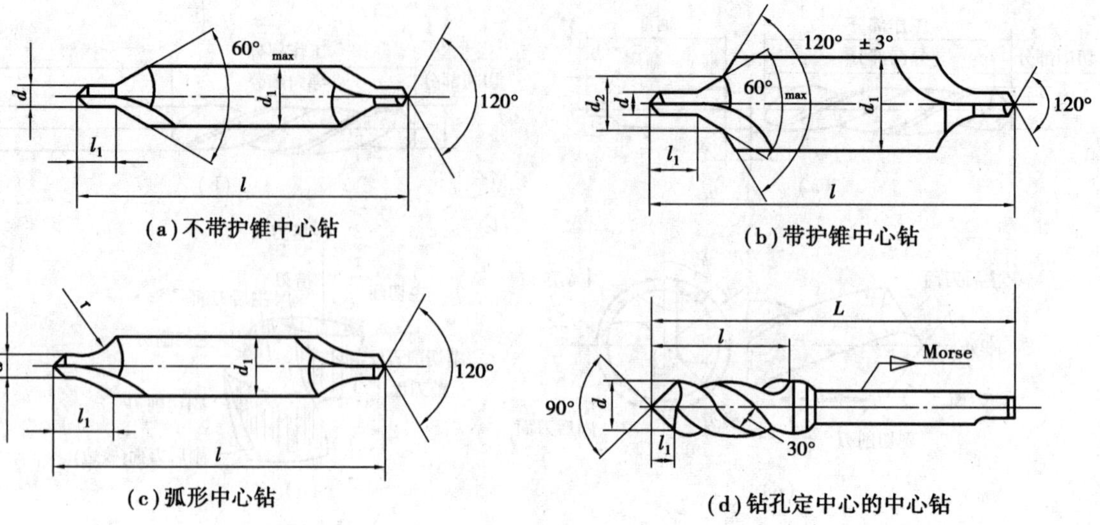

图 3.6　中心钻类型

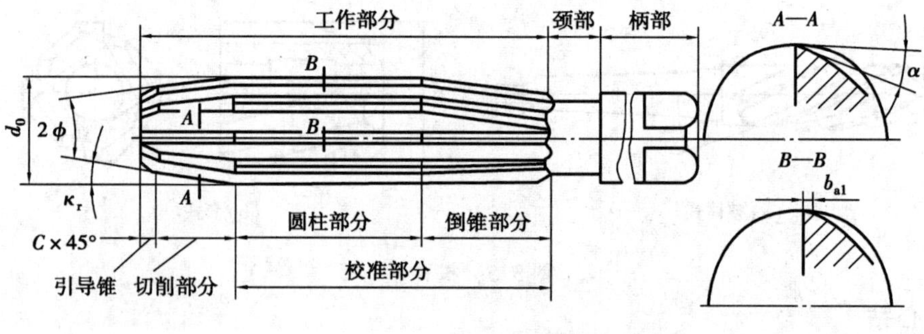

图 3.7　铰刀的结构

铰刀的种类较多,如图 3.8 所示,机用铰刀由机床引导,导向性能好,故工作部分长度短。机用铰刀有带柄和套式两种,带柄的分为直柄($\phi1\sim\phi20$ mm 的孔)和锥柄(加工 $\phi5\sim\phi50$ mm 的孔),如图 3.8(a)所示;加工大直径孔($\phi25\sim\phi100$ mm)时采用套式机用铰刀,如图 3.8(b)所示。手用铰刀(加工 $\phi1\sim\phi50$ mm 的孔)有直槽和螺旋槽两种,其工作部分较长,适用于单件小批生产或在装配中铰孔,如图 3.8(c)所示。锥孔铰刀用于铰制锥度孔,如图 3.8(d)所示。

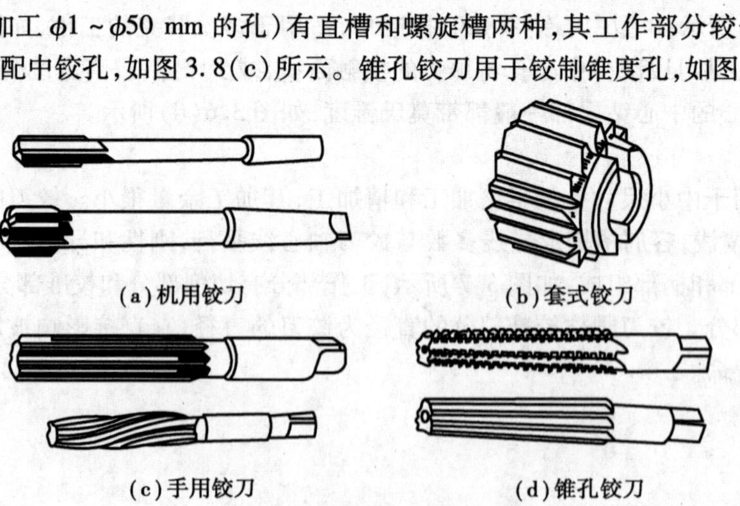

图 3.8　铰刀的类型

(5)镗刀

镗刀是在车床、镗床、加工中心、自动机床及组合机床上使用的刀具。镗刀按刀刃数可分为单刃镗刀和双刃镗刀。如图3.9所示为单刃镗刀,其结构简单、制造容易,通用性好,但调整费时,且精度不易控制。如图3.10所示为双刃浮动镗刀,镗刀两边都有切削刃,可以消除径向力对镗刀杆的影响,所镗孔的尺寸和精度由镗刀的径向尺寸 D 保证。通过调整两刀刃的径向位置,可以加工一定尺寸范围内的孔。浮动镗刀是以间隙配合装入镗杆的方孔中,无须夹紧。

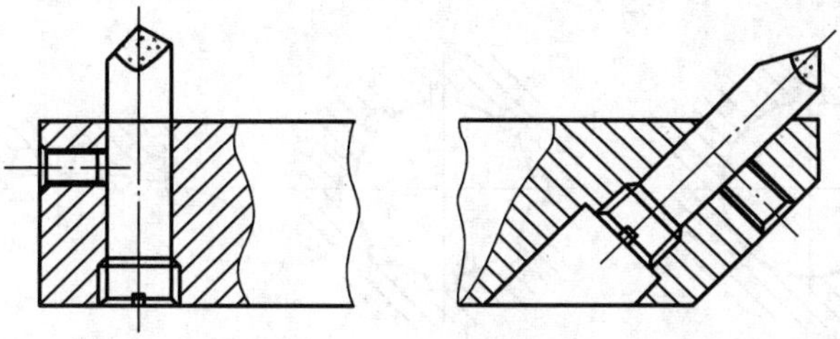

图3.9　单刃镗刀

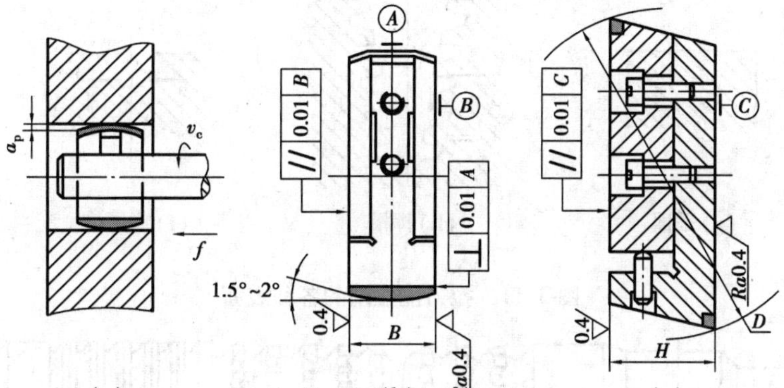

(a)　(b)　(c)

图3.10　双刃浮动镗刀

3.2.3　拉刀

拉刀是一种高精度和高生产率的多齿刀具,各种形状已经贯通的内、外表面都能用拉刀加工,如图3.11所示。拉刀使用寿命长,但制造较复杂,成本高,主要用于大批量生产中。拉刀轴向尺寸较大,由切削部分、校准部分和辅助部分组成,圆孔拉刀的结构如图3.12(a)所示。拉刀切削部分完成全部余量的切除工作,如图3.12(b)所示,它依段依次完成粗切齿、过渡齿、精切齿任务。相邻刀齿的半径差称为每齿升量 a_f,粗切齿每齿升量最大,逐步递减至精切齿。校准部分起修光、校准作用,校准齿的每齿升量等于零。辅助部分包括前柄、颈部、过渡锥、前导部、后导部和后柄等。

3.2.4　铣刀

铣刀是多齿回转刀具,可以加工各种平面、沟槽和成形表面等。铣刀的种类很多,按其用途可分为加工平面用铣刀、加工沟槽用铣刀和加工成形面用铣刀等3大类。通用规格的铣刀已标准化,由专业工具厂生产。下面介绍几种常用的铣刀。

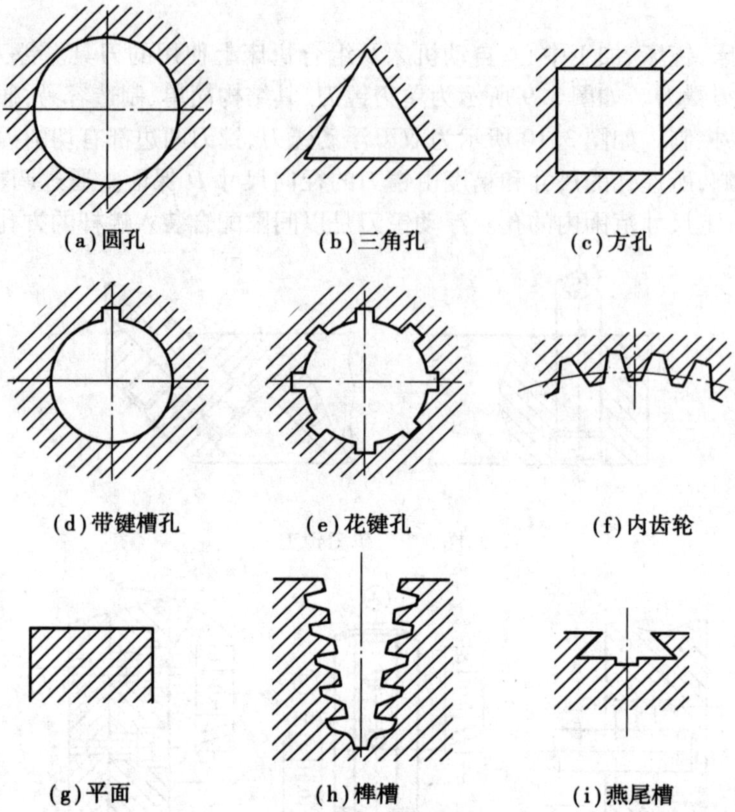

图 3.11　拉刀能拉削的各种表面

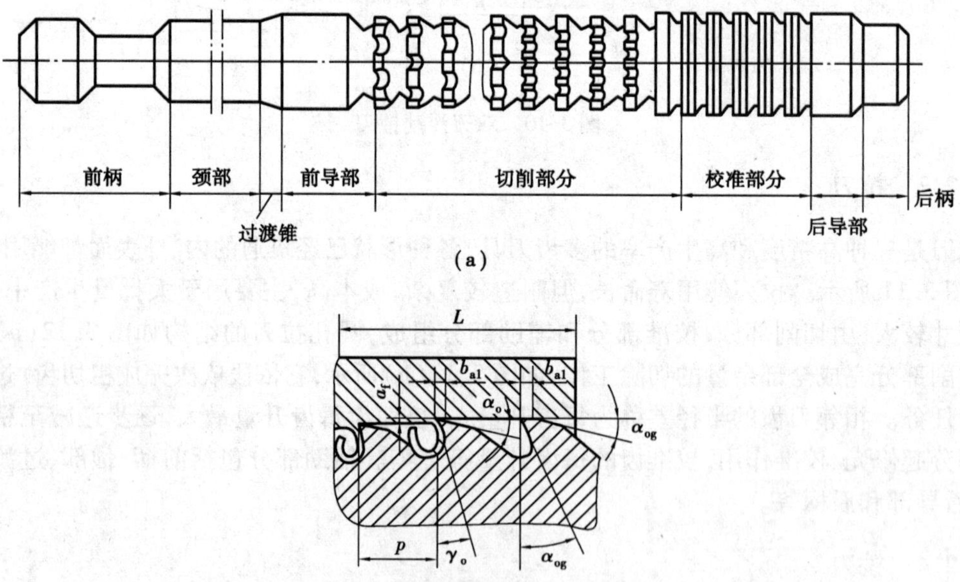

图 3.12　圆孔拉刀的组成和拉削过程

(1)圆柱铣刀

圆柱铣刀为螺旋形主切削刃分布在圆柱表面上,没有副切削刃,结构形式分为由高速钢制造的整体圆柱形铣刀和镶焊硬质合金刀片的镶齿圆柱形铣刀两类。圆柱铣刀主要用于卧式铣床上加工宽度小于铣刀长度的狭长平面,如图3.13(a)所示。

(2)面铣刀

面铣刀为主切削刃分布在圆柱或圆锥表面上,端面切削刃为副切削刃,铣刀的轴线垂直于被加工表面。面铣刀主要用在立式铣床或卧式铣床上加工台阶面和平面,特别适合加工大平面,如图3.13(b)所示。

(3)三面刃铣刀

三面刃铣刀在圆周表面上有主切削刃,两侧面上还有副切削刃,可提高加工质量和效率,主要用于卧式铣床上加工沟槽和台阶面,如图3.13(c)所示。

(4)锯片铣刀

锯片铣刀只在圆周上有刀齿,用于铣窄槽或切断工件,如图3.13(d)所示。

(5)立铣刀

立铣刀为圆柱面上的切削刃是主切削刃,端面上有副切削刃,副切削刃没有通过中心,所以不能沿铣刀轴线方向作进给运动。立铣刀主要用于加工凹槽、台阶面以及利用靠模加工成形表面,如图3.13(e)所示。

(6)键槽铣刀

键槽铣刀的外形与立铣刀相似,不同的是它的圆周上只有两个螺旋刀齿,以增加切削刃的强度,其端面刀齿的切削刃延伸至中心,可以作适量的轴向进给。键槽铣刀主要用于加工圆头键槽,如图3.13(f)所示。

(7)球头铣刀

球头铣刀又称模具铣刀,切削刃分布在铣刀球形的头部,主要用于数控机床上加工模具型腔等空间表面,如图3.13(g)所示。

(8)角度铣刀

角度铣刀包含单角铣刀和双角铣刀。单角铣刀的圆锥切削刃为主切削刃,端面切削刃为副切削刃;图3.13(h)为双角铣刀,它的两圆锥面上的切削刃均为主切削刃,一般用于加工带角度的沟槽和斜面。

(9)成形铣刀

成形铣刀是根据工件廓形设计制造的专用刀具,这种铣刀具有较高的加工精度和生产率,如图3.13(i)所示。

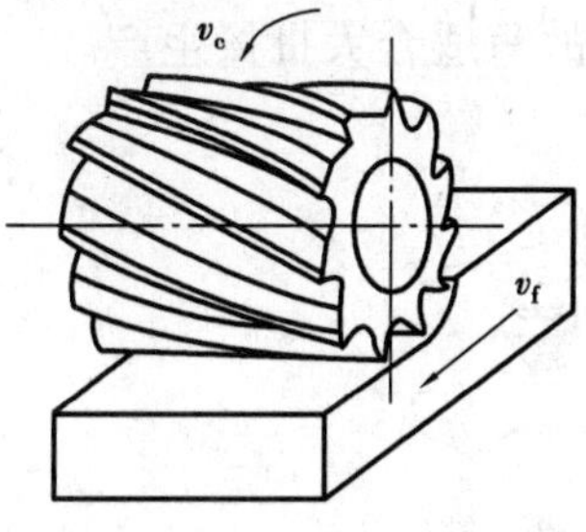

(a)圆柱铣刀

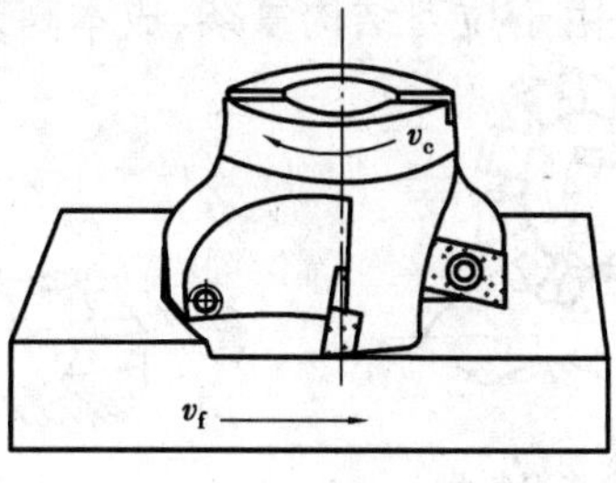

(b)面铣刀

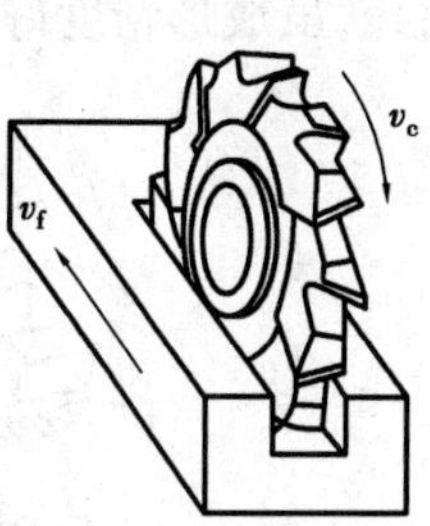

(c)三面刃铣刀

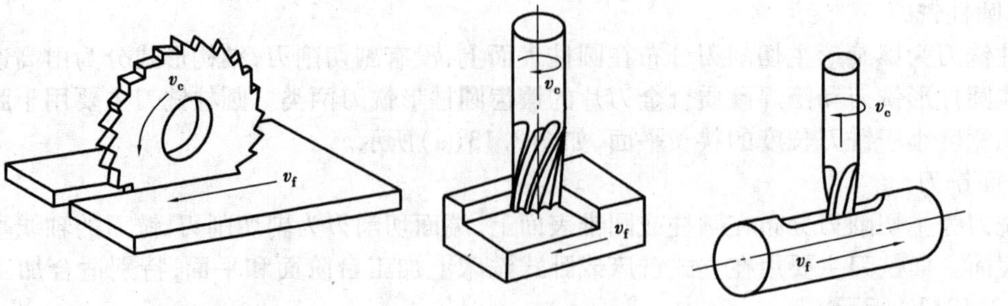

(d)锯片铣刀　　(e)立铣刀　　(f)键槽铣刀

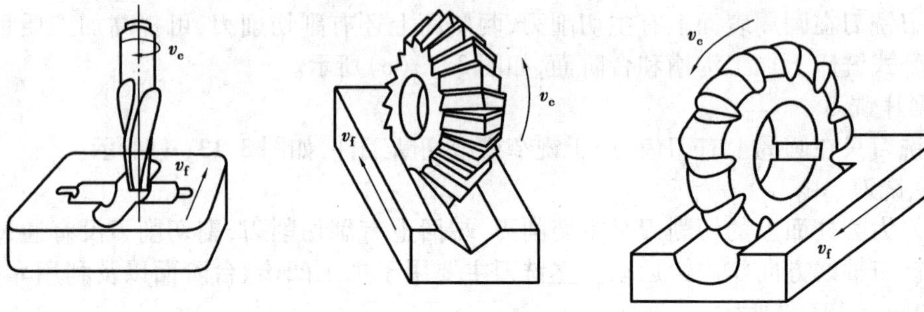

(g)球头铣刀　　(h)角度铣刀　　(i)成形铣刀

图 3.13　铣刀的类型

3.2.5　齿轮刀具

加工齿轮齿形的刀具称为齿轮刀具。齿轮刀具结构复杂,种类较多。按齿形形成的原理,齿轮刀具可分为成形法加工齿形的刀具和展成法加工齿形的刀具两大类。

1)成形法加工齿形的刀具

成形法齿轮刀具是利用与被加工齿轮齿槽截形相一致的刀具齿形,从而在齿坯上加工齿面。

常用的加工方法有成形刀具铣齿和复杂成形拉刀拉削齿。成形铣齿刀具主要有盘状铣刀铣齿[图 3.14 (a)]和指状铣刀铣齿[图 3.14(b)]。为了使每把成形铣刀能加工相同模数、一定齿数范围内的一组齿轮,铣刀的齿形是按同组内最小齿数的齿形设计制造的,因此在加工其他齿数的齿轮时,就会产生齿形误差,加上分齿时分度装置的影响,成形法铣齿的加工精度和生产率均不高,故适用于单件小批生产和修配。复杂成形拉刀拉削齿的方法主要用于加工渐开线花键内孔,虽成形精度好但由于拉刀结构复杂、成本高,故只适合大批量生产。

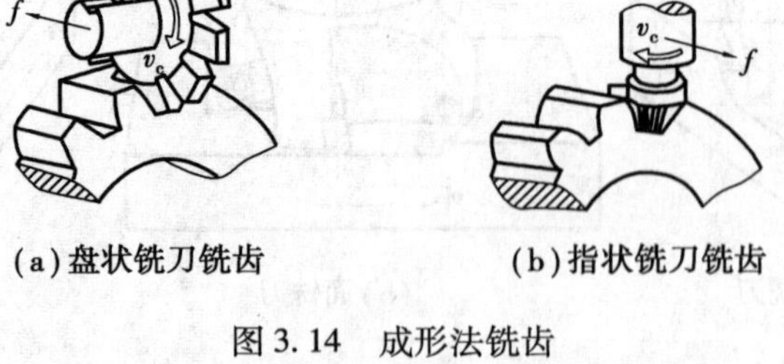

(a)盘状铣刀铣齿　　(b)指状铣刀铣齿

图 3.14　成形法铣齿

2)展成法加工齿形的刀具

展成法齿轮刀具是根据齿轮啮合原理来加工的齿轮刀具,工件的齿形是由刀具齿形的运动轨迹包络而成的。一把刀具可以加工同样模数和压力角、任意齿数的齿轮,且加工精度和生产率较高,但需要结构复杂的专门化机床,一般用于成批和大量生产。

(1)齿轮滚刀

按照展成原理,齿轮滚刀是利用螺旋齿轮啮合原理来加工齿轮的,其结构如图3.15所示。在加工过程中,滚刀相当于一个螺旋角很大的斜齿圆柱齿轮,从而就变成了一个蜗杆,结构上将蜗杆开槽并铲背,与被加工齿坯作空间啮合,滚刀的刀齿就将齿轮齿形逐渐包络出来。滚刀可加工直齿、斜齿圆柱齿轮,但不能加工内齿轮。

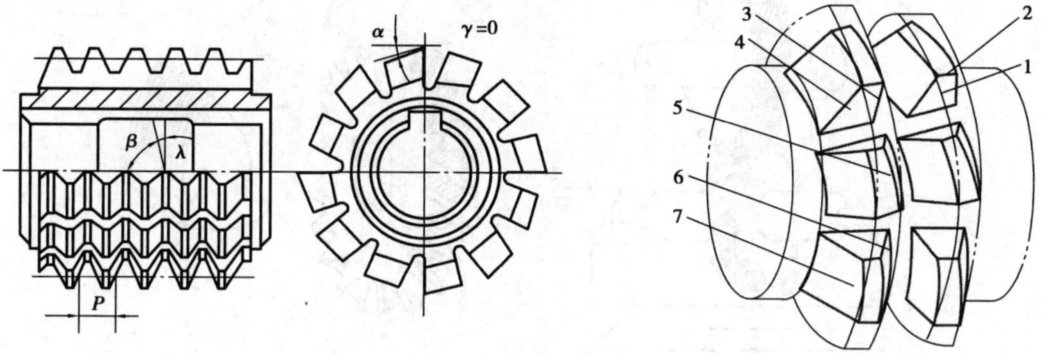

图3.15　齿轮滚刀结构

1—前刀面;2—顶刃;3、4—侧刃;5—顶后面;6、7—侧后面

标准齿轮滚刀精度分为四级:AA、A、B和C级;与之对应,加工的齿轮精度等级分别为:6~7级、7~8级、8~9级和9~10级齿轮。

(2)插齿刀

插齿的原理相当于一对直齿圆柱齿轮的啮合,如图3.16(a)所示,将其中一个齿轮的齿端磨出前角、齿顶和齿侧磨出后角,就变成了插齿刀。插齿刀常见有盘形插齿刀、碗形插齿刀和锥柄插齿刀,如图3.16(b)、(c)、(d)所示,插齿工艺可加工直齿轮、内齿轮、多联齿轮和人字齿等。

插齿刀的精度分为AA、A、B三级,分别用于加工精度为6、7、8级的齿轮。

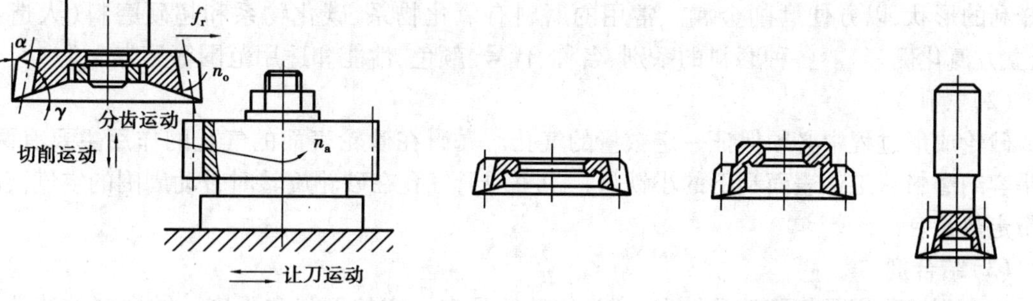

(a)插齿原理　(b)盘形插齿刀　(c)碗形插齿刀　(d)锥柄插齿刀

图3.16　插齿与插齿刀

(3)剃齿刀

剃齿刀加工齿轮(剃齿工艺)是对已切出的齿形进一步加工的精加工方法。它相当于一对轴线空间交叉的斜齿圆柱齿轮自由啮合过程,如图3.17(a)所示,其中一个是待加工工件,另一个斜齿轮是剃齿刀,如图3.17(b)所示,其精度很高,并在齿面上沿渐开线方向开了很多槽,形成了切削刃。工作时剃齿刀往复旋转,在与工件齿面的接触点处的相互交错运动形成刮削,从而切下一层薄薄的金属。剃齿刀可加工未淬火的直齿、斜齿圆柱齿轮,且加工余量很小,加工时被剃工件齿形容易产生中凹现象,通常要对刀具进行修形。通用剃齿刀的制造精度分为A、B、C三级,分别加工6、7、8级精度的齿轮。

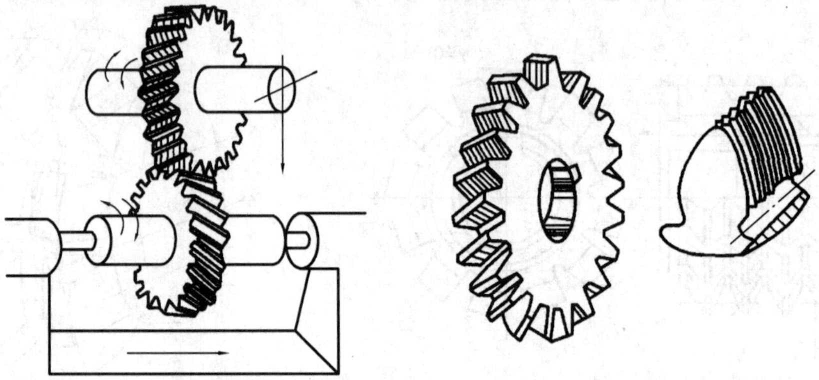

(a)剃齿齿合过程　　(b)剃齿刀外形

图3.17　剃齿与剃齿刀

3.2.6　砂轮

1)砂轮的特性

砂轮是磨削加工中的最主要工具,它是由一定比例的磨料和结合剂,经压坯、干燥、焙烧而制成,有很多气孔。磨料、气孔与结合剂三者构成了砂轮的三要素。砂轮的特性主要由磨料、结合剂、粒度、硬度和组织这几个参数综合决定。

(1)磨料

磨料即砂粒,是构成砂轮的主要成分,微观上是细小的具有很多锐利微切削刃的多面体。磨料应具备很高的硬度、耐磨性、耐热性和韧性,才能承受磨削时的高温和磨削力,还应具有相当锋利的形状,以方便磨削金属。常用的磨料有氧化物系、碳化物系和超硬磨料(人造金刚石、立方氮化硼等)。各种磨料的系别、名称、代号、颜色、性能和适用范围等见表3.3。

(2)气孔

砂轮成形过程中必须保证一定数量的气孔。暴露在砂轮表面的气孔的作用主要有两个,一是容纳磨料从工件表面刮下的小铁屑;二是冷却,气孔在砂轮旋转时带动周围的空气流动从而带走热量。

(3)结合剂

结合剂的作用是将磨粒黏结在一起,使砂轮具有一定的形状和强度。结合剂的特性影响砂轮的强度、耐腐蚀性、耐热性及砂轮寿命。常用的结合剂见表3.3。

表3.3 砂轮的特性、代号和适用范围

砂轮特性参数

磨料

系别	名称	代号	颜色	性能	适用范围
氧化物	棕刚玉	A	棕褐色	硬度较低，韧性较好	磨削碳素钢、合金钢、可锻铸铁与青铜
	白刚玉	WA	白色	较A硬度较高，磨粒锋利韧性差	磨削淬硬的高碳钢、合金钢、高速钢、磨削薄壁、成形零件
	铬刚玉	PA	玫瑰红色	韧性比WA好	磨削高速钢、不锈钢，成形磨削，高表面质量磨削
碳化物	黑碳化硅	C	黑色带光泽	比刚玉类硬度高，导热性好，但韧性差	磨削铸铁，黄铜，耐火材料及其他非金属材料
	绿碳化硅	GC	绿色带光泽	较C硬度高，导热性好，韧性较差	磨削硬质合金、宝石、光学玻璃
	碳化硼	BC	黑色	比刚玉，C、GC都硬，耐磨，高温易氧化	研磨硬质合金
超硬磨料	人造金刚石	D	白，淡绿色，	硬度最高，耐热性较好	研磨硬质合金、光学玻璃、宝石、陶瓷等高硬度材料
	立方氮化硼	CBN	黑色，棕黑色	硬度仅次于D，韧性较D好	磨削高性能高速钢、不锈钢、耐热钢及其他难加工材料

粒度

类别	粒度号	适用范围
磨粒	8# 10# 12# 14# 16# 20# 22# 24#	荒磨
	30# 36# 40# 46#	一般磨削，加工表面粗糙度可达0.8 μm
	54# 60# 70# 80# 90# 100#	半精磨、精磨和成形磨削加工表面粗糙度可达0.16~ 0.8 μm
	120# 150# 180# 220# 240#	精磨、精密磨、超精磨、成形磨、刀具刃磨、珩磨
微粉	W_{63} W_{50} W_{40} W_{28}	精磨、精密磨、超精磨、珩磨、螺纹磨
	W_{20} W_{14} W_{10} W_{7} W_{5} $W_{3.5}$ $W_{2.5}$ $W_{1.5}$ $W_{1.0}$ $W_{0.5}$	超精密磨、镜面磨、精研，加工表面精糙度可达0.05~0.01 μm

结合剂

名称	代号	特性	适用范围
陶瓷	V	耐热、耐油和耐酸、碱的侵蚀，强度较高，较脆	除薄片砂轮外，能制成各种砂轮
树脂	B	强度高，富有弹性，具有一定抛光作用，耐热性差，不耐酸碱	荒磨砂轮、磨窄槽，切断用砂轮、高速砂轮、镜面磨砂轮
橡胶	R	强度高，弹性更好，抛光作用更好，耐热性差，不耐油和酸，易堵塞	磨削轴承沟道砂轮、无心磨导轮、切割薄片砂轮、抛光砂轮

硬度

等级	超软			软			中软		中		中硬			硬		超
代号	D	E	F	G	H	J	K	L	M	N	P	Q	R	S	T	Y
选择	磨未淬硬钢选用L~N，磨淬火合金钢选用H~K，高表面质量磨削时选用K~L，刃磨硬质合金刀具选用H~J															

组织

组织号	0	1	2	3	4	5	6	7	8	9	10	11	12	13	14
磨粒率/%	62	60	58	56	54	52	50	48	46	44	42	40	38	36	34
用途	成形磨削，精密磨削				磨削淬火钢，刀具刃磨				磨削韧性大而硬度不高的材料				磨削热敏性大的材料		

(4)粒度

粒度是表征磨料平均颗粒尺寸大小的参数,通常用磨粒能通过每英寸长度上筛网孔眼个数的多少来表示。粒度号越大则磨粒的颗粒越小。粗加工的磨粒尺寸大,用粒度小的砂轮,以保证加工效率;精加工的磨粒尺寸小,用粒度大的砂轮,以减少磨削表面粗糙度。通常把磨料颗粒尺寸大于 40 μm 的称为磨粒,而颗粒尺寸小于 40 μm 的称为微粉,以 W 表示,例如 W10,表示磨粒的实际尺寸为 10 μm,微粉号越小则微粉越细。磨料的粒度将直接影响磨削表面的质量和生产率,磨粒粒度号及适用范围见表 3.3。

(5)硬度

砂轮的硬度是指在磨削力作用下,磨粒从砂轮表面脱落的难易程度。它反映了磨粒与黏合剂的黏结强度。砂轮硬,磨粒不易脱落;砂轮软,磨粒容易脱落。砂轮硬度的选用,主要是根据工件材料的性质和具体磨削条件,基本原则为:

①工件硬度偏高时,砂轮硬度应选软些,以便磨钝的磨粒及时脱落。

②砂轮与工件磨削接触面积和弧长较大时,砂轮硬度应选软些。

③用成形砂轮磨削时,为保持砂轮截面必要的形状,应选硬些的砂轮。

④磨削有色金属(铝、黄铜等)等软材料时,为防止砂轮堵塞,应选用较软的砂轮。

⑤砂轮的粒度号大时,应选软些的砂轮。

(6)组织

砂轮的组织表示砂轮的疏密程度,它是按砂轮中磨料、结合剂、气孔三者的体积比例关系来分级的。磨粒在砂轮总体积中所占的比例越大,砂轮的组织越紧密,气孔越少;反之,则组织疏松,气孔多。紧密组织的砂轮适用于重压力下的磨削;中等组织的砂轮适用于一般磨削;疏松组织的砂轮适用于平面磨、内圆磨等磨削接触面积大的工序和磨削热敏性强的材料或工件。一般砂轮上若未标注组织号,则为中等组织。

(7)最高线速度

砂轮的线速度(又称周速),即砂轮外径拉成直线时每秒所走的距离,通常单位为 m/s。砂轮最高线速度一般指砂轮能安全稳定切削工作的最高限速值。超过此速度运行砂轮可能会产生脱砂或爆裂的风险。

2)砂轮的形状与尺寸

砂轮的形状和尺寸应根据磨削条件和工件形状来选择,其原则是:

①在可能的情况下,砂轮的外径应尽量大些,可以提高生产率和降低表面粗糙度。

②磨削内圆时,砂轮外径一般取工件孔径的 2/3 左右。

③纵磨时,应选较宽的砂轮。

表 3.4 为常用砂轮的形状、代号及其基本用途。

表 3.4 常用砂轮的形状、代号及基本用途

砂轮名称	代号	断面简图	基本用途
平行砂轮	P	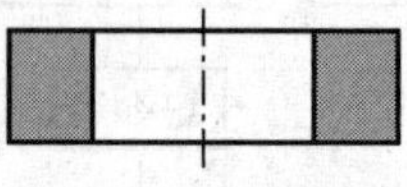	根据不同尺寸,分别用于外圆磨、内圆磨、平面磨、无心磨、工具磨、螺纹磨和砂轮机上
双斜边砂轮	PSX	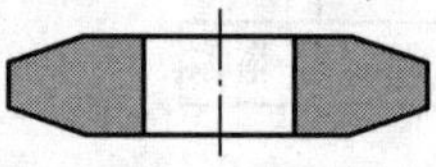	主要用于磨齿轮齿面和磨单线螺纹

续表

砂轮名称	代号	断面简图	基本用途
双面凹砂轮	PSA	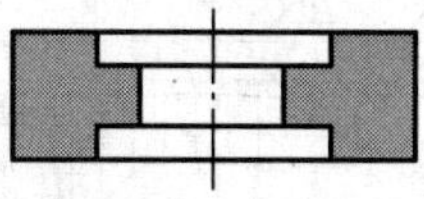	主要用于外圆磨削和刃磨刀具,还可用于无心磨的磨轮和导轮
薄片砂轮	PB	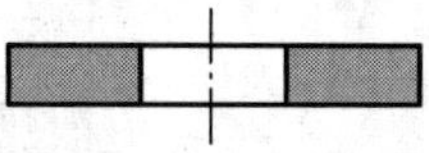	主要用于切断和开槽等
筒形砂轮	N	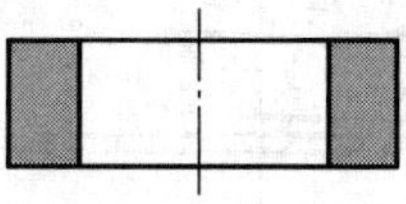	用于立式平面磨床

砂轮的特性代号一般标注在砂轮端面上,其顺序是形状、尺寸、磨料、粒度号、硬度、组织号、结合剂及线速度。

例如:P300 × 50 × 65-WA60M5-V-30 m/s 即表示砂轮的形状为平形砂轮,外径为 300 mm,厚度为 50 mm,内径为 65 mm,磨料为白刚玉,粒度号为 60,硬度为中等,组织号为 5,结合剂为陶瓷,允许的最高线速度为 30 m/s。

3.3　刀具磨损与耐用度

切削金属时,刀具一方面切下切屑,另一方面刀具本身也要发生损坏。刀具不能正常使用则刀具失效。

刀具失效的形式主要有磨损和破损两类。前者是连续的逐渐磨损,属正常磨损;后者包括脆性破损(如崩刃、碎断、剥落、裂纹破损等)和塑性破损两种,属非正常磨损。刀具磨损后,使工件加工精度降低,表面粗糙度增大,并导致切削力加大、切削温度升高,甚至产生振动,不能继续正常切削。因此,刀具磨损直接影响加工效率、质量和成本。

刀具耐用度是表征刀具材料切削性能优劣的综合性指标。在相同切削条件下,耐用度越高,则刀具材料的耐磨性越好。在比较不同的工件材料切削加工性时,刀具耐用度也是一个重要的指标,刀具耐用度越高,则工件材料的切削加工性越好。

3.3.1　刀具磨损

切削时,刀具表面与切屑和工件表面间的接触区产生剧烈摩擦,同时温度和压力很高,其结果是刀具的前刀面和后刀面磨损。

1)刀具磨损的形态

(1)前刀面磨损(月牙洼磨损)

加工塑性材料时,若切削速度较高、切削厚度较大,会在前刀面上磨出一个月牙洼,如图 3.18 所示。因为月牙洼处的切削温度最高,因此磨损最大。月牙洼和切削刃之间有一条棱边,在磨损过程中,月牙洼逐渐加深加宽,当月牙洼扩展到接近刃口时,切削刃的强度将大大减弱,结果导致崩刃。月牙洼磨损量以其宽度 K_B 和深度 K_T 表示。

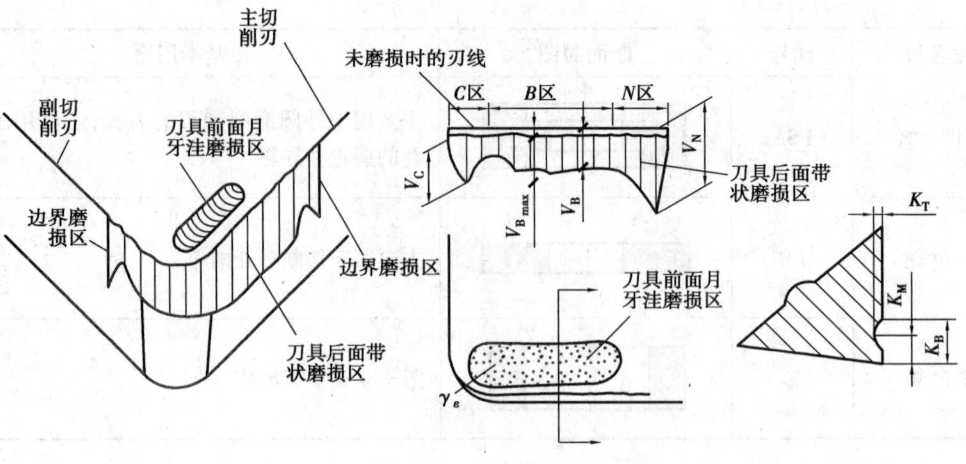

图 3.18　刀具的典型磨损形式

(2)后刀面磨损

由于加工表面和后刀面间存在着强烈的摩擦,在后刀面上毗邻切削刃的地方很快就磨出一个后角为零的小棱面,这就是后刀面磨损,如图 3. 18 所示。在切削速度较低、切厚较小的情况下,切削塑性金属以及脆性金属时,一般不产生月牙洼磨损,但会发生后刀面磨损。

在参与切削工作的切削刃对应各点上,后刀面磨损是不均匀的。从图 3. 18 可见,在刀尖部分(C 区)由于强度和散热条件差,因此磨损剧烈,其最大值为 V_C。在切削刃靠近工件外表面处(N 区),由于加工硬化层或毛坯表面硬层等影响,往往在该区产生较大的磨损沟而形成缺口。该区域的磨损又称为“边界磨损”,其磨损量用 V_N 表示。在参与切削的切削刃中部(B 区),其磨损较均匀,以 V_B 表示平均磨损值,以 $V_{B_{max}}$ 表示最大磨损值。

(3)前、后刀面同时磨损

这是一种兼有上述两种情况的磨损形式。在切削塑性金属时,若切削厚度适中,经常会发生这种形态的磨损。

2)刀具磨损的原因

为了减小和控制刀具磨损以及研制新型刀具材料,必须研究刀具磨损的原因和本质,即从微观上探讨刀具在切削过程中是怎样磨损的。刀具经常工作在高温、高压下,其磨损经常是机械、热、化学等多种作用的综合结果,实际情况很复杂,尚待进一步研究。到目前为止,认为刀具磨损的机理主要有以下几个方面。

(1)硬质点划痕(磨料磨损)

硬质点划痕(磨料磨损)是一种纯机械作用的结果。切削时,工件或切屑中的微小硬质点(碳化物如 Fe_3C、TiC 等,氮化物如 AlN、Si_3N_4 等,氧化物如 SiO_2、Al_2O_3 等)以及积屑瘤碎片,不断滑擦前后刀面,划出沟纹,很像砂轮磨削工件一样,刀具被一层层磨掉。

磨料磨损在各种切削速度下都存在,但在低速下磨料磨损是刀具磨损的主要原因。这是因为在低速下,切削温度较低,其他原因产生的磨损不明显。刀具抵抗磨料磨损的能力大小主要取决于其硬度和耐磨性。

(2)黏结磨损(冷焊磨损)

切屑底面和工件表面与前后刀面之间存在着很大的压力和强烈的摩擦,当它们达到原子间距离时,就会发生黏结,也称冷焊(即压力黏结)。由于摩擦副的相对运动,冷焊黏结将被破坏而被一方带走，从而造成黏结磨损。

由于工件的硬度比刀具的硬度低，所以冷焊黏结破坏往往发生在工件或切屑一方。但由于交变应力、接触疲劳、热应力以及刀具表层结构缺陷等原因，冷焊黏结的破坏也会发生在刀具一方。这时刀具材料表面的颗粒被工件或切屑带走，从而造成刀具磨损。这是一种物理作用（分子吸附作用）。在中等偏低的速度下切削塑性材料时黏结磨损较为严重。

(3)扩散磨损

由于切屑温度很高，刀具与工件刚切出的新鲜表面接触，化学活性很大，刀具与工件材料的化学元素有可能互相扩散，使二者的化学成分发生变化，削弱了刀具材料的切削性能，加速了刀具磨损。当接触面温度较高时，例如硬质合金刀片切钢，当温度达到800 ℃时，硬质合金中的钴迅速地扩散到切屑、工件中，WC分解为钨和碳扩散到钢中，如图3.19所示。随着切削过程的进行，切屑和工件都在高速运动，它们和刀具表面在接触区内始终保持着扩散元素的浓度梯度，从而使扩散现象持续进行，于是硬质合金发生贫碳、贫钨现象。而钴的减少，又使硬质相对黏结强度降低。切屑、工件中的铁和碳则扩散到硬质合金中去，形成低硬度、高脆性的复合碳化物，扩散的结果加剧了刀具磨损。

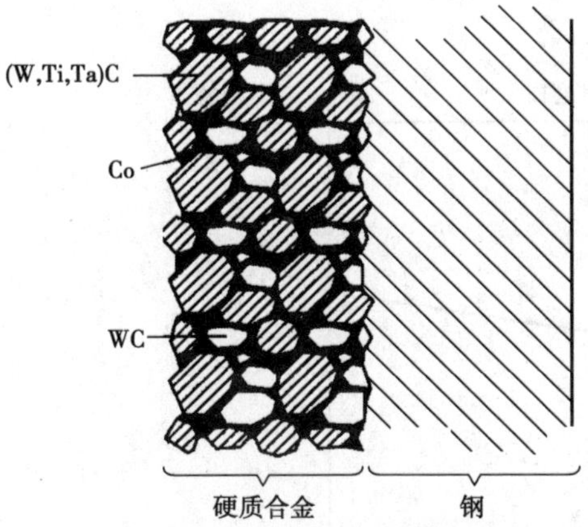

(a)硬质合金刀片扩散磨损示意

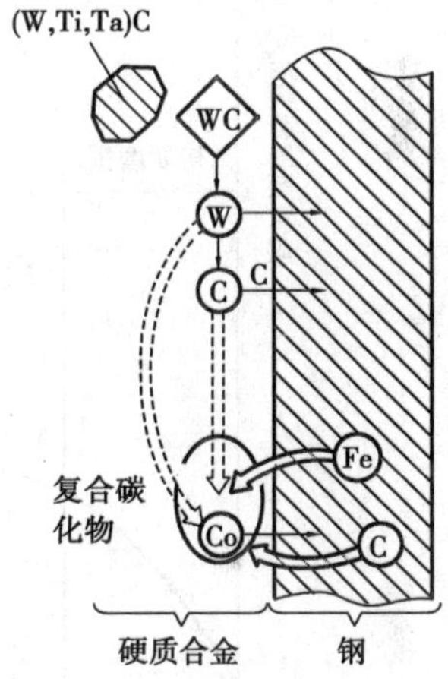

(b)化学元素扩散流向

图3.19　扩散磨损

扩散磨损常与黏结磨损、磨料磨损同时产生。前刀面上温度最高处的扩散作用最强烈，于是该处外观常表征为月牙洼。抗扩散磨损能力取决于刀具的耐热性。氧化铝陶瓷和立方氮化硼刀具抗扩散磨损能力较强。

(4)化学磨损（氧化磨损）

当切削温度达到700～800 ℃时，空气中的氧在切屑形成的高温区中与刀具材料中的某些成分（Co、WC、TiC）发生氧化反应，产生较软的氧化物（Co_{3D4}、CoO、W_{D3}、Ti_{D2}），从而使刀具表面层硬度下降，较软的氧化物被切屑或工件擦掉而形成氧化磨损。这是一种化学反应过程。最容易在主副切削刃工作的边界处（此处易与空气接触）发生这种氧化反应。

总之，在不同的工件材料、刀具材料和切削条件下，磨损的原因和强度是不同的。由图3.20不同切削温度对磨损的影响可得到结论：对于一定的刀具和工件材料，切削温度对刀具磨损具有决定性的影响。高温时扩散磨损、相变磨损（高温而产生相变）和氧化磨损强度较高；在中、低温时，黏结磨损占主导地位；磨料磨损则在不同切削温度下都存在。

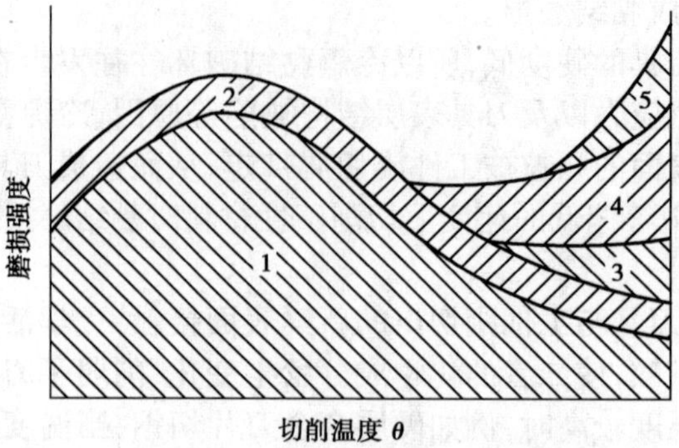

图 3.20　温度对磨损的影响

1—黏结磨损;2—磨料磨损;3—扩散磨损;4—相变磨损;5—化学磨损

3)刀具磨损过程

用切削时间和后刀面磨损量 V_B 两个参数为坐标,则磨损过程可以用如图 3.21 所示的一条磨损曲线来表示。

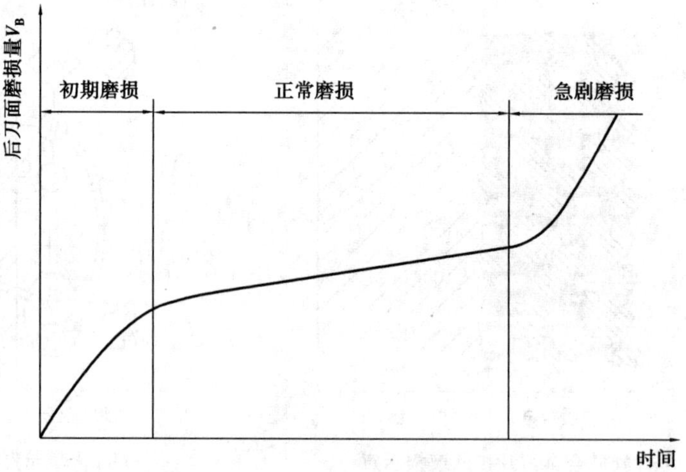

图 3.21　刀具的磨损曲线

磨损过程分为以下三个阶段。

(1)初期磨损阶段

初期磨损的特点:在极短的时间内,V_B 上升很快。由于新刀刃磨后,其表面存在微观不平度,后刀面与工件之间为凸峰点接触,故磨损很快。所以,初期磨损量的大小与刀具刃磨后表面质量有很大的关系,通常 $V_B = 0.05 \sim 0.1$ mm。经过研磨的刀具,初期磨损量小,而且要耐用得多。

(2)正常磨损阶段

正常磨损的特点:刀具在较长的时间内缓慢地磨损,且磨损曲线基本呈线性关系。经过初期磨损后,后刀面上的微观不平度已经被磨掉,后刀面与工件的接触面积增大,压强减小,且分布均匀,所以磨损量缓慢且均匀地增加。这就是正常磨损阶段,也是刀具工作的有效时间段。曲线的斜率大小代表了刀具正常工作时的磨损强度。磨损强度是衡量刀具切削性能的重要指标之一。

(3)急剧磨损阶段

急剧磨损的特点:在相对很短的时间内,刀具磨损量急剧增加,进而完全失效。刀具经过正常磨损阶段后,切削刃变钝,切削力增大,切削温度升高,这时刀具的磨损情况发生了质的变化而进入急剧磨损阶段。这一阶段磨损强度很大。此时如刀具继续工作,不但不能保证加工质量,反而消耗刀具材料,经济上不合算。因此,刀具在进入急剧磨损阶段前必须重新刃磨刀具或换刀。

4)刀具的磨钝标准

刀具磨损到一定限度就不能再继续使用了,这个磨损限度称为磨钝标准。

一般刀具的后刀面上都有磨损,它对加工质量、切削力和切削温度的影响比前刀面磨损显著,同时后刀面磨损量易于测量。因此,工程中常用后刀面的磨损量来制定刀具的磨钝标准。它是以后刀面磨损带的中间部分平均磨损量能允许达到的最大值 V_B 表示。ISO 统一规定以 1/2 背吃刀量处后刀面上测定的磨损带高度 V_B 作为刀具磨钝标准,如图 3.22 所示。

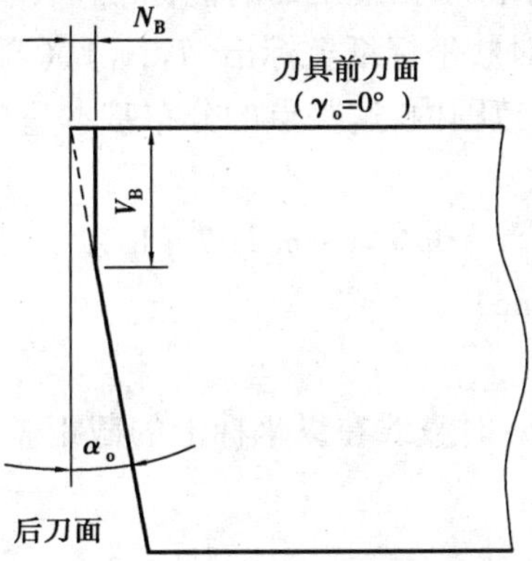

图 3.22　磨钝标准的度量

自动化生产中用的精加工刀具,常以沿工件径向的刀具磨损尺寸作为衡量刀具的磨钝标准,称为刀具径向磨损量,以 N_B 表示,如图 3.22 所示。

规定磨钝标准有两种考虑:一种是充分利用正常磨损阶段的磨损量,来充分利用刀具材料,减少换刀次数,它适用于粗加工和半精加工;另一种是根据加工精度和表面质量要求确定磨钝标准,此时 V_B 值应取较小值,称为工艺磨钝标准。

在柔性加工设备上,经常也用切削力的数值作为刀具的磨钝标准,从而实现对刀具磨损状态的自动监控。

工艺系统刚性较差时应规定较小的磨钝标准。因为当后刀面磨损后,切削力将增大,尤以背向力 F_P 增大最为显著。

切削难加工材料时,切削温度较高,一般应选用较小的磨钝标准。

3.3.2　刀具耐用度

1)刀具的耐用度与刀具寿命

一把刀具刃磨后从开始切削直到磨损量达到磨钝标准为止的切削时间称为刀具耐用度,以 T 表示。耐用度是指净切削时间,不包括用于对刀、测量、快进、回程、刃磨等非切削时间。

刀具耐用度是一个重要参数。在相同切削条件下切削某种工件材料时,可以用耐用度来比较不同刀具材料的切削性能；同一刀具材料切削各种工件材料，可以用耐用度来比较材料的切削加工性；还可以用耐用度来判断刀具几何参数是否合理。对于某一切削加工，当工件、刀具材料和刀具几何形状选定之后，切削用量是影响刀具耐用度的主要因素。

刀具寿命是指一把新刀具从使用到报废为止的切削时间。它是刀具耐用度与刀具刃磨次数的乘积。

2）切削用量对刀具耐用度的影响

切削用量与刀具耐用度的关系是用实验方法求得的。通过单因素实验，先选定刀具后刀面的磨钝标准，固定其他切削条件，分别改变切削速度、进给量和背吃刀量，求出对应的 T 值，在双对数坐标纸上画出它们的图形，经过数据整理后可得出刀具耐用度实验公式。

（1）切削速度与刀具耐用度的关系

在常用的切削速度范围内，用不同的切削速度 v_1、v_2、v_3…试验，可以得到各种切削速度下的刀具磨损曲线，如图 3.23 所示。根据规定的磨钝标准 V_B，求出各种曲线速度下对应刀具的使用寿命 T_1、T_2、T_3…。再在双对数坐标纸上标出（T_1,v_1）、（T_2,v_2）、（T_3,v_3）…各点，如图 3.24 所示。可见，在一定的切削速度范围内，这些点的分布基本呈现在一条直线上。这条直线的方程为

$$\lg v = -m \lg T + \lg A$$

式中　T——刀具耐用度，s 或 min；

m——直线方程的斜率；

A——当 $T=1$ s（或 1 min）时直线在纵坐标上的截距。

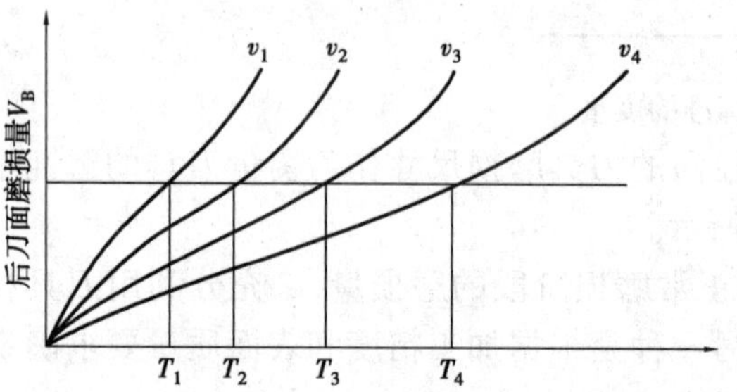

图 3.23　刀具磨损绝对坐标曲线

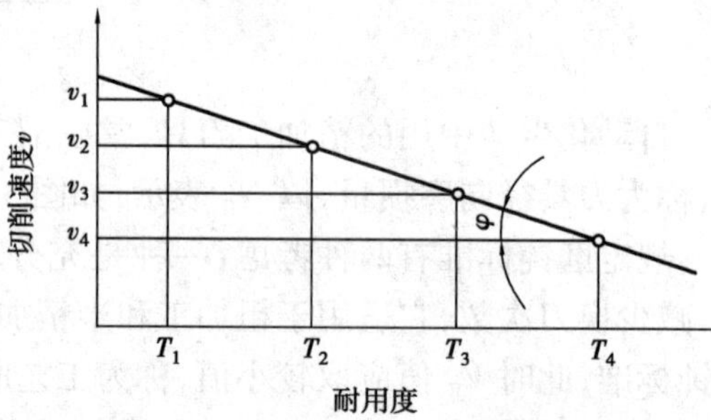

图 3.24　刀具磨损在双对数坐标上的曲线

A 和 m 可从图中测得，因此 T—v 关系式可以写成

$$v = \frac{A}{T^m} \tag{3.1}$$

式 3.1 是选择切削速度的重要依据，它揭示了切削速度与刀具耐用度之间的关系。切削速度 v 的变化，会使刀具耐用度发生改变，m 的大小反映了刀具耐用度对切削速度变化的敏感性。m 越小，表示 T 对 v 的变化越敏感，即刀具的切削性能越差。对于与高速钢，$m=0.1\sim0.125$；硬质合金，$m=0.2\sim0.3$；陶瓷刀具 $m=0.2\sim0.4$。

（2）进给量、背吃刀量与刀具耐用度的关系

按照 T-v 关系式的求法，同样可以得到 T-f 和 T-a_p 的关系式

$$f = \frac{B}{T^n} \tag{3.2}$$

$$a_p = \frac{C}{T^p} \tag{3.3}$$

式中　f——进给量，r/min；

a_p——背吃刀量，mm；

B、C——常系数；

n、p——针对不同变量的影响指数。

综合以上三式，可以得到切削用量三要素与刀具耐用度的关系式为

$$T = \frac{C_v}{v^{\frac{1}{m}} f^{\frac{1}{n}} a_p^{\frac{1}{p}}} \tag{3.4}$$

式中　C_v——工件材料、刀具材料和其他切削条件有关的系数。

例如：用 YT5 硬质合金车刀切削 $\sigma_b = 0.63$ GPa 的碳钢时，切削用量与刀具耐用度的关系式为

$$T = \frac{C_v}{v^5 f^{2.25} a_p^{0.75}}$$

由上式可知，切削速度 v 对刀具耐用度的影响最大，进给量 f 次之，背吃刀量 a_p 最小，这与三者对切削温度的影响顺序完全一致。这也反映出切削温度对刀具磨损及耐用度有着最重要的影响。

3）*刀具耐用度的选择*

在实际生产中，刀具耐用度同生产效率和加工成本之间存在着较复杂的关系。因此，刀具耐用度并不是越高越好，如果把刀具耐用度选得过高，则切削用量势必被限制在很低的水平，虽然此时刀具的消耗及其费用较少，但过低的加工效率也会使加工经济性变得很差。若刀具耐用度选得过低，虽可采用较高的切削用量使金属切除量增多，但由于刀具磨损加快而使换刀、刃磨的工时和费用显著增加，同样达不到高效率、低成本的要求。

在制定切削用量时，应首先选择合理的刀具耐用度。生产实际中有两种方法：一是最高生产率耐用度，即根据单件工时最少的目标确定耐用度；二是最低成本耐用度，即根据工序成本最低的目标确定耐用度。在一般情况下应采用最低成本耐用度，只有当生产任务急迫或生产中出现不平衡的薄弱环节时，才选用最高生产率耐用度。

在生产中选择刀具耐用度时，一般应考虑和遵守以下原则：

①刀具的复杂程度和制造、重磨的费用。简单的刀具如车刀、钻头等，耐用度选得低些；结构复杂和精度高的刀具，如拉刀、齿轮刀具等，耐用度选得高些。同一类刀具，尺寸大的，制造和刃磨成本（有些刀具的刃磨还需要专门的刀具专业厂完成）均较高，耐用度规定就得高些。

②装卡、调整比较复杂的刀具，如多刀车床上的车刀，组合机床上的钻头、丝锥、铣刀、自动机及自动线上的刀具，为尽量减少非有效切削时间，提高效率，耐用度应选得高一些，一般为通用机床上同类刀具的 2～4 倍。

③某工序的生产成为生产线上的瓶颈时，刀具耐用度应定得低些，这样可以选用较大的切削用量，以加快该工序生产节拍。某工序单位时间的生产成本较高时，刀具耐用度应规定得低些，这样可以选用较大的切削用量，缩短加工时间。

④精加工尺寸很大或需频繁转序挪动的工件时，刀具耐用度应按零件精度和表面粗糙度要求决定，避免在加工同一表面时中途换刀，从而保证刀具耐用度足够完成一次走刀。

3.4 金属切削条件的合理选择

3.4.1 刀具角度的影响与选择

刀具几何参数可分为两类：一类是刀具角度参数，另一类是刀具刃型尺寸参数。各参数之间存在着相互依赖、相互制约的作用，因此应综合考虑各种参数，以便进行合理地选择。虽然刀具材料的优选对于切削过程的优化具有关键作用，但刀具几何参数的选择不合理也会使刀具材料的切削性能得不到充分的发挥。

在保证加工质量的前提下，能够满足刀具使用寿命长、生产效率高、加工成本低的几何参数，称为刀具的合理几何参数。

1）选择刀具几何参数应考虑的因素

①工件材料：要考虑工件材料的化学成分、制造方法、热处理状态、物理和机械性能（包括硬度、抗拉强度、延伸率、冲击韧性、导热系数等），还有工件毛坯表层情况、工件的形状、尺寸、精度和表面质量要求等。

②刀具材料和刀具结构：除了要考虑刀具材料的化学成分、物理和机械性能（包括硬度、抗弯强度、冲击值、耐磨性、热硬性和导热系数）外，还要考虑刀具的结构形式与安装方式。

③具体的加工条件：比如要综合考虑机床、夹具的情况，工艺系统刚性及机床功率大小，切削用量和切削液性能等。一般地说，粗加工时，着重考虑保证最大的生产率；精加工时，主要考虑保证加工精度和已加工表面的质量要求；对于自动线生产用的刀具，主要考虑刀具工作的稳定性，有时还要考虑自动断屑与排屑问题；机床刚性和动力不足时，刀具应力求锋利，以减小切削力和振动。

2）刀具角度的选择

（1）前角及前刀面的选择

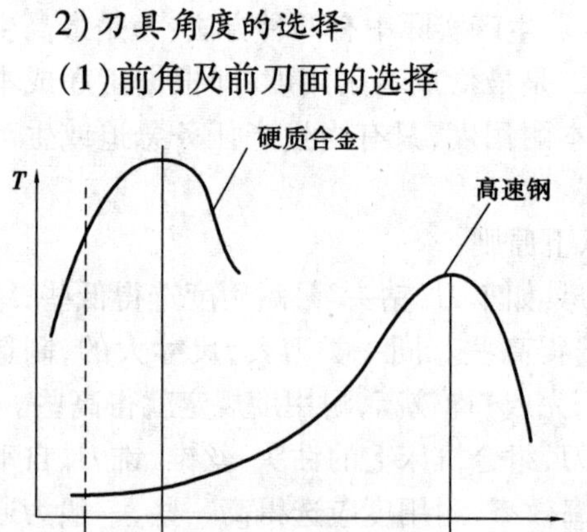

图 3.25 刀具的合理前角

前角 γ_0 影响切削过程中的变形和摩擦，同时还影响刀具的强度。

增大前角能使刀刃变得锋利，使切削轻快，可减小切削力和切削热，对刀具寿命有利。前角的大小对表面粗糙度、排屑和断屑等也有一定影响。增大前角还可以抑制积屑瘤的产生，改善已加工表面的质量。

但是，增大前角会使刀具楔角 β 减小，使切削刃强度降低，容易造成崩刃；同时会降低散热效应，使切削温度升高，对刀具寿命不利。因此刀具前角存在一个最佳值 γ_{opt}，通常称 γ_{opt} 为刀具的合理前角，如图 3.25所示。

在刀具强度许可条件下，尽可能选用大的前角。刀具材料韧性好（如高速钢），前角可选得大些,反之应选得小些(如硬质合金)。精加工时,前角可选得大些;粗加工时应选得小些。工件材料的强度、硬度低,前角应选得大些,反之应选得小些(如有色金属加工时,选前角较大)。硬质合金类车刀车削不同材料时常使用的合理前角见表3.5。

表3.5　硬质合金车刀常见的合理前角　　单位:(°)

工件材料	低碳钢	中碳钢	合金钢	淬火钢	不锈钢	灰铸铁	铜及铜合金	铝及铝合金	钛合金
粗车	20~25	10~15	10~15	-15~-5	15~20	10~15	10~15	30~35	5~10
精车	25~30	15~20	15~20		20~25	5~10	5~10	35~40	

(2)后角(副后角)选择

后角 α_o 的主要功用是减小后刀面与工件间的摩擦和降低后刀面的磨损,其大小对刀具耐用度和加工表面质量都有很大影响。后角同时也会影响刀具的强度。

增大后角(副后角),可减轻刀具后面与过渡表面之间的摩擦,使刀具磨损减小,寿命提高,故后角不能取负值。增大后角,还可使切削刃更锋利,有利于改善加工表面质量。但后角过大,刀具的楔角会太小导致切削刃强度降低,散热效果减小,刀具耐用度反而降低。因此,后角也存在一个合理值。粗加工以确保刀具强度为主,可在4°~6°内选取;精加工以确保加工表面质量为主,常取8°~12°。

一般情况下,切削厚度越大,刀具后角越小;工件材料越软,塑性越大,后角越大;工艺系统刚性较差时,应适当减小后角(切削时起支承作用,增加系统刚性并起消振作用);工件的尺寸精度要求较高时,后角宜取小值。表3.6为硬质合金车刀后角的合理值。

表3.6　硬质合金车刀常见的合理后角　　单位:(°)

工件材料	低碳钢	中碳钢	合金钢	淬火钢	不锈钢	灰铸铁	铜及铜合金	铝及铝合金	钛合金
粗车	8~10	5~7	5~7	8~10	6~8	4~6	6~8	8~10	10~15
精车	10~12	6~8	6~8		8~10	6~8	6~8	10~12	

(3)主偏角 κ_r、副偏角 κ_r' 的选择

主偏角和副偏角的主要功用有以下几个方面:

①影响已加工表面的残留面积高度。减小主偏角和副偏角,可以减小已加工表面粗糙度,特别是副偏角对已加工表面粗糙度的影响更大。

②影响切削层形状。主偏角直接影响切削层公称宽度和单位长度切削刃上的切削负荷。在背吃刀量 a_p 和进给量 f 一定的情况下,增大主偏角,切削层公称宽度 b_D 减小,切削层公称厚度 h_D 增大,切削刃单位长度上的负荷随之增大。因此,主偏角将直接影响刀具的磨损和使用寿命。

③影响切削分力的大小和比例关系。增大主偏角可减小背向力 F_p,增大进给力 F_f,但同时也增大了副偏角,从而有利于减小工艺系统的弹性变形和振动。

④影响刀尖角的大小。主偏角和副偏角共同决定了刀尖角 ε,故直接影响刀尖强度。

⑤影响断屑效果和排屑方向。增大主偏角,切屑变厚变窄,容易折断。

在工艺系统刚性很好时,减小主偏角可提高刀具耐用度、减小已加工表面的粗糙度,所

以 κ_r 宜取小值;在工件刚性较差时,为避免工件的变形和振动,应选用较大的主偏角。

一般加工条件下,应选取较小的副偏角 κ_r',以减小副切削刃和副后刀面与工件已加工表面之间的摩擦和防止切削振动。

(4)刃倾角 λ_s 的选择

刃倾角的主要作用是影响刀头的强度和切屑流动的方向,如图 3.26 所示。

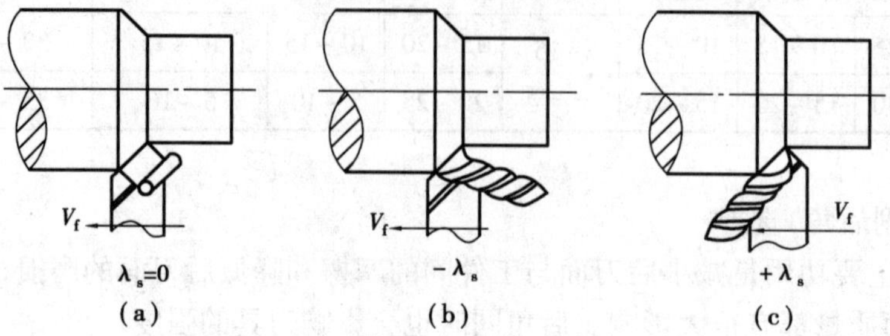

图 3.26 不同刃倾角下切屑的流向

粗加工时,为提高刀具强度,λ_s 取负值;精加工时,为不使切屑划伤已加工表面,λ_s 常取正值或 0。

3.4.2 切削用量的合理选择

切削用量不仅是在机床调整前必须确定的重要参数,而且其数值合理与否对加工质量、加工效率、生产成本等有着非常重要的影响。所谓"合理的"切削用量是指能充分利用刀具切削性能和机床动力性能(功率、扭矩),在保证质量的前提下,获得高的生产率和低的加工成本的切削用量。

切削用量的选择原则:能达到零件的质量要求(主要指表面粗糙度和加工精度),并在工艺系统强度和刚性允许下,以及充分利用机床功率和发挥刀具切削性能的前提下,选取一组最大的切削用量。

1)确定切削用量时考虑的因素

金属切除效率与切削用量三要素 v_c、a_p、f 均保持线性关系,即其中任一参数增大一倍,都可使生产率提高一倍。考虑工艺系统各要素的相互影响,选择的切削用量,应是三者的最佳组合。一般情况下尽量优先增大 a_p,以求一次进刀全部切除加工余量。

考虑选用不同的机床因素,背吃刀量 a_p 和切削速度 v_c 增大时,均会使切削时消耗的功率成正比增加,进给量 f 对切削功率影响较小。所以,粗加工时,应选尽可能大的进给量。

切削用量对刀具寿命的影响程度由强到弱依次为 v_c、f、a_p。因此,从保证合理的刀具寿命出发,在确定切削用量时,应首先采用尽可能大的背吃刀量 a_p,然后再选用大的进给量 f,最后求出切削速度 v_c。

增大进给量将使表面粗糙度值变大,但是较小的进给量影响了精加工时的生产率。在较理想的情况下,提高切削速度 v_c 能降低表面粗糙度值,背吃刀量 a_p 对表面粗糙度的影响较小。

因此,综合选择切削用量的基本准则是:首先选择一个尽量大的背吃刀量 a_p,其次根据机床进给动力允许条件或被加工表面粗糙度的要求,选择一个较大的进给量 f,最后根据已确定的 a_p 和 f,在刀具耐用度和机床功率许可条件下再选择一个较合理的切削速度 v_c。

2)制订切削用量

(1)背吃刀量根据加工余量确定

①在粗加工时,一次走刀应尽可能切去全部加工余量,在中等功率机床上,a_p 可达 8 ~ 10 mm。

②下列情况可分几次走刀:

a.加工余量太大,一次走刀切削力太大,机床功率不足或刀具强度不够。

b.工艺系统刚性不足或加工余量不均匀,引起很大振动时,如加工细长轴或薄壁工件。

c.断续切削,刀具受到很大的冲击而造成打刀。

在上述情况下,如分两次走刀,第一次的 a_p 应比第二次大,第二次的 a_p 可取加工余量的 1/4 ~ 1/3。

③切削表层有硬皮的铸锻件或切削不锈钢等冷硬较严重的材料时,应尽量使背吃刀量超过硬皮或冷硬层厚度,以防刀刃过早磨损或破损。

④在半精加工时,$a_p = 0.5 \sim 2$ mm。

⑤在精加工时,$a_p = 0.1 \sim 0.4$ mm。

(2)进给量的选择

粗加工时,合理的进给量应是工艺系统所能承受的最大进给量。最大进给量主要受到机床进给机构的强度、车刀刀杆的强度和刚度、硬质合金或陶瓷刀片的强度及工件的装夹刚度等因素的影响。

精加工时,最大进给量主要受加工精度和表面粗糙度的限制。

工厂生产中,进给量常常根据经验选取。粗加工时,根据加工材料、车刀刀杆尺寸、工件直径及已确定的背吃刀量从《切削用量手册》中查取进给量。若切削力很大、工件长径比很大、刀杆伸出长度很大等特殊情况下,还需对选定的进给量进行校验。

在半精加工和精加工时,则按粗糙度要求,根据工件材料、刀尖圆弧半径、切削速度,从《切削用量手册》中查得进给量。

(3)切削速度的确定

根据已选定的背吃刀量 a_p、进给量 f 及刀具耐用度 T,就可按下列公式计算切削速度 v_c 和机床转速 n。

$$v_c = \frac{K_v C_v}{T^m a_p^{X_v} f^{Y_v}} \tag{3.5}$$

式中 C_v、X_v、Y_v——根据工件材料、刀具材料、加工方法等在《切削用量手册》中查得;

K_v——切削速度修正系数。

实际生产中也可从《切削用量手册》中选取 v_c 的参考值:粗车时,a_p、f 均较大,v_c 较低;工件材料强度、硬度较高时,应选较低的 v_c;材料加工性越差,v_c 越低。

在选择 v_c 时,还应考虑以下几点:

①精加工时,应尽量避开积屑瘤和鳞刺产生的区域;

②断续切削时,宜适当降低 v_c;

③在易发生振动的情况下,v_c 应避开自激振动的临界速度;

④加工大件、细长件、薄壁件以及带硬皮的工件时,应选用较低的 v_c。

思考与习题

3.1 按加工方式和用途,常用切削刀具主要分为哪些?

3.2 常用的孔加工刀具包括哪些?

3.3 简述车刀、铣刀各自的特点及加工范围。

3.4 刀具切削部分的材料必须具备哪些基本性能?

3.5 简述常用刀具材料的种类及其使用范围。

3.6 常用的硬质合金有哪几类?如何选用?

3.7 简述刀具的结构组成及各组成部分的作用。

3.8 什么是砂轮粒度?砂轮粒度的选择原则是什么?

3.9 什么是砂轮硬度?如何正确选择砂轮硬度?

3.10 简述陶瓷刀具的特点及各类陶瓷刀具的适用场合。

3.11 简述金刚石刀具材料的特点及其适用场合。

3.12 什么是刀具的磨钝标准?制订刀具磨钝标准要考虑哪些因素?

3.13 何谓刀具耐用度?影响刀具耐用度的主要因素有哪些?

3.14 如何根据加工条件合理选择刀具材料?

3.15 分别简述刀具前角和后角的作用及选择原则。

3.16 切削用量的选择原则是什么?从刀具耐用度角度考虑,应按何顺序选择切削用量?

第4章 机械加工方法与机床

【教学目标】

本章主要介绍金属切削机床的基本分类、机床型号编制、零件主要成形面的特点与加工方法、常见机床的用途与特点。

通过本章的学习，了解机床的分类，认识机床的型号及主要工艺范围，掌握常见成形表面的加工。

【重点难点】

- 机床型号与主要工艺范围
- 成形面的特点及主要加工方法

4.1 金属切削机床的基本知识

零件加工都需要对应机床的成形运动。机床是制造机器的机器，所以又称为“工作母机”。按照工艺方法的不同，机床分为金属切削机床、锻压机床、电加工机床、坐标测量机、铸造机床、热处理机床等几个大类。本书重点介绍的是金属切削机床，习惯上简称为机床。

同样的零件可以用不同的机床采用不同的方法完成。机床精度的高低、质量的好坏，对机械产品的生产率和经济效益都有重要影响。

4.1.1 金属切削机床的分类

机床的品种规格繁多，为了便于区别、使用、管理，必须对机床加以分类并编制型号。

①机床按其工作原理共分为11类：车床、钻床、镗床、磨床、齿轮加工机床、螺纹加工机床、铣床、刨插床、拉床、锯床和其他机床。在每一类机床中，又按工艺范围、布局形式和结构性能分为若干组，每一组又分为若干系（系列）。这样，在型号编制上形成了“类—组—系”的结构层次。

②机床按照通用程度可分为：

a. 通用机床:这类机床的工艺范围很宽,可以加工一定尺寸范围内的多种类型零件,完成多种多样的工序。例如,卧式车床、万能升降台铣床、万能外圆磨床等。

b. 专门化机床:这类机床的工艺范围较窄,只能用于加工不同尺寸的一类或几类零件的一种(或几种)特定工序。例如,丝杠车床、凸轮轴车床、齿轮加工机床等。

c. 专用机床:这类机床的工艺范围最窄,通常只能完成某一特定零件的特定工序。例如,加工机床主轴箱体孔的专用镗床,加工机床导轨的专用导轨磨床等。它是根据特定的工艺要求专门设计、制造的,生产率和自动化程度较高,适用于大批量生产。组合机床也属于专用机床。

③机床按照工作的精度,可分为普通精度机床、精密机床和高精度机床。

④机床按照重量和尺寸,可分为仪表机床、中型机床(一般机床)、大型机床(质量大于 10 t)、重型机床(质量在 30 t 以上)和超重型机床(质量在 100 t 以上)。

⑤机床按照主要部件的数目,可分为单轴机床、多轴机床、单刀机床、多刀机床等。

⑥机床按照自动化程度不同,可分为普通机床、半自动机床和自动机床。自动机床具有完整的自动工作循环,包括自动装卸工件,能够连续地自动加工出工件。半自动机床也有完整的自动工作循环,但装卸工件还需人工完成,因此不能连续地加工。

4.1.2 金属切削机床的型号编制

机床的型号是赋予每种机床的一个代号,用以简明地表示机床的类型、通用性和结构特性、主要技术参数等。现在我国的机床型号,是按《金属切削机床型号编制方法》(GB/T 15375—2008)编制的。此标准规定,机床型号由大写的汉语拼音字母和阿拉伯数字按一定的规律组合而成,它适用于新设计的各类通用机床、专用机床和回转体加工自动线(不包括组合机床、特种加工机床)。本节仅介绍各类通用机床型号的编制方法,其他请参阅相关标准。

通用机床的型号由基本部分和辅助部分组成,中间用“/”隔开,读作“之”。基本部分需统一管理,辅助部分纳入型号与否由厂家自定。通用机床的型号构成如图 4.1 所示。

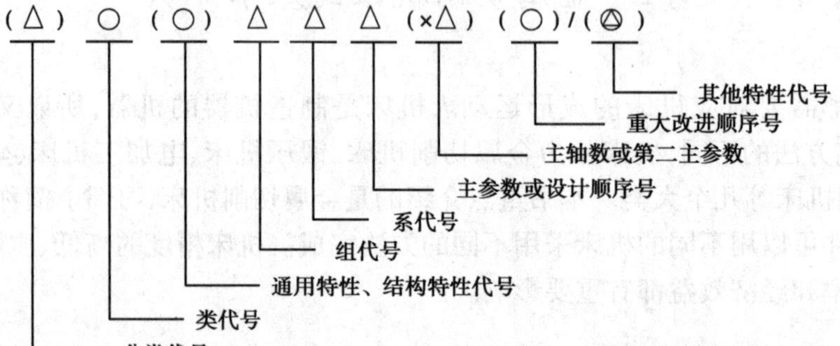

注:①有“(　)”的代号或数字,当无内容时,则不表示,若有内容则不带括号;
②有“○”符号的,为大写的汉语拼音字母;
③有“△”符号的,为阿拉伯数字;
④有“◎”符号的,为大写的汉语拼音字母或阿拉伯数字,或两者兼有之。

图 4.1　通用机床的型号构成

比如 CA6140 型卧式车床,其型号可解读为:

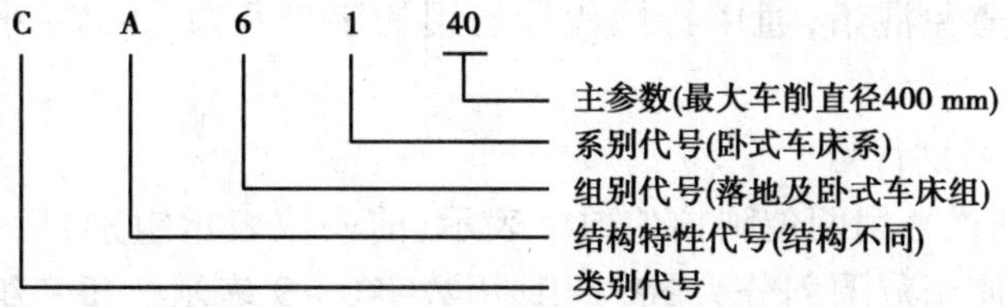

又如 MG1432A 型高精度万能外圆磨床,其型号可解读为:

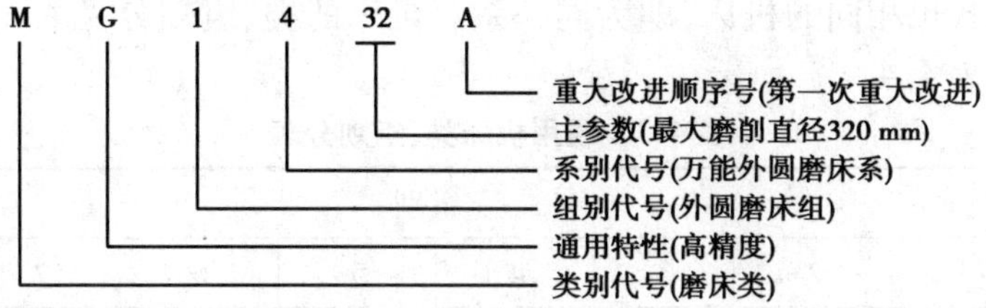

(1)机床的类别代号

用机床名称汉语拼音的第一个字母(大写)表示。例如,“车床”的汉语拼音是“Che Chuang”,所以用“C”来表示。必要时,类以下还可有若干分类,分类代号用阿拉伯数字表示,放在类代号之前,但第一分类不予表示。例如,磨床类分为 M、2M、3M 三个分类。机床的类别代号及其读音见表 4.1。

表 4.1　机床的类别代号及其读音

类别	车床	钻床	镗床	磨床			齿轮加工机床	螺纹加工机床	铣床	刨插床	拉床	锯床	其他机床
代号	C	Z	T	M	2M	3M	Y	S	X	B	L	G	Q
读音	车	钻	镗	磨	二磨	三磨	牙	丝	铣	刨	拉	割	其

(2)机床的特性代号

用大写的汉语拼音字母表示。

①通用特性代号。当某类型机床除有普通型外,还具有表 4.2 中所列的各种通用特性时,则在类别代号之后加上相应的特性代号。例如,CM6132 型精密普通车床型号中的“M”表示“精密”。“XK”表示数控铣床,“K”为该铣床的通用特性代号。如果同时具有两种通用特性,则可用两个代号同时表示,如“MBG”表示半自动高精度磨床。

表 4.2　机床的通用特性代号

通用特性	高精度	精密	自动	半自动	数控	加工中心(自动换刀)	仿形	轻型	加重型	柔性加工单元	数显	高速
代号	G	M	Z	B	K	H	F	Q	C	R	X	S
读音	高	密	自	半	控	换	仿	轻	重	柔	显	速

②结构特性代号。为了区别主参数值相同而结构、性能不同的机床,在型号中用汉语拼音字母区分。例如,CA6140 型普通车床型号中的“A”,可理解为:CA6140 型普通车床在结构上区别于 C6140 及 CY6140 型普通车床。当机床有通用特性代号时,结构特性代号应排在通用

特性代号之后。为了避免混淆，通用特性代号已用的字母及“I”“O”一般不能作为结构特性代号。

(3)机床的组别、系别代号

机床的组别、系别代号用两位阿拉伯数字表示，前一位表示组别，后一位表示系别。每类机床按其结构性能及使用范围划分为10个组，用数字0~9表示。每一组又分为若干个系(系列)。凡主参数相同，并按一定公比排列，工件和刀具本身的和相对的运动特点基本相同，且基本结构及布局形式也相同的机床，即为同一系。机床的类、组划分见表4.3，通用机床部分组别下系的划分见表4.4。

表4.3 通用机床类、组划分表

类别		组别									
		0	1	2	3	4	5	6	7	8	9
车床C		仪表小型车床	单轴自动车床	多轴自动、半自动车床	回轮、转塔车床	曲轴及凸轮轴车床	立式车床	落地及卧式车床	仿形及多刀车床	轮、轴、辊、锭及铲齿车床	其他车床
钻床Z		—	坐标镗钻床	深孔钻床	摇臂钻床	台式钻床	立式钻床	卧式钻床	铣钻床	中心孔钻床	其他钻床
镗床T		—	—	深孔镗床	—	坐标镗床	立式镗床	卧式铣镗床	精镗床	汽车、拖拉机修理用镗床	其他镗床
磨床	M	仪表磨床	外圆磨床	内圆磨床	砂轮机	坐标磨床	导轨磨床	刀具刃磨床	平面及端面磨床	曲轴、凸轮轴、花键轴及轧辊磨床	工具磨床
磨床	2M	—	超精机	内圆珩磨机	外圆及其他珩磨机	抛光机	砂带抛光及磨削机床	刀具刃磨及研磨机床	可转位刀片磨削机床	研磨机	其他磨床
磨床	3M	—	球轴承套圈沟磨床	滚子轴承套圈滚道磨床	轴承套圈超精机	—	叶片磨削机床	滚子加工机床	钢球加工机床	气门、活塞及活塞环磨削机床	汽车、拖拉机修磨机床
齿轮加工机床Y		仪表齿轮加工机	—	锥齿轮加工机	滚齿及铣齿机	剃齿及珩齿机	插齿机	花键轴铣床	齿轮磨齿机	其他齿轮加工机	齿轮倒角及检查机
螺纹加工机床S		—	—	—	套丝机	攻丝机	—	螺纹铣床	螺纹磨床	螺纹车床	—

续表

类别	组别 0	1	2	3	4	5	6	7	8	9
铣床 X	仪表铣床	悬臂及滑枕铣床	龙门铣床	平面铣床	仿形铣床	立式升降台铣床	卧式升降台铣床	床身铣床	工具铣床	其他铣床
刨插床 B	—	悬臂刨床	龙门刨床	—	—	插床	牛头刨床	—	边缘及模具刨床	其他刨床
拉床 L	—	—	侧拉床	卧式外拉床	连续拉床	立式内拉床	卧式内拉床	立式外拉床	键槽、轴瓦及螺纹拉床	其他拉床
锯床 G	—	—	砂轮片锯床	—	卧式带锯床	立式带锯床	圆锯床	弓锯床	锉锯床	—
其他机床 Q	其他仪表机床	管子加工机床	木螺钉加工机	—	刻线机	切断机	多功能机床	—	—	—

表 4.4　通用机床部分组别的系划分

名称及类别及代号 \ 组别及系别		4										5										6									
车床	C	曲轴及凸轮轴车床										立式车床										落地及普通车床									
		0	1	2	3	4	5	6	7	8	9	0	1	2	3	4	5	6	7	8	9	0	1	2	3	4	5	6	7	8	9
		旋风切削轴车床	万能曲轴车床	曲轴(主轴颈)车床	曲轴(连杆轴颈)车床			万能凸轮轴车床	凸轮轴(中轴颈)车床	凸轮轴(端轴颈)车床	凸轮轴(凸轮)车床		单柱立式车床	双柱立式车床	单柱移动立式车床	双柱移动立式车床	单轴工作台移动立式车床		横梁固定单柱立式车床			落地车床	普通车床	马鞍车床	无丝杠车床	卡盘车床					
钻床	Z	台式钻床										立式钻床										卧式钻床									
		0	1	2	3	4	5	6	7	8	9	0	1	2	3	4	5	6	7	8	9	0	1	2	3	4	5	6	7	8	9
		台式钻床	带工作台台式钻床	多轴台式钻床	转塔台式钻床	坐标台式钻床		排式台式钻床				圆柱立式钻床	立式钻床	(可调整)多轴立式钻床	转塔立式钻床	坐标立式钻床	转塔坐标立式钻床	排式立式钻床		专用立式钻床基型							转塔坐标卧式钻床				

续表

名称及类别及代号 \ 组别及系别		4										5										6									
镗床	T	坐标镗床										立式镗床										卧式镗床									
		0	1	2	3	4	5	6	7	8	9	0	1	2	3	4	5	6	7	8	9	0	1	2	3	4	5	6	7	8	9
			单柱坐标镗床	双柱坐标镗床				卧式坐标镗床					立式镗床		转塔式钻镗床	坐标立式钻镗床	转塔式镗铣床						卧式镗床	落地镗床	卧式镗铣床	卧式坐标镗铣床	刨台式卧式镗床		加大工作台横向行程卧式镗床	砖塔卧式镗铣床	落地镗铣床
铣床	X	仿形铣床										立式铣床										卧式铣床									
		0	1	2	3	4	5	6	7	8	9	0	1	2	3	4	5	6	7	8	9	0	1	2	3	4	5	6	7	8	9
			平面刻模铣床	立体刻模铣床	平面仿形铣床	立体仿形铣床	立式仿形铣床	立式叶片仿形铣床	卧式叶片仿形铣床	螺旋桨仿形铣床		立式升降台铣床				坐标立式升降台铣镗床	砖塔立式升降台铣镗床			圆弧铣床		卧式升降台铣床	万能升降台铣床	万能回转头铣床	摇臂万能铣床						
刨床及插床	B											插床										牛头刨床									
												0	1	2	3	4	5	6	7	8	9	0	1	2	3	4	5	6	7	8	9
												插床	龙门插床	键槽插床	移动式插床					剃齿刀插床		牛头刨床	仿形牛头刨床	水平移动式牛头刨床				落地牛头刨铣床		垂直移动式牛头刨床	
拉床	L	连续式拉床										立式内拉床										卧式拉床									
		0	1	2	3	4	5	6	7	8	9	0	1	2	3	4	5	6	7	8	9	0	1	2	3	4	5	6	7	8	9
					卧式连续式拉床								立式内拉床	双溜板立式内拉床			双缸立式内拉床						卧式内拉床								
磨床	M	珩磨机及研磨机										导轨磨床										刀具刃磨床									
		0	1	2	3	4	5	6	7	8	9	0	1	2	3	4	5	6	7	8	9	0	1	2	3	4	5	6	7	8	9
			卧式珩磨机	立式珩磨机	双盘研磨机	平面研磨机	内外圆研磨机	立式研磨机	中心孔研磨机			落地式导轨磨床	单臂导轨磨床	龙门导轨磨床								万能工具磨床	拉刀刃磨床	车刀刃磨床	钻头刃磨床	滚刀刃磨床	端面铣刀刃磨床	锯片刃磨床	弧齿锥齿轮铣刀刃磨床	插齿刀刃磨床	矿井钻头刃磨床

(4)机床主参数、设计顺序号和第二主参数

机床主参数代表机床规格的大小,在机床型号中,用阿拉伯数字给出主参数的折算值(1/10或1/100)。各类主要机床的主参数名称和折算系数见表4.5。某些通用机床,当无法用一个主参数表示时,则在型号中用设计顺序号表示。第二主参数一般是指主轴数、最大跨距、最大工件长度、工作台工作面长度等。第二主参数也用折算值表示。

表4.5　各类主要机床的主参数名称和折算系数

机床	主参数名称	折算系数
卧式车床	床身上最大回转直径	1/10
立式车床	最大车削直径	1/100
摇臂钻床	最大钻孔直径	1
卧式铣镗床	镗轴直径	1/10
坐标镗床	工作台面宽度	1/10
外圆磨床	最大磨削直径	1/10
内圆磨床	最大磨削直径	1/10
矩台平面磨床	工作台面宽度	1/10
齿轮加工机床	最大工件直径	1/10
龙门铣床	工作台面宽度	1/100
升降台铣床	工作台面宽度	1/10
龙门刨床	最大刨削宽度	1/100
插床及牛头刨床	最大插削及最大刨削长度	1/10
拉床	额定拉力/t	1/10

(5)机床的重大改进顺序号

当机床的结构、性能有更高的要求,并需按新产品重新设计、试制和鉴定时,在原机床型号的尾部,加重大改进顺序号,序号按A、B、C等字母(但“I”“O”两个字母不得选用)的顺序选用。

(6)其他特性代号

其他特性代号主要用以反映各类机床的特性,如对数控机床,可用来反映不同的数控系统;对于一般机床可用以反映同一型号机床的变型等。其他特性代号用汉语拼音字母或阿拉伯数字或二者的组合来表示。

4.1.3　机床的技术性能指标

机床的技术性能指标是根据使用要求确定的,通常包括以下内容。

1)机床的工艺范围

机床的工艺范围是指在机床上可以完成的工序种类、能加工的零件类型、使用的刀具、所能达到的加工精度和表面粗糙度、适用的生产规模等。

在单件小批生产中使用的通用机床，由于要完成不同形状和结构的工件上多种几何表面的加工，因此要求它具有广泛的工艺范围。例如卧式万能升降台铣床，不仅要求它能铣平面、台阶面、沟槽、特形面、直齿和斜齿圆柱齿轮的齿廓面，而且还要求它能铣螺旋槽、平面凸轮的轮廓面。如此广泛工艺范围的获得，除了机床本身的因素外，还需借助多种机床附件，如分度头、回转工作台、立铣头等。

专门化机床和专用机床是为某一类零件和特定零件的特定工序设计的，因此工艺范围较窄。

数控机床，尤其是加工中心，其加工精度和自动化程度都很高，在一次安装后可以对多个表面进行多工位加工，因此具有较大的加工工艺范围。目前加工中心一般都具有多种加工能力，如在铣镗加工中心可以进行铣平面、铣沟槽、钻孔、镗孔、扩孔、攻螺纹等多种加工。

2）机床的主要技术参数

机床的主要技术参数包括主参数和基本参数。主参数已在前面型号编制方法中作了说明。基本参数包括尺寸参数（几何参数）、运动参数和动力参数。

（1）尺寸参数

尺寸参数是指机床能够加工工件的最大几何尺寸。例如，对于卧式车床的主参数为床身上最大工件回转直径，第二主参数为最大工件长度；对于矩台平面磨床，主参数为工作台面宽度，第二主参数为工作台面长度。

（2）运动参数

运动参数是指机床加工工件时所能提供的运动速度，包括主运动的速度范围、速度数列和进给运动范围、进给量数列，以及空行程的速度等。对作回转运动的机床，主运动参数是主轴转速；对作直线运动的机床，主运动参数是机床工作台或滑枕的每分钟往复次数。大部分机床（如车床、钻床）的进给量用工件或刀具每转的位移（mm/r）来表示。直线往复运动的机床（如刨床、插床）的进给量，以每一往复的位移量来表示。铣床和磨床的进给量，以每分钟的位移量（mm/min）来表示。

（3）动力参数

动力参数是指机床驱动主运动、进给运动和空行程运动的电动机额定参数（如额定功率、额定转速等）。

3）机床的精度与刚度

机床的精度包括几何精度和运动精度。机床的几何精度指机床在静止状态下的原始精度，包括各主要零部件的制造精度及其相互间的位置精度。机床的运动精度指机床主要部件运动时的各项精度，包括回转运动精度、直线运动精度、传动精度等。机床的刚度是指机床在受力作用下抵抗变形的能力。

4.1.4 机床的基本要求

（1）机床的传动联系

为了实现加工过程中所需的各种运动，机床必须具备以下三个基本部分：

执行件——执行机床运动的部件，如主轴、刀架、工作台等，其任务是带动工件或刀具完成一定形式的运动（旋转或直线运动）并保持准确的运动轨迹。

动力源——提供运动和动力的装置，是执行件的运动来源。普通机床通常都采用三相异步电动机作动力源，现代数控机床的动力源采用(交)直流调速电机或(交)直流伺服电机。

传动装置——传递运动和动力的装置，通过它把动力源的运动和动力传给执行件。通常，传动装置同时还需完成变速、换向、改变运动形式等任务，使执行件获得所需要的运动速度、运动方向和运动形式。

机床上为了得到所需要的运动，需要通过一系列的传动件把执行件和动力源(例如把主轴和电动机)，或者把执行件和执行件(例如把主轴和刀架)之间连接起来，以构成传动联系。构成一个传动联系的一系列传动件，称为传动链。

传动链有两类传动机构：一是传动比和传动方向固定不变的定比传动机构，如定比齿轮副、蜗杆蜗轮副、丝杠螺母副等；二是按加工要求可以变换传动比和传动方向的传动机构，称为换置机构，如挂轮变速机构、滑移齿轮变速机构和离合器变速机构等。

传动链的两个末端元件的转角或位移量之间如果有严格的比例关系要求，这样的传动链就称为内联系传动链；若没有这种要求，则称为外联系传动链。滚切齿轮时，单头滚刀转一转，工件应匀速转过一个齿，才能形成准确的齿形。所以，连接工件和滚刀的展成运动传动链，就是内联系传动链。同样，在车床上车削螺纹时，工件转一转，刀具应移动一个螺距，也是内联系传动链。在内联系传动链中，不能用带传动、摩擦轮传动等传动比不稳定的传动装置。车削外圆时就是一条外联系传动链。

(2)机床的传动原理图

为便于研究机床的传动系统联系，常用一些简明的符号表示传动原理和传动路线，这就是传动原理图。如图 4.2 所示，细的假想线代表定比传动机构，菱形块代表换置机构。图 4.2(a)为铣床铣平面传动原理图，有两条外联系传动链：传动链"1—2—u_v—3—4"将运动源(电动机)和主轴联系起来，使铣刀获得一定转速和转向的旋转运动 B_1；传动链"5—6—u_f—7—8"将运动源和工作台联系起来，使工件获得一定进给速度和进给方向的直线运动 A_1。若要改变铣刀的转速、转向和工件的进给速度和方向时，可通过换置机构 u_v 和 u_f 实现。图 4.2(b)为车螺纹的传动原理图，工件的旋转 B_{11} 和车刀的移动 A_{12} 为复合运动，有两条传动链：外联系传动链"1—2—u_v—3—4"将运动源和主轴联系起来；内联系传动链"4—5—u_x—6—7"将主轴和刀架联系起来，使工件和车刀保持严格的运动关系，利用换置机构 u_x，可实现不同导程的要求。图 4.2(c)为车圆锥螺纹的传动原理图，车圆锥螺纹需要 3 个单元运动组成的复合运动：工件旋转 B_{11}、车刀纵向直线移动 A_{13} 和横向直线移动 A_{12}。这 3 个单元运动之间必须保持严格的运动关系：工件转一转的同时，车刀纵向移动一个螺纹导程 L 的距离，横向移动 $L\tan\alpha$ 的距离(α 为圆锥螺纹的斜角)。这就需要在主轴与刀架纵向溜板之间用传动链"4—5—u_x—6—7"联系完成纵向移动 A_{13}；在刀架纵向溜板与横向溜板之间用传动链"7—8—u_y—9—10"联系完成横向移动 A_{12}，这两条传动链都是内联系传动链。传动链中的 u_x 可适应加工不同导程螺纹的需要，u_y 可适应加工不同锥度螺纹的需要。外联系传动链"1—2—u_v—3—4"使主轴和刀架获得一定速度和方向的运动。

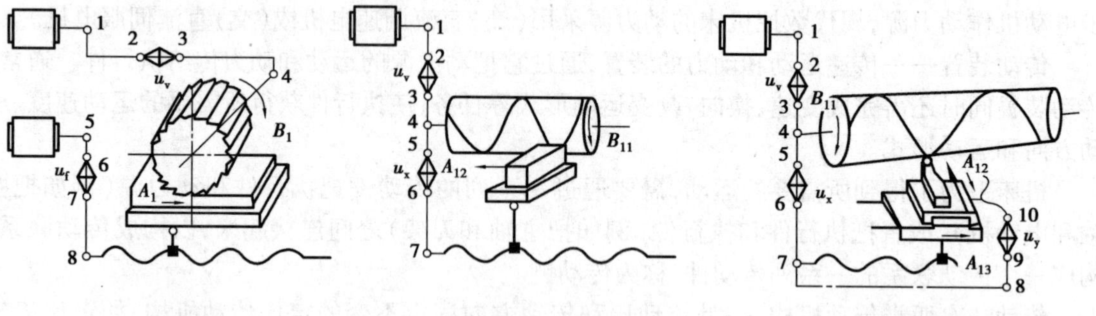

图4.2 传动原理图

4.2 外圆表面的技术要求和加工方法

4.2.1 外圆表面的技术要求

外圆表面是轴、套、盘等类零件的主要表面或辅助表面，这类零件在机器中占有相当大的比例。各种不同零件上的外圆表面或同一零件上不同部位的外圆表面，由于所起作用不同，技术要求也不一样。

外圆表面的技术要求，一般分为以下4个方面。

①尺寸精度：外圆表面直径和长度的精度。

②形状精度：外圆柱表面的圆度、圆柱度、直线度。

③位置精度：外圆表面与其他表面（外圆表面或内孔表面）间的同轴度、对称度、位置度、径向圆跳动；与规定平面（端平面）间的垂直度、倾斜度等。

④表面质量：表面粗糙度、加工表层的残余应力和金相组织变化。

4.2.2 外圆表面的加工方法

外圆表面加工最常用的切削方法有车削、磨削。当精度及表面质量要求很高时，还需进行光整加工。

1）外圆表面的车削加工

车削加工是回转类零件外圆表面的主要加工方法，如图4.3所示。

根据零件的结构特点与生产类型的不同，车削加工可以在卧式车床、多刀半自动车床、自动车床、仿形车床及数控车床等机床上进行。

外圆车削的工艺范围很广，按其能达到的精度和表面粗糙度的不同，可划分为粗车、半精车、精车和精细车等加工阶段。加工阶段的划分应依据工件毛坯情况和加工要求决定。

（1）粗车

粗车的目的是尽快切除多余材料，使其接近工件的形状和尺寸。特点是采用大的背吃刀量、较大的进给量及中等或较低的切削速度，以求提高生产率。粗车后应留有半精车或精车的加工余量。粗车的尺寸精度达IT10～IT12，表面粗糙度 Ra 为12.5～20 μm。对于要求不高的非功能性表面，粗车可作为最终加工；而对于要求高的表面，粗车可作为后续工序的预加工。

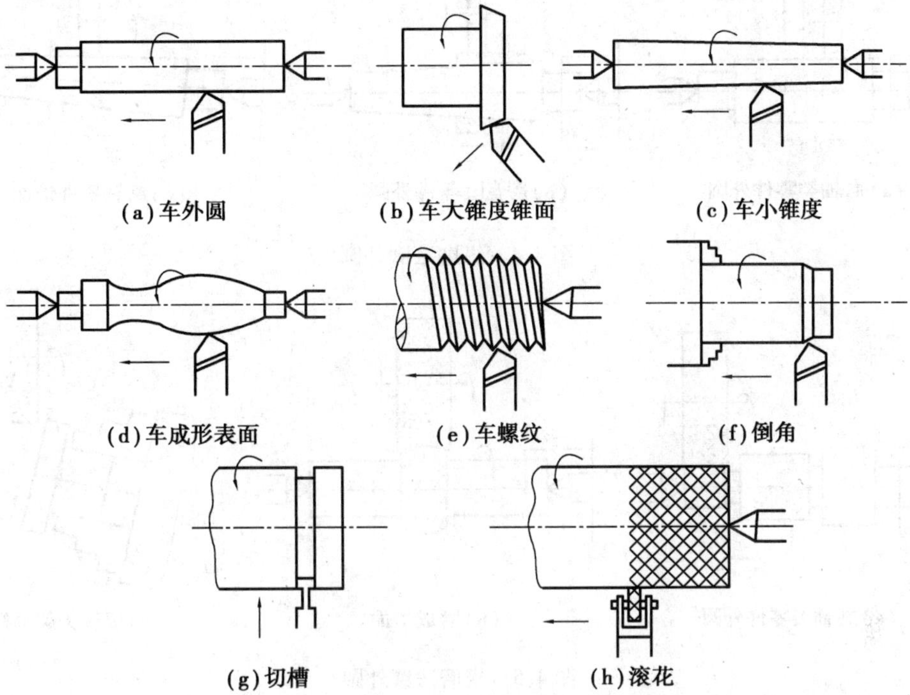

图 4.3　卧式车床所能加工的典型表面

(2)半精车

半精车是在粗车的基础上进行的。其背吃刀量和进给量均较粗车时小，可进一步提高外圆表面的尺寸精度、形状、位置精度及表面质量。半精车可作为中等精度表面的终加工工序，也可作为高精度外圆表面磨削或其他精加工工序的预加工。半精车尺寸精度可达 IT9 ~ IT10，表面粗糙度 Ra 为 3.2 ~ 6.3 μm。

(3)精车

精车一般可作为最终加工工序或光整加工工序的预加工，其主要目的是达到零件表面的加工要求。为此要求使用高精度的车床，选择合理的车刀几何角度和切削用量。采用的背吃刀量和进给量比半精车还小，为避免产生积屑瘤，常采用高速精车或低速精车。精车后的尺寸精度可达 IT7 ~ IT8，表面粗糙度 Ra 为 0.8 ~ 1.6 μm。

(4)精细车

完成精细车需要使用精度和刚度都很好的车床，同时采用高耐磨性的刀具，其尺寸精度可达 IT5 ~ IT6，表面粗糙度 Ra 为 0.2 ~ 0.8 μm，一般用于单件、小批量的高精度外圆表面的终加工工序。精细车尤其适宜加工有色金属，因为有色金属不宜采用磨削，所以常采用精细车代替磨削。

2)外圆表面的磨削加工

磨削加工是工件外圆表面精加工的主要方法，某些精确坯料（如精密铸件、精密锻件和精密冷轧件）可不经车削加工直接进行磨削。

磨外圆在普通外圆磨床和万能外圆磨床上进行，具体方法有纵磨法和横磨法两种，如图 4.4 和图 4.5 所示。

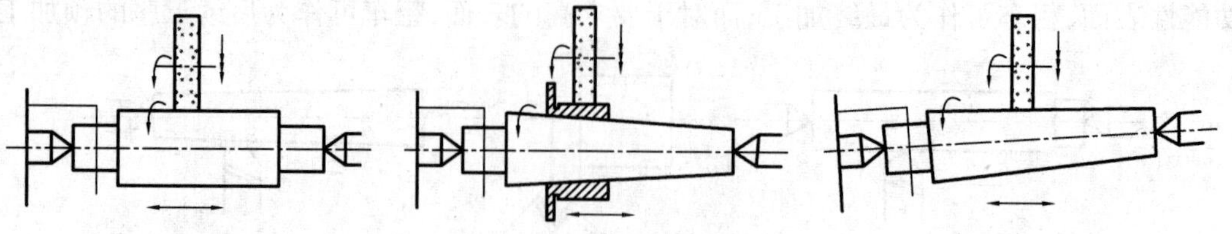

(a)磨轴类零件外圆　　(b)磨盘套零件外圆　　(c)磨轴零件锥面

图4.4　纵磨法磨外圆

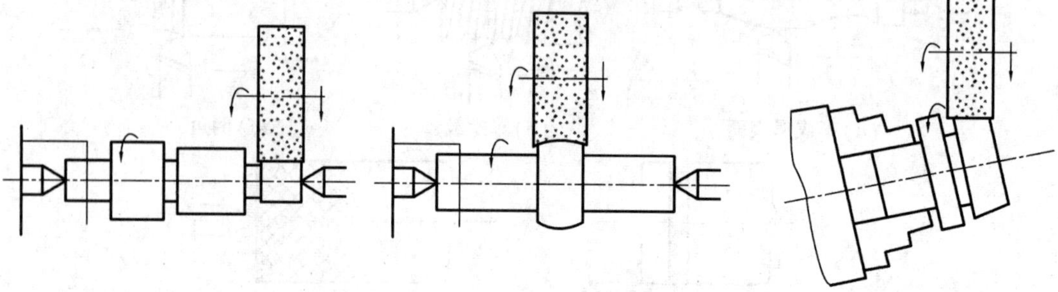

(a)磨轴类零件外圆　　(b)磨成形面　　(c)扳转头架磨短锥面

图4.5　横磨法磨外圆

(1)纵磨法

磨削外圆时,砂轮的高速旋转为主运动。工件作圆周进给运动,同时随工作台沿工件轴向作纵向进给运动。每单次行程或每往复行程终了时,砂轮作周期性的横向进给,从而逐渐磨去工件径向的全部磨削余量。采用纵磨法每次的横向进给量小,磨削力小,散热条件好,并且能以光磨的次数来提高工件的磨削和表面质量,因而加工质量高,是目前生产中使用最广泛的一种磨削方法。

(2)横磨法

采用横磨法磨外圆时,砂轮宽度要比工件的磨削宽度大,工件不需作纵向进给运动,砂轮以缓慢的速度连续或断续地沿工件径向作横向进给运动,直至磨到工件尺寸要求为止。横磨法因砂轮宽度大,一次行程就可完成磨削加工过程,加工效率高,同时它也适用于成形磨削。但在磨削过程中砂轮与工件接触面积大,磨削力大,必须使用功率大、刚性好的磨床。另外,横磨法磨削热集中、磨削温度高,将影响工件表面质量,应给予充分的切削液来降低磨削温度。

这两种方法相比,纵磨法加工精度较高,*Ra* 值较小,但生产率较低;横磨法生产率较高,但加工精度较低,*Ra* 值较大。因此,纵磨法广泛用于各种类型的生产中,而横磨法只适用于大批量生产中磨削刚度较好、精度较低、长度较短的轴类零件上的外圆表面或成形面。

根据不同的精度和表面粗糙度要求,磨削可分为粗磨、精磨、光整加工等。

①粗磨:粗磨采用较粗磨粒的砂轮和较大的背吃刀量及进给量,以提高生产率。粗磨的尺寸精度可达IT7~IT8,表面粗糙度 Ra 为0.8~1.6 μm。

②精磨:精磨则采用较细磨粒的砂轮和较小的背吃刀量及进给量,以获得较高的精度及较小的表面粗糙度。精磨的尺寸精度可达IT5~IT6,表面粗糙度 Ra 为0.2~0.8 μm。

③光整加工:如果工件精度要求在IT5以上,表面粗糙度 Ra 要求达0.008~0.1 μm,则在

经过精车或精磨以后,还需通过光整加工。常用的加工方法有研磨、超级光磨和抛光等。

3)高效磨削

随着科学技术的发展,传统精加工方法的普通磨削也逐步向高效率和高精度的方向发展。

(1)宽砂轮与多砂轮磨削

宽砂轮磨削是用增大磨削宽度来提高磨削效率的,如图4.6所示。普通外圆磨削的砂轮宽度为50 mm左右,而宽砂轮外圆磨削砂轮宽度可达300 mm,平面磨削可达400 mm。宽砂轮外圆磨削一般采用横磨法。它主要用于大批大量生产中,例如磨削花键轴、电机轴以及成形轧辊等。其尺寸公差等级可达IT6,*Ra*值可达0.4 μm。

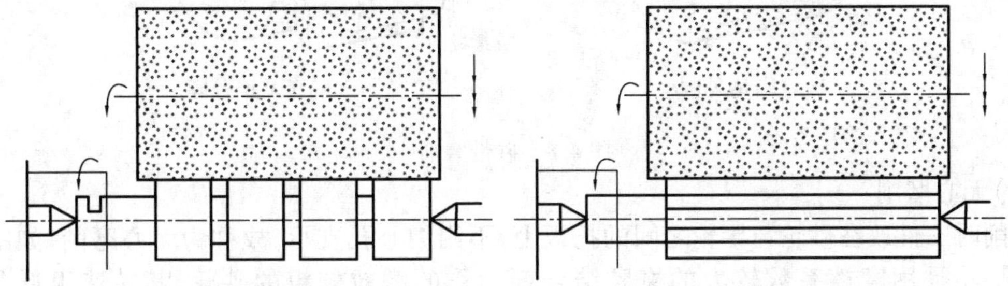

(a)磨滑阀外圆　　(b)磨花键外圆

图4.6　宽砂轮磨削

多砂轮磨削如图4.7所示,是宽砂轮磨削的另一种形式,其尺寸公差等级和表面粗糙度*Ra*值与宽砂轮磨削相同。多砂轮磨削适用于大批量生产,目前多用于外圆和平面磨削。近年来在内圆磨床也开始采用这种方法来磨削零件上的同轴孔系。

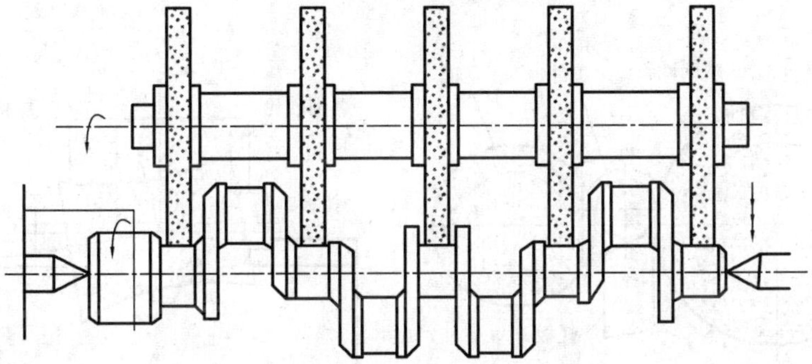

图4.7　多砂轮磨削

(2)砂带磨削

根据加工要求以相应的接触方式,利用砂带对工件进行加工的方法称为砂带磨削,如图4.8所示。它是近年来发展起来的一种新型高效的工艺方法。

砂带所用的磨料大多是精选出来的针状磨粒,应用静电植砂工艺,使磨粒均直立于砂带基体且锋刃向上,定向整齐均匀排列,因而磨粒具有良好的等高性,磨粒间容屑空间大,磨粒与工件接触面积小,且可使全部磨粒参加切削。砂带磨削效率高,磨削热少,散热条件好。砂带磨削的工件,其表面加工强化程度和残余应力均大大低于砂轮磨削。砂带磨削多在砂带磨床上进行,也可在卧式车床、立式车床上利用砂带磨头或砂带轮磨头进行,适宜加工大、中型尺寸的外圆、内圆和平面。

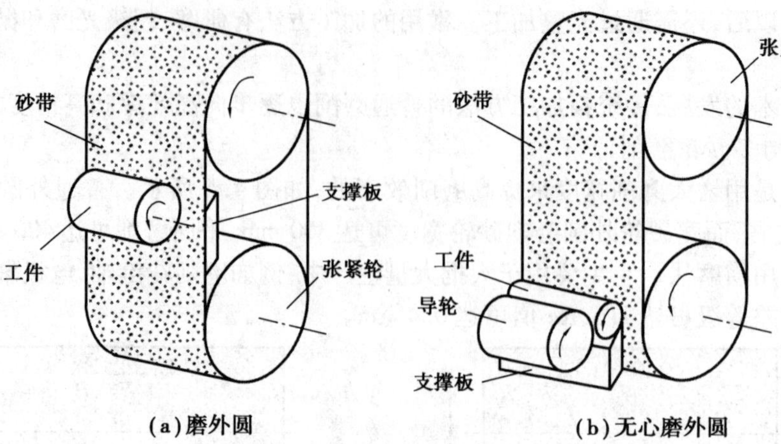

图 4.8　砂带磨削

(3)无心磨削

磨削时工件放在砂轮与导轮之间的托板上,不用中心孔支承,故称为无心磨削,如图 4.9 所示。导轮是用摩擦系数较大的橡胶结合剂制作的磨粒较粗的砂轮,其转速很低(20 ~ 80 mm/min),靠摩擦力带动工件旋转。无心磨削时砂轮和工件的轴线总是水平放置的,砂轮宽度可达 1 000 mm,而导轮的轴线通常要在垂直平面内倾斜一个角度,其目的是使工件获得一定的轴向进给速度。

无心磨削的生产效率高,容易实现工艺过程的自动化;但所能加工的零件具有一定的局限性,不能磨削带长键槽和平面的圆柱表面,也不能用于磨削同轴度要求较高的阶梯轴外圆表面。

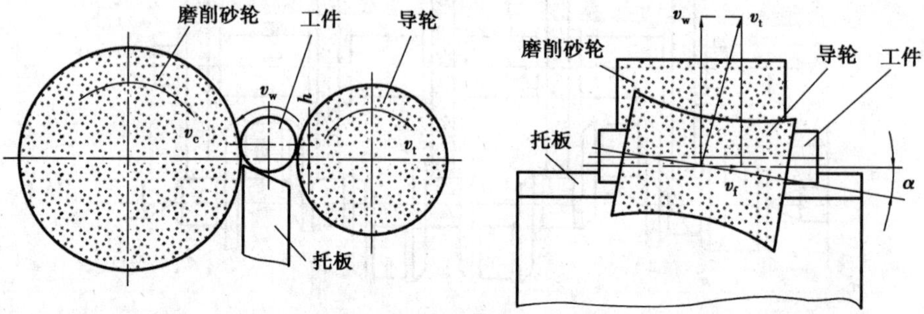

图 4.9　无心磨床磨削外圆

综上所述,各种磨削具有如下工艺特点:

①加工精度高。因为磨削属于高速多刃切削,其切削刃刀尖圆弧半径比一般车刀、铣刀、刨刀要小得多,能在工件表面上切下一层很薄的材料;磨削过程是磨粒切削、刻划和滑擦的综合作用过程,有一定的研磨抛光作用;磨床比一般机床加工精度高,刚度和稳定性好,且具有微量进给机构。

②可加工高硬度材料。磨削不仅可以加工铸铁、碳钢、合金钢等一般材料,还可以加工高硬度的淬硬钢、硬质合金、陶瓷、玻璃等难加工材料。但对于塑性很大、硬度很低的有色金属及其合金,因其切屑粉末易堵塞砂轮气孔而使砂轮丧失切削能力,一般不宜磨削,而多采用刀具切削进行精加工。

③应用越来越广泛。磨削可加工外圆、内圆、锥面、平面、成形面、螺纹、齿形等多种表面，还可刃磨各种刀具。随着精密铸造、模锻、精密冷轧等先进毛坯制造工艺日益广泛应用，毛坯的加工余量较小，可不必经过车、铣、刨等粗加工和半精加工，直接用磨削达到较高的尺寸精度和较小的表面粗糙度 *Ra* 值的要求。在工业发达国家，磨床已占到机床总数的30%～40%，而且还有不断增加的趋势。

4）外圆表面加工工艺路线与方案

选择表面加工方法时，一般先根据表面的精度和粗糙度要求选定最终加工方法，然后再确定精加工的前工序加工方法，从而确定加工方案。由于获得同一精度和表面粗糙度的加工方法往往有多种，因此选择时还要考虑生产率和经济效益，考虑零件的结构形状、尺寸大小、材料和热处理要求以及工厂的生产条件。表4.6列出了外圆表面的加工方案，可供选择参考。

表4.6　外圆表面的加工方案

序号	加工方案	经济精度等级	经济表面粗糙度 Ra/μm	适用范围
1	粗车	IT11以下	50～12.5	适用于淬火钢以外的各种金属
2	粗车→半精车	IT8～IT10	6.3～3.2	
3	粗车→半精车→精车	IT7～IT8	1.6～0.8	
4	粗车→半精车→精车→滚压（或抛光）	IT7～IT8	0.2～0.025	
5	粗车→半精车→磨削	IT7～IT8	0.8～0.4	主要用于淬火钢，也可用于未淬火钢，但不宜加工有色金属
6	粗车→半精车→粗磨→精磨	IT6～IT7	0.4～0.1	
7	粗车→半精车→粗磨→精磨→超精加工（或轮式超精磨）	IT5	0.1～0.012	
8	粗车→半精车→精车→金刚石车	IT6～IT7	0.4～0.025	主要用于要求较高的有色金属加工
9	粗车→半精车→粗磨→精磨→超精磨或镜面磨	IT5以上	0.025～0.006	极高精度的外圆加工
10	粗车→半精车→粗磨→精磨→研磨	IT5以上	0.1～0.006	

注：在正常的加工条件下（使用符合质量标准的设备、工艺装备和标准技术等级的工人、合理的工时定额）所能达到的加工精度和表面粗糙度，这种精度称为经济精度，相应的表面粗糙度称为经济表面粗糙度。

4.3　内孔表面的技术要求和加工方法

4.3.1　内孔表面的技术要求

内孔表面是零件上的主要表面之一。根据零件在机械产品中的作用不同，内孔有不同的精度和表面质量要求，以及不同的结构尺寸，如通孔、盲孔、阶梯孔、深孔、浅孔、大直径孔、小直径孔等。内孔加工时,可根据零件结构类型的不同,采用不同的机床加工。一般可分为两类:一类为回转体零件上的轴线孔,通常在车床上进行加工,采用的孔加工方法有钻孔、扩孔、镗孔和铰孔等。高精度的孔可在内圆磨或万能外圆磨床上加工。另一类为非旋转体零件,如箱体、机体、支架类零件,其内孔可在立式钻床、摇臂钻床及镗床上加工。对于一些形状复杂、加工表面多的中小批量零件,为提高生产率,可在数控铣床或加工中心机床上加工。大批量生产还可以在拉床上拉孔。

常见的内孔表面有以下几种:

①配合用孔:装配中有配合要求的孔,如与轴有配合要求的套筒孔、齿轮或带轮上的孔、车床尾座体孔、主轴箱体上的主轴和传动轴的轴承孔等,其中箱体上的孔往往构成孔系。这类孔的加工精度要求较高。

②非配合用孔:装配中无配合要求的孔,如紧固螺栓用孔、油孔、内螺纹底孔、齿轮或带轮轮辐孔等。这类孔的加工精度要求不高。

③深孔:长径比 $L/D>5\sim10$ 的孔称为深孔,如车床主轴上的轴向通孔。这类孔加工难度较大,对刀具和机床均有特殊要求。

④圆锥孔:如车床主轴前端的锥孔、钻床刀杆的锥孔等。这类孔精度和表面质量要求均较高。

内孔表面的技术要求有以下 4 个方面:

①尺寸精度:孔径和孔长的尺寸精度及孔系中孔与孔、孔与相关表面间的尺寸精度。

②形状精度:内孔表面的圆度、圆柱度及直线度。

③位置精度:孔与孔(或与外圆表面)间的同轴度、对称度、位置度、径向圆跳动,孔与孔(或与相关平面)间的垂直度、平行度、倾斜度等。

④表面质量:内孔表面的粗糙度及表层物理力学性能。

4.3.2 内孔表面加工方法

内孔加工与外圆表面加工,其切削原理相似,但具体加工条件差异较大,加工内孔表面时,刀具尺寸受被加工孔径限制,刀杆细、刚性差,不能采用较大的切削用量;同时刀具处于被加工孔的包围之中,切削液很难进入切削区,散热、冷却、排屑条件差,测量不方便。因此,在同等精度要求下,加工内孔比加工外圆难度大、工序多、成本高。

根据所采用的刀具,孔加工方法有车孔、钻孔、镗孔、铰孔和磨孔等,如图 4.10、图 4.11 所示。

特种加工孔的方法有电火花穿孔、超声波穿孔和激光打孔等。

(1)钻孔

钻孔通常用于在实心材料上加工直径为 0.5 ~50 mm 的孔。常用的钻头是麻花钻。为排出大量切屑,麻花钻具有容屑空间较大的排屑槽,因而刚性与强度受到很大削弱,故加工的内孔精度低,表面粗糙度大。一般钻孔后精度为 IT12 级左右,表面粗糙度 Ra 为 12.5 ~50 μm。钻孔主要用于精度低于 IT11 级以下的孔加工,或用于精度要求较高的孔的预加工。

钻孔的方式有两种:一种是刀具旋转,工件或刀具作轴向进给,如钻床、铣床和镗床上钻孔;另一种是工件旋转,刀具作轴向进给,如车床上钻孔。

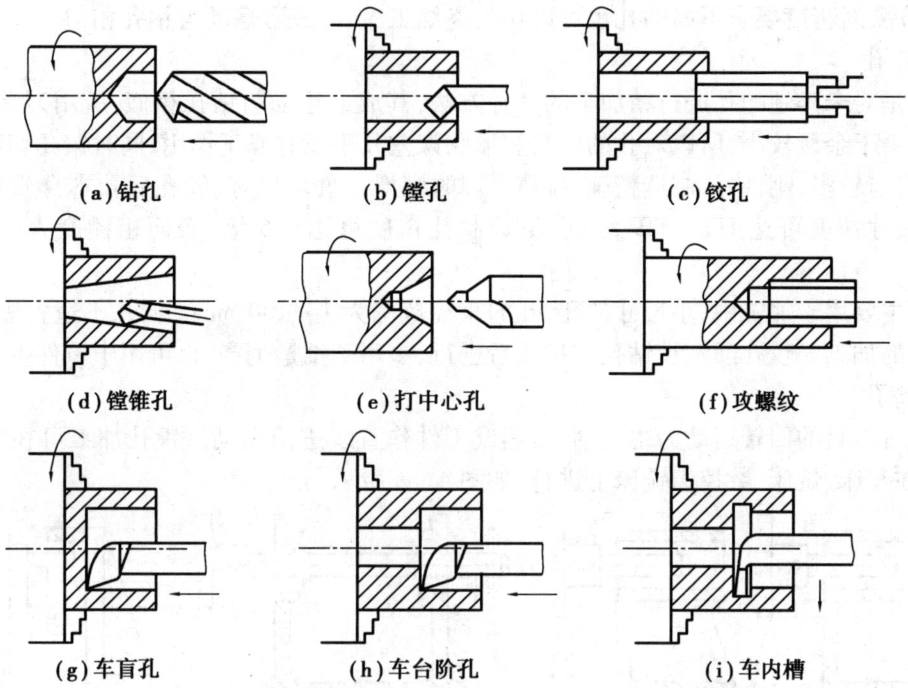

图 4.10　车孔的方法

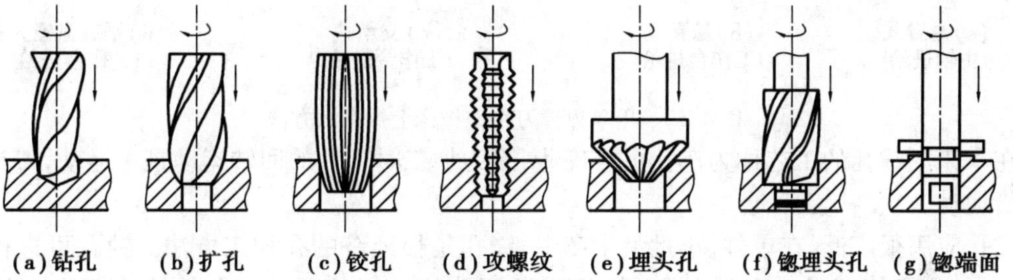

图 4.11　刀具回转加工孔的方法

由于麻花钻刚性差,当钻头的两切削刃刃磨得不对称时,很容易造成孔中心线的歪斜或偏移,称为引偏。引偏量较大时在以后的工序中难以纠正。上述第一种方式钻深孔时易产生引偏。第二种方式钻孔时,如刀具发生偏斜,只会使孔径扩大或产生几何形状误差,而孔的轴线基本上是直的,所以深孔加工宜采用第二种方式。

防止和减少钻头引偏的措施有:

①钻孔前先加工孔端面,以免端面不平影响钻头两切削刃受力不均。

②用中心钻或短钻头在工件上预钻出一个凹孔或浅孔,便于引导钻头。

③采用夹具以钻套来引导钻头。

④仔细刃磨钻头,采用合理的钻削用量。

(2)扩孔

扩孔是采用扩孔钻对已钻出(或铸出、锻出)的孔进行进一步加工的方法。扩孔时,背吃刀量较小,排屑容易,加之扩孔钻刚性较好,刀齿较多,因而扩孔精度和表面粗糙度均比钻孔好,一般尺寸精度可达 IT10 ~ IT11 级;表面粗糙度 Ra 为 3.2 ~ 6.3 μm。扩孔通常作为孔加工的中间工序,对精度要求不高的孔也可以作为终结工序,其成形运动与钻孔相似。

(3)铰孔

铰孔是对未淬硬的孔进行精加工的一种方法,其成形运动与钻孔相似,所用刀具为铰刀。铰孔加工由于余量较小,所以对孔的位置和形状误差几乎没有修正作用;同时铰孔切削速度较低,铰孔刀齿较多,刚性好,制造精确,排屑、冷却、润滑条件均较好,铰孔后孔本身质量得到提高,孔径尺寸精度可达 IT7 ~ IT9 级,手工铰制孔精度可达 IT6 级,表面粗糙度 Ra 为 0.2 ~ 1.6 μm。

铰孔主要用于加工中、小尺寸的孔,孔的直径范围为 1 ~ 100 mm。铰孔不适宜短孔、深孔和断续孔的加工。铰孔通常在钻孔或扩孔后进行,多用于批量生产,也可用于单件生产。

(4)镗孔

镗孔时刀具的回转运动为主运动,刀具或工件作直线进给运动。镗孔加工可在镗床上进行,也可在车床、铣床、数控镗铣床上进行,如图 4.12 所示。

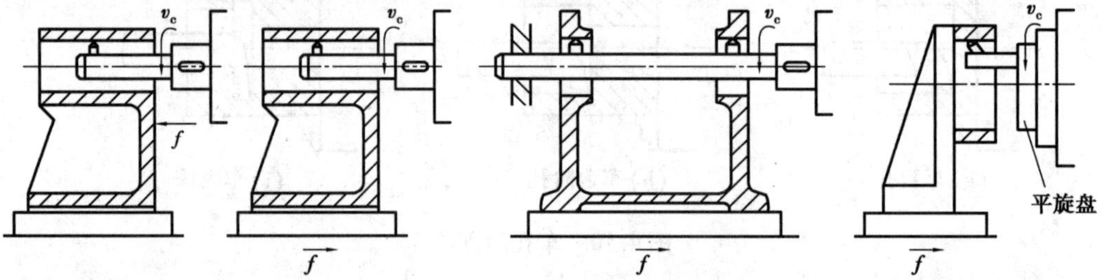

(a)悬臂式(主轴进给)　(b)悬臂式(工作台进给)　(c)支承式(工作台进给)　(d)平旋盘镗大孔(工作台进给)

图 4.12　用单刃镗刀在铣镗床上镗孔的方法

在车床上镗孔的工艺称为车孔更准确些,因为加工时工件的回转运动是主运动,刀具作直线进给运动。

镗孔应用很广泛,在单件、小批量生产中,镗孔是很经济的孔加工方法。镗孔可进行粗加工或精加工;能修正孔中心线的偏斜,又能保证孔的坐标位置。镗孔的尺寸精度一般可达 IT7 ~ IT8级,表面粗糙度 Ra 为 0.4 ~ 3.2 μm。

(5)拉孔

拉孔是一种高生产率的加工方法,多用于大批量生产。拉孔是利用多刃刀具相对于工件的直线运动完成工件的加工。拉孔可以拉圆柱孔、花键孔、成形孔等,如图 4.13 所示。

(6)磨孔

磨孔是高精度、淬硬内孔的主要加工方法。

磨内圆在内圆磨床和万能外圆磨床上进行,其方法如图 4.14 所示。与磨外圆相比,由于磨内圆砂轮受孔径限制,切削速度难以达到磨外圆的速度;砂轮轴直径小,悬伸长,刚度差,易弯曲变形和振动,且只能采用很小的背吃刀量;砂轮与工件成内切圆接触,接触面积大,磨削热多,散热条件差,表面易烧伤。因此,磨内圆比磨外圆生产率低得多,加工精度和表面质量也较难控制。

磨孔的尺寸精度一般可达 IT6 ~ IT7 级,表面粗糙度 Ra 为 0.2 ~ 0.8 μm。磨削常用于一般刀具难以切削的高硬度材料的加工,如淬硬钢、硬质合金等。

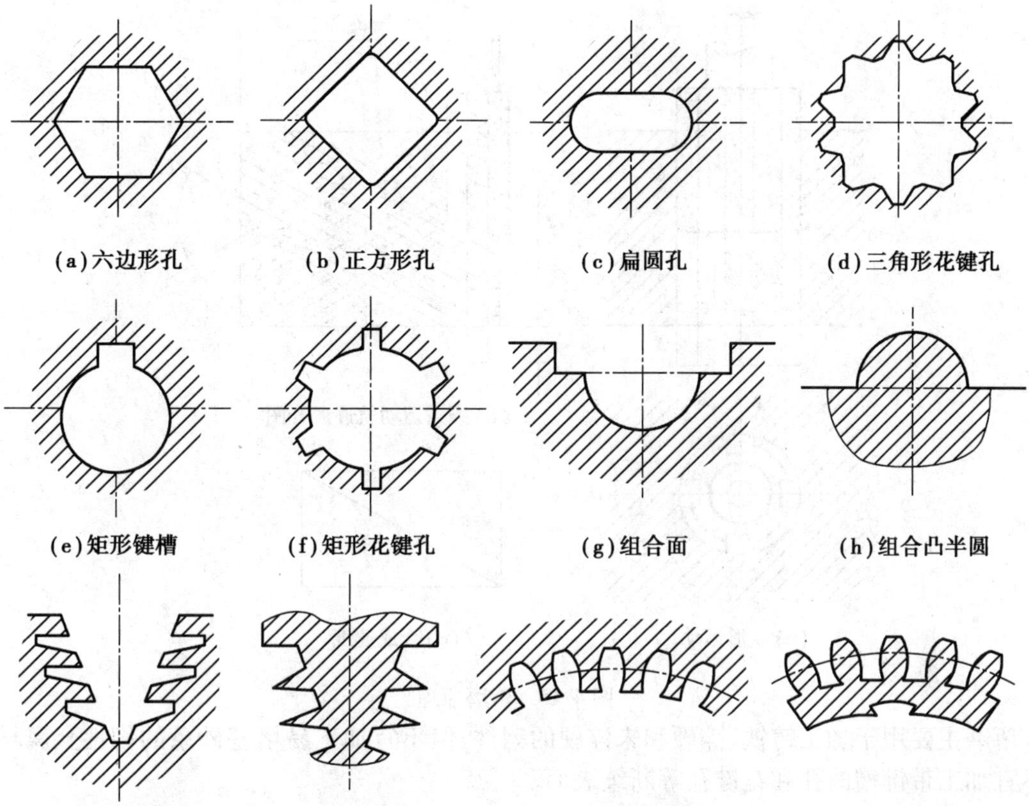

(a)六边形孔　(b)正方形孔　(c)扁圆孔　(d)三角形花键孔

(e)矩形键槽　(f)矩形花键孔　(g)组合面　(h)组合凸半圆

(i)榫槽　(j)叶片榫头　(k)内齿轮　(l)齿轮轮齿

图4.13　常见的拉削截形

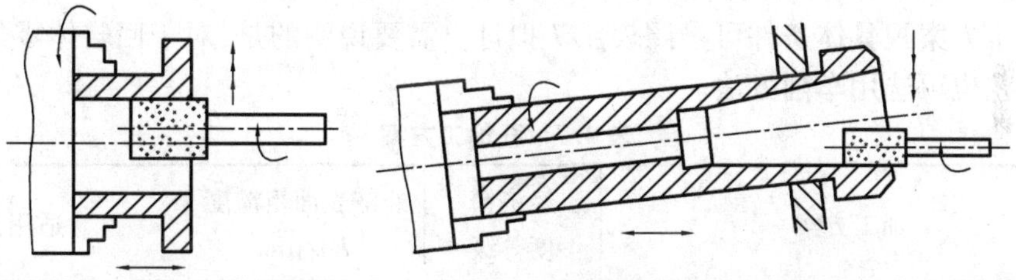

(a)磨内圆　(b)扳转上工作台磨锥孔

图4.14　磨内圆的方法

(7)珩磨孔

珩磨是利用带有磨条(油石)的珩磨头对孔进行精整、光整加工的方法。珩磨头圆周上镶有若干条磨条,通过可胀机构使磨条径向胀开压向工件孔壁。珩磨头在旋转的同时作轴向进给运动,实现对孔的低速磨削和摩擦抛光,其原理如图4.15所示。

珩磨头的圆周速度虽不高,但由于砂条与工件的接触面积大,往复速度相对较高,因此,珩磨工艺可获得较高的尺寸精度和形状精度,以及很好的表面质量,并有较高的生产率。尺寸精度可达IT6级,圆度和圆柱度可达0.003~0.005 mm,表面粗糙度 Ra 为0.1~0.8 μm。但是珩磨不能修正被加工孔的位置偏差,孔的位置精度和孔中心线的直线度应由前道工序保证。

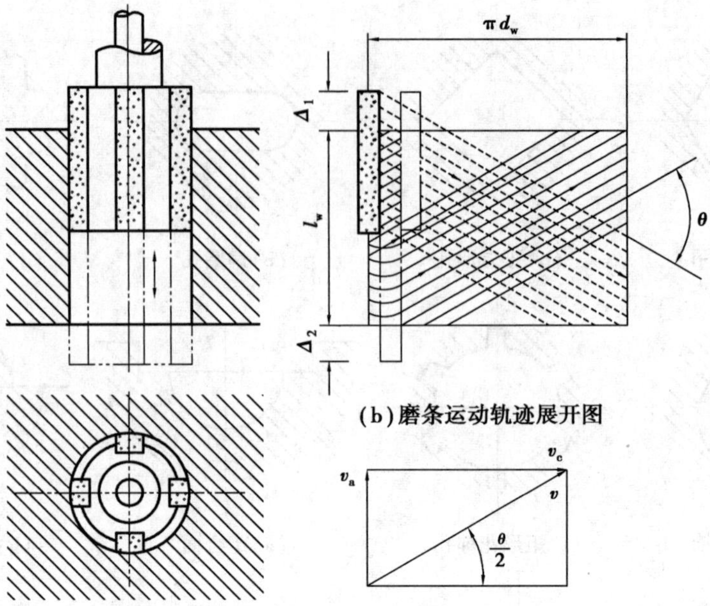

(a)成形运动　(b)磨条运动轨迹展开图　(c)合成速度

图 4.15　珩磨原理

珩磨主要用于加工铸铁、淬硬和未淬硬的钢件，但不宜加工易堵塞砂条的韧性金属材料，也不宜加工带键槽的孔和花键孔等断续表面。

孔加工的常用设备有钻床、车床、铣床、镗床、拉床、内圆磨床、万能外圆磨床、研磨机、珩磨机等。

(8)内孔表面常见加工工艺及方案

内孔加工方案视具体条件可参照表 4.7 拟订。需要说明的是，对于回转体零件的内孔，表中的镗削工艺也可选用车削方法。

表 4.7　孔加工方案

序号	加工方案	经济精度等级	经济表面粗糙度 $Ra/\mu m$	适用范围
1	钻	IT11 ~ IT12	12.5	加工未淬火钢及铸铁的实心毛坯，也可用于加工有色金属（但表面粗糙度稍大，孔径小于 20 mm）
2	钻→铰	IT9	3.2 ~ 1.6	
3	钻→铰→精铰	IT7 ~ IT8	1.6 ~ 0.8	
4	钻→扩	IT10 ~ IT11	12.5 ~ 6.3	同上，但孔径通常大于 15 mm
5	钻→扩→铰	IT8 ~ IT9	3.2 ~ 1.6	
6	钻→扩→粗铰→精铰	IT7	1.6 ~ 0.8	
7	钻→扩→机铰→手铰	IT6 ~ IT7	0.4 ~ 0.1	
8	钻→扩→拉	IT7 ~ IT9	1.6 ~ 0.1	大批大量生产（精度由拉刀的精度而定）

续表

序号	加工方案	经济精度等级	经济表面粗糙度 Ra/μm	适用范围
9	粗镗（或车孔）	IT11 ~ IT12	12.5 ~ 6.3	除淬火钢以外各种材料，毛坯有铸出孔或锻出孔
10	粗镗（粗车）→精镗（精车）	IT8 ~ IT9	3.2 ~ 1.6	
11	粗镗（车）→半精镗（精车）→精镗（铰）	IT7 ~ IT8	1.6 ~ 0.8	
12	粗镗（扩）→半粗镗（精扩）→精镗→浮动镗刀精镗	IT6 ~ IT7	0.8 ~ 0.4	
13	粗镗（车）→半精镗车→磨孔	IT7 ~ IT8	0.8 ~ 0.2	主要用于淬火钢也可用于未淬火钢，但不宜用于有色金属
14	粗镗（扩）→半精镗→粗磨→精磨	IT6 ~ IT7	0.2 ~ 0.1	
15	粗镗→半精镗→精镗→金刚镗	IT6 ~ IT7	0.4 ~ 0.05	主要用于精度要求高的有色金属加工
16	钻→（扩）→粗铰→精铰→珩磨； 钻→（扩）→拉→珩磨； 粗镗→半精镗→精镗→珩磨	IT6 ~ IT7	0.2 ~ 0.025	精度要求很高的孔
17	以研磨代替上述方案中的珩磨	IT3 ~ IT5	0.1 ~ 0.006	

4.4　平面的技术要求和加工方法

4.4.1　平面的技术要求

平面是箱体、机体类零件的主要加工表面，零件上常见的直槽、T 形槽、V 形槽、燕尾槽、平键槽等沟槽均可以看作是平面（有时也有曲面）的不同组合。常用的平面加工方法有刨削、铣削和磨削，大批量生产的零件，根据情况也可采用拉削加工。

（1）平面的类型

非结合平面：不与任何零件相配合，一般无加工精度要求，只有当表面有抗腐性能和美观等技术要求时才进行加工。

结合平面：多用于零部件的连接面。如车床主轴箱、进给箱与床身的连接平面，一般要求精度和表面质量都较高。

导向平面：各类机床的导轨面，这种平面的精度和表面质量要求很高。

精密量具表面：如钳工的平台、平尺的测量面和计量用量块的测量平面等。这些平面要求精度和表面质量均很高。

(2)平面的技术要求

①形状精度:平面本身的直线度、平面度。

②位置尺寸与位置精度:平面与其他表面间的位置尺寸公差及垂直度、平行度。

③表面质量:表面粗糙度、表层硬度、残余应力和显微组织等。

4.4.2 平面的加工方法

平面常用的切削加工方法有车削、铣削、刨削、刮削、宽刀细刨、普通磨削、导轨磨削、精密磨削、砂带磨削、超精加工、研磨和抛光等。

1)平面车(镗)削加工

平面车(镗)削一般用于加工回转体类零件的端面,如图4.16所示。

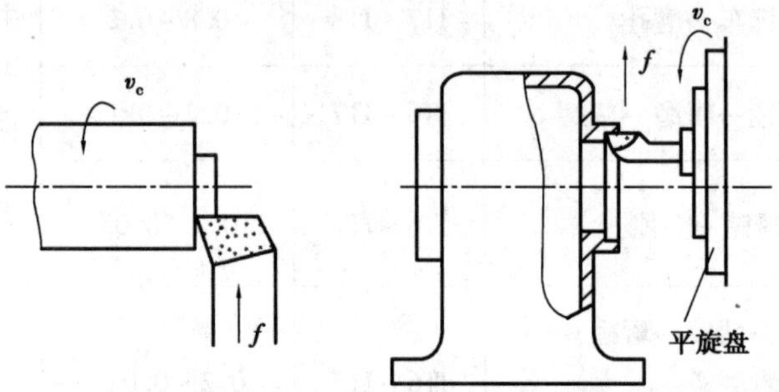

(a)车端面　(b)用平旋盘加工端面

图4.16　平面车(镗)加工方法

因为回转类零件的端面大多与其外圆表面、内圆表面有垂直度要求,而车削可以在一次安装中将这些表面全部加工出来,有利于保证它们之间的位置要求。在车床上车平面时,工件的回转运动是主运动,刀具作垂直于主轴回转轴线的进给运动。镗平面时,主运动和进给运动均由刀具完成。

平面车削的表面粗糙度 Ra 为1.6~6.3 μm,精车后的平面度误差在直径为100 mm的端面上最小可达0.005 mm。

中小型零件的端面一般在普通车床上加工;大型零件的平面则可在立式车床上加工。

2)平面的刨削加工和拉削加工

对于牛头刨床,刨刀的直线运动为主运动,进给运动通常由工件完成;对于龙门刨床,工件的直线往复运动为主运动,进给运动通常由刀具完成。目前,牛头刨床已逐渐被各种铣床所代替,但龙门刨床仍广泛用于大件的平面加工。宽刃精刨工艺在一定条件下可代替磨削或刮研加工方法。平面拉刀相对于工件作直线运动(称为拉直)或圆周运动(称为转位拉或转拉),实现拉削加工。刨削和拉削一般适用于水平面、垂直面、斜面、直槽、V形槽、T形槽、燕尾槽的单件小批量的粗加工、半精加工。刨平面和沟槽的方法如图4.17、图4.18所示。

平面刨削分粗刨和精刨。精刨后的表面粗糙度 Ra 为1.6~3.2 μm,两平面间的尺寸公差等级可达IT7~IT8,直线度可达0.04~0.12 mm/m。在龙门刨床上采用宽刀精刨技术,其表面粗糙度 Ra 可达0.4~0.6 μm,直线度不大于0.02 mm/m。

平面拉削是一种高精度和高效率的加工方法,如图4.19所示,考虑刀具成本,一般适用于大批量生产,拉削加工精度为IT7~IT8,直线度可达0.08~0.12 mm/m。

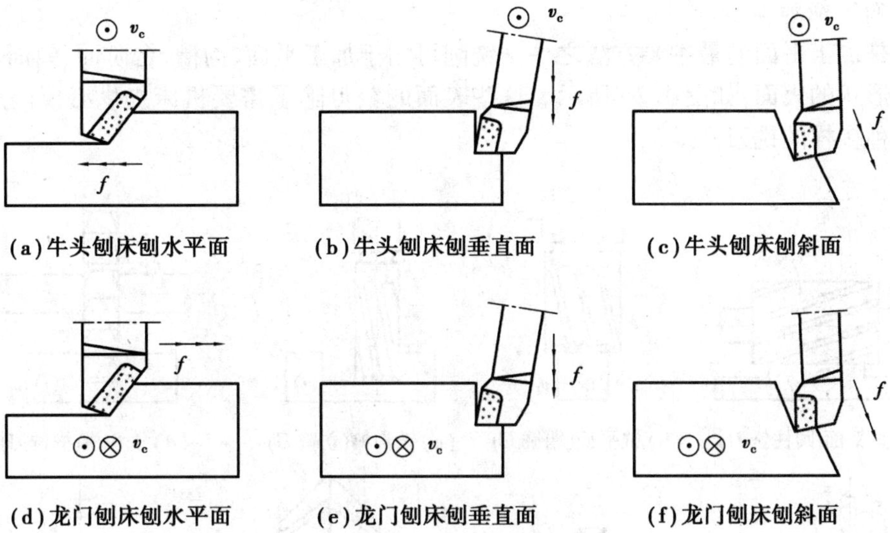

图 4.17　刨平面的方法

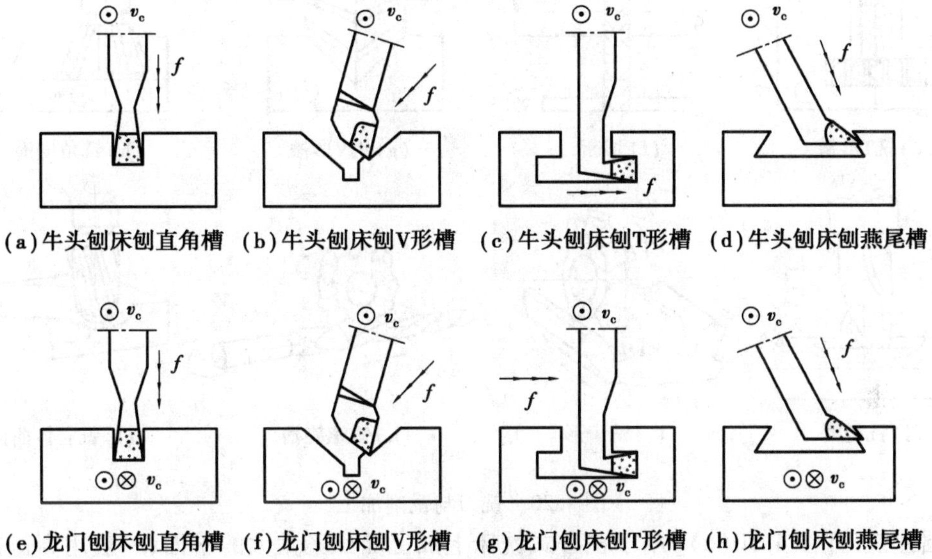

图 4.18　刨沟槽的方法

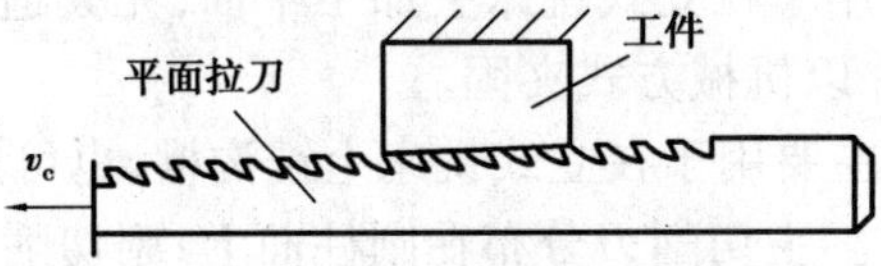

图 4.19　平面拉刀拉平面的方法

平面刨削和拉削常用的设备有牛头刨床、龙门刨床、插床和拉床。牛头刨床一般用于加工中小型零件上的平面和沟槽；龙门刨床则多用于加工大型零件或同时加工多个中型零件上的平面和沟槽；孔内平面（如孔内槽、方孔）的加工一般在插床和拉床上进行，较小尺寸的平面用卧式拉床，较大尺寸的平面用立式拉床。

3)平面铣削加工

铣削是加工平面的最主要方法之一。铣削可用于加工平面、沟槽、台阶面、斜面、特形面等各种几何形状的表面,如图4.20所示。这些表面的获得除了需要机床提供必要的运动外,还须依靠多种多样的铣刀。

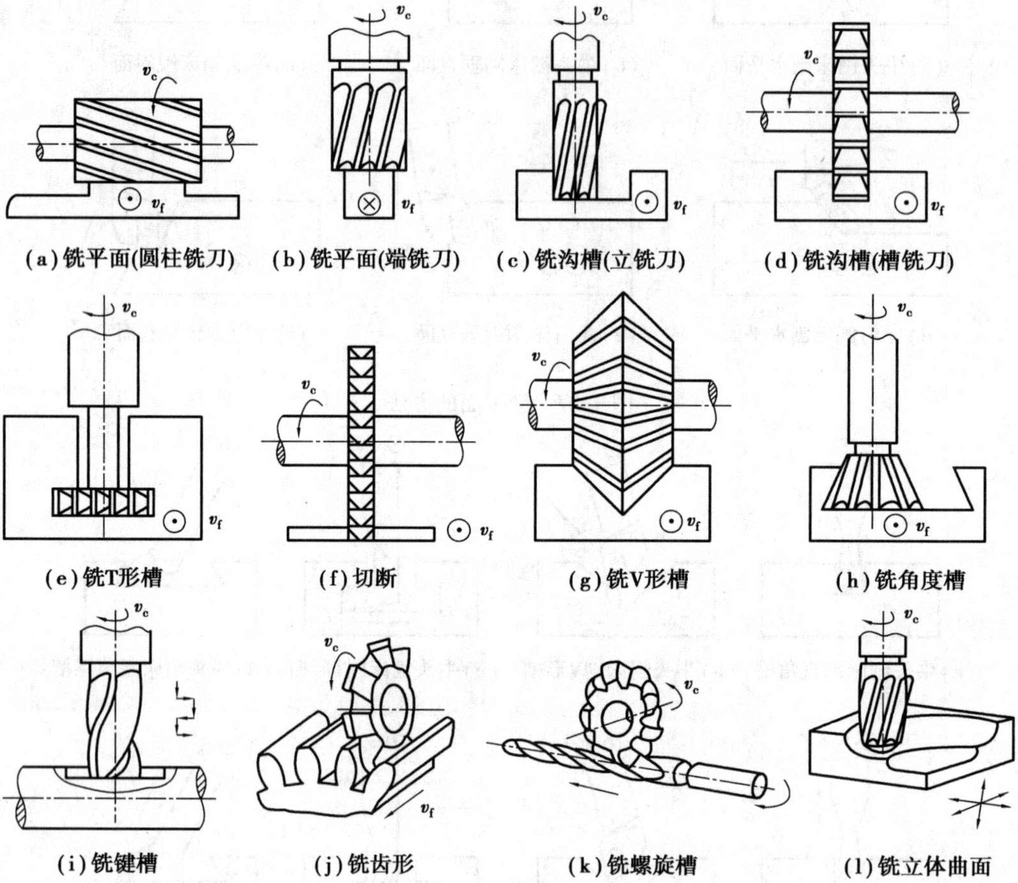

图4.20　铣刀与铣削加工

①圆柱铣刀[图4.20(a)]用于在卧式铣床上加工面积不太大的平面,一般用高速钢制造。切削刃分布在圆周上,无副切削刃,铣刀直径 $d_0=50\sim100$ mm,加工效率不太高。

②端铣刀[图4.20(b)]用于在立式铣床上加工平面,尤其适合加工大面积平面。硬质合金刀片多采用可转位形式,并以机械方式夹固。

③立铣刀[图4.20(c)]主要用于在立式铣床上铣沟槽,也可用于加工平面、台阶面和二维曲面(例如平面凸轮的轮廓)。主切削刃分布在圆柱面上;副切削刃分布在端面上。

④槽铣刀[图4.20(d)]主要用于加工沟槽。

⑤T形槽铣刀[图4.20(e)]主要用于T形槽的铣削。

⑥锯片铣刀[图4.20(f)]主要用于铣窄槽($B\leqslant6$ mm)和切断。

⑦角度铣刀[图4.20(g)、图4.20(h)]用于铣V形槽和角度槽等带斜角平面。

⑧键槽铣刀[图4.20(i)]只有两个刃瓣,铣削时先沿铣刀轴线进刀,然后沿工件轴线进给的循环顺序铣出键槽的全长。

⑨盘形齿轮铣刀[图 4.20(j)]用于铣削直齿和斜齿圆柱齿轮的齿廓面。

⑩成形铣刀[图 4.20(k)]用于加工外成形表面(如螺旋槽)的专用铣刀。

⑪鼓形铣刀(又称球头铣刀)[图 4.20(l)]用于数控铣床和加工中心上加工立体曲面。

铣平面的方法如图 4.21 所示。

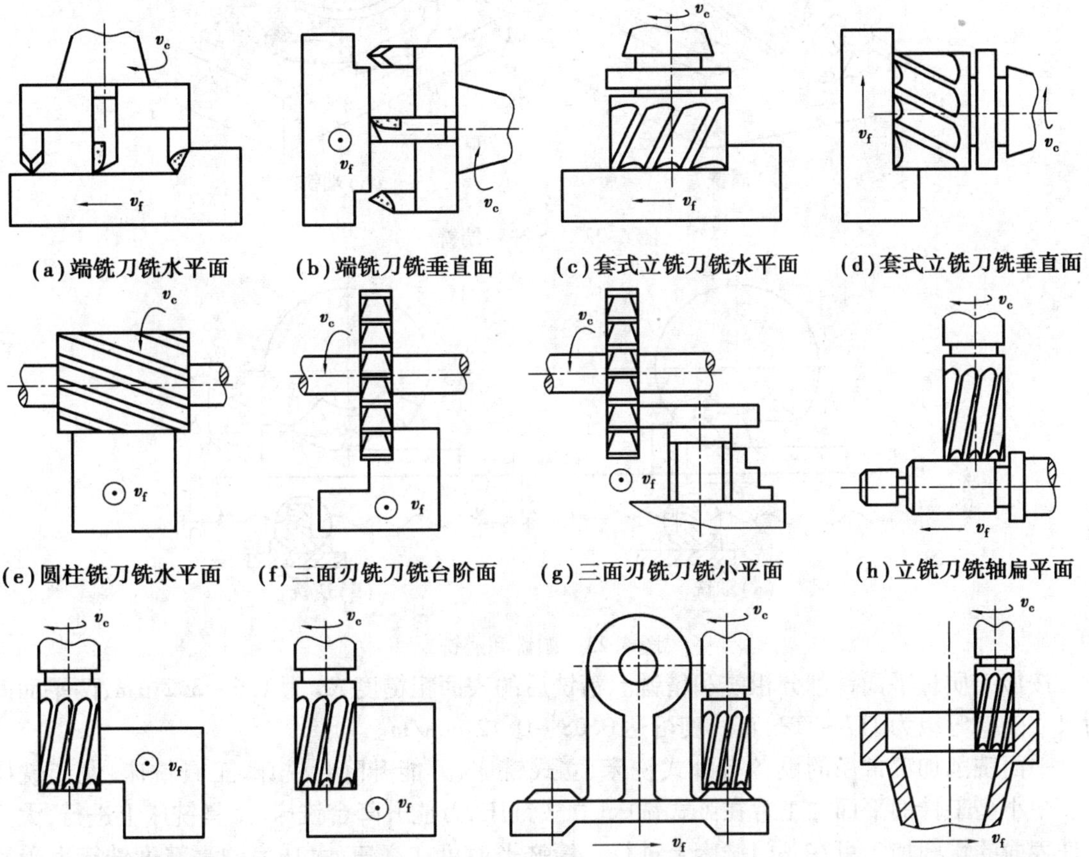

(a)端铣刀铣水平面　(b)端铣刀铣垂直面　(c)套式立铣刀铣水平面　(d)套式立铣刀铣垂直面

(e)圆柱铣刀铣水平面　(f)三面刃铣刀铣台阶面　(g)三面刃铣刀铣小平面　(h)立铣刀铣轴扁平面

(i)立铣刀铣垂直面　(j)立铣刀铣台阶面　(k)立铣刀铣小凸台　(l)立铣刀铣内凹平面

图 4.21　铣平面的方法

平面铣削方式按照铣床主轴与工件表面位置关系不同有周铣和端铣两种。周铣时铣刀主轴线平行于铣削平面,如图 4.22(a)所示;而端铣刀的主轴垂直于加工表面,如图 4.22(b)所示。目前常采用端铣加工平面,因为端铣的加工质量和生产率都比周铣高。

按照铣削时主运动方向和主进给运动方向不同,铣削又分顺铣和逆铣两种。当铣刀与工件接触点处的运动方向与切削进给运动方向一致时是顺铣,否则是逆铣,如图 4.23 所示 。这两种不同铣削方式下刀齿的切削工作方式也完全不同。

顺铣可获度良好的表面质量、具有较小的后刀面磨损等优点,但铣削力的水平分力与工件的进给运动方向一致,而铣床工作台的进给丝杆与固定螺母之间存在间隙,因此变化的切削力容易引起工件和工作台之间前进时产生窜动,并且进给量的突然增大容易引起打刀,所以适用于在较好的切削条件下高合金钢的精铣。

当在切削面上有硬质层、积渣、表面凹凸不平较显著的粗铣表面时,应采用逆铣。逆铣时,切削由薄变厚,刀齿从已加工表面切入,铣刀刀齿接触工件后不能马上切入金属层,而是在工件表面滑动一小段距离,在滑动过程中,由于强烈的摩擦,就会产生大量的热量,同时在待加工表面易形成硬化层,降低了刀具的耐用度。

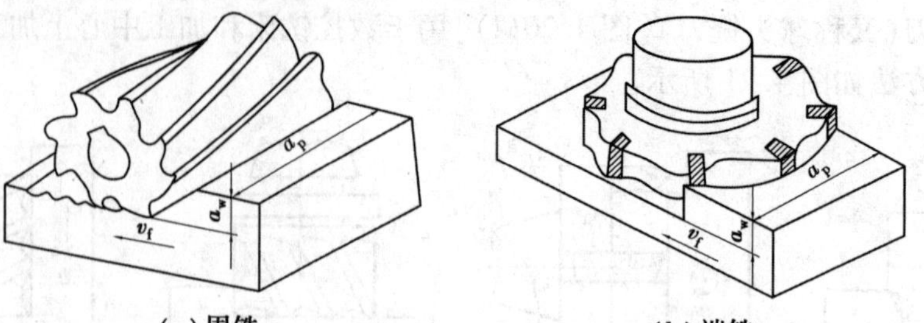

(a)周铣　　(b)端铣

图4.22　周铣和端铣

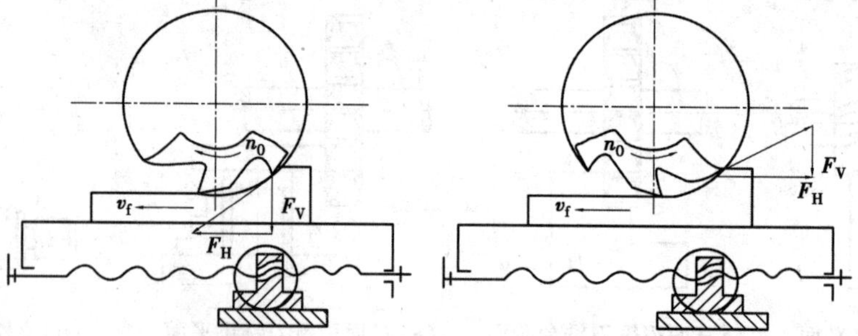

(a)顺铣　　(b)逆铣

图4.23　顺铣和逆铣

按加工质量平面铣削分粗铣和精铣。精铣后的表面粗糙度 *Ra* 为1.6~3.2 μm,两平面间的尺寸公差等级为IT7~IT8,直线度可达0.08~0.12 mm/m。

平面铣削加工常用的设备有卧式铣床、立式铣床、万能升降台铣床、工具铣床、龙门铣床等。中小型工件的平面加工常在卧式铣床、立式铣床、万能升降台铣床、工具铣床上进行,大型工件表面的铣削加工可在龙门铣床上进行。精铣平面可在高速、大功率的高精度铣床上采用高速精铣新工艺进行加工。

4)平面的磨削加工

平面磨削和其他磨削方法一样,可获得高加工精度,所以平面磨削是平面精加工的主要方法之一,一般作为零件已经完成了铣、刨削加工基础上的后续加工,主要用于中小型零件高精度表面及淬火钢等硬度较高的材料表面的加工。磨削后表面粗糙度 *Ra* 为0.2~0.8 μm,两平面间的尺寸公差等级可达IT5~IT6,平面度可达0.01~0.03 mm/m。

图4.24所示工件安装在具有电磁吸盘的矩形或圆形工作台上作纵向往复直线运动或圆周进给运动。由于砂轮宽度限制,需要砂轮沿轴线方向作横向进给运动。为了逐步地切除全部余量,砂轮还需周期性地沿垂直于工件被磨削表面的方向进给。

平面磨削同样有端面磨削和圆周磨削两种方式。图4.24(a)、(b)为圆周磨削,这种磨削方式砂轮与工件的接触面积小,磨削力小,排屑及冷却条件好,工件受热变形小,且砂轮磨损均匀,所以加工精度较高。缺点是砂轮主轴呈悬臂状态,刚性差,不能采用较大的磨削用量,生产率较低。图4.24(c)、(d)为端面磨削,砂轮与工件的接触面积大,同时参加磨削的磨粒多。磨床工作时主轴轴向受压,刚性较好,允许采用较大的磨削用量,故生产率高。但是,在磨削过程中,磨削力大,发热量大,冷却条件差,排屑不畅,造成工件的热变形较大,且砂轮端面沿径向各点的线速度不等,使砂轮磨损不均匀,所以这种磨削方法的加工精度不如圆周磨削高。

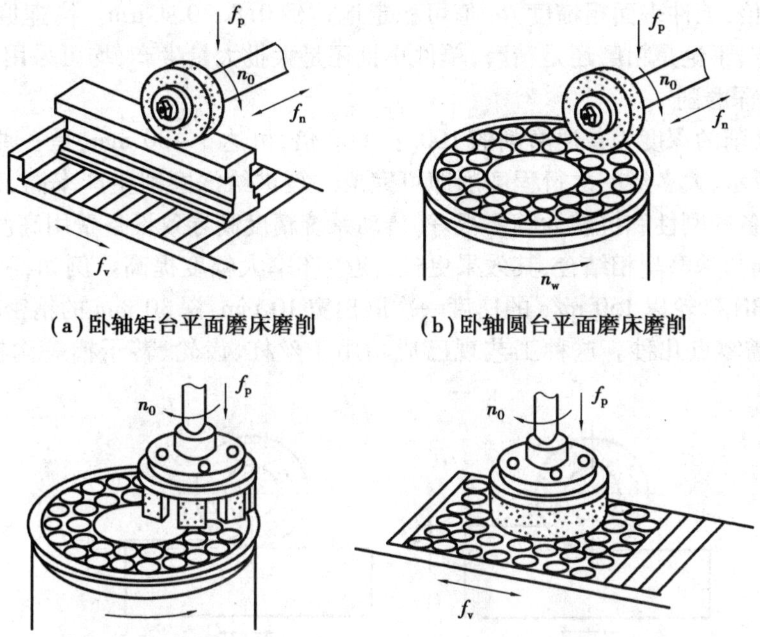

(a)卧轴矩台平面磨床磨削　(b)卧轴圆台平面磨床磨削

(c)立轴圆台平面磨床磨削　(d)立轴矩台平面磨床磨削

图 4.24　平面磨削方式

平面磨削一般作为精加工工序,安排在粗加工之后进行。由于缓进给磨削技术的发展,也可直接从毛坯磨削成成品,这种工艺特别适宜磨削具有相互平行平面精度的零件。此外,平面磨削还可磨削导轨平面。机床导轨多是几个平面的组合,在成批或大量生产中,常在专用的导轨磨床上对导轨面作最后的精加工,如图 4.25 所示。

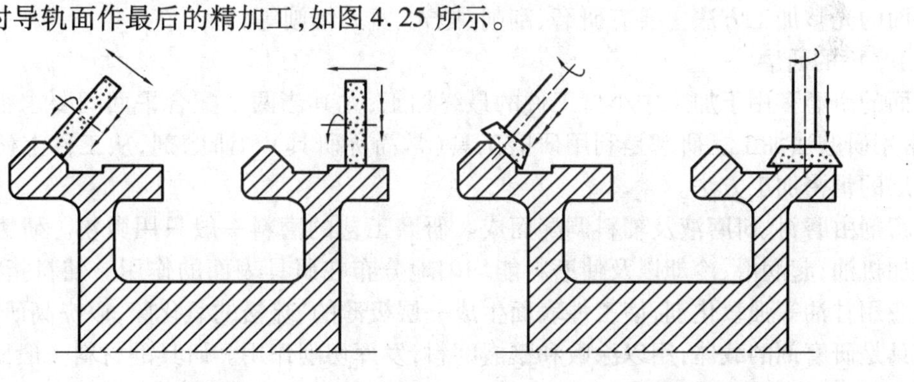

(a)周磨法　(b)端磨法

图 4.25　磨导轨平面

平面磨削常用的设备有平面磨床、外圆磨床、内圆磨床。

平面磨削中的高效磨削有如下几种。

(1)高速磨削

普通磨削砂轮线速度通常为 30 ~ 35 m/s。当砂轮线速度提高到 45 m/s 以上时通常称为高速磨削。目前国内砂轮线速度普遍采用50～60 m/s,有的高达80 m/s。某些发达国家已达230 m/s。高速磨削可获得明显的技术经济效果,生产率一般可提高30%～100%,砂轮耐用度提高0.7～1倍,工件表面粗糙度 Ra 值可稳定地达到0.8～0.4 μm。高速磨削目前已应用于各种磨削工艺,不论是粗磨还是精磨,单件小批还是大批大量生产,均可采用。

(2)缓进给深磨削

缓进给深磨削的深度为普通磨削的100～1 000倍,可达3～30 mm,是一种强力磨削的方法,如图4.26所示,大多经一次行程磨削即可完成。缓进给深磨削生产率高,砂轮损耗小,磨削质量好,但设备的刚性和抗震性等要很好,传动系统精度高导致设备费用高。实际生产中将高速快进给磨削与深磨削相结合,其效果更佳,使生产率大幅度提高。例如,利用高速快进给深磨削法,用CBN砂轮以150 m/s的速度一次磨出宽10 mm,深30 mm的精密转子槽时,磨削长50 mm时仅需零点几秒。这种工艺现已成功用于丝杠、齿轮、转子槽等沟槽、齿槽的以磨代铣。

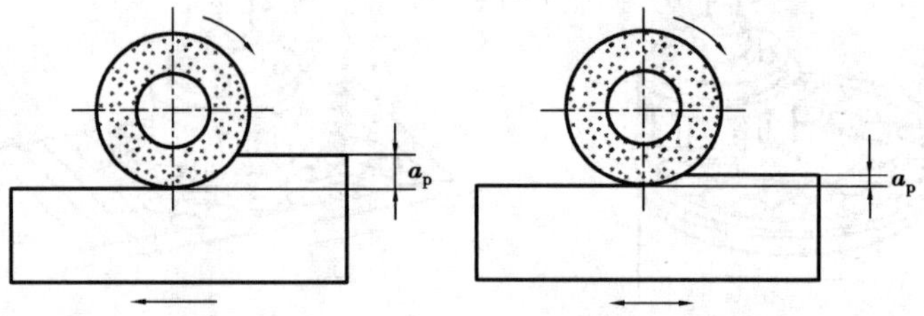

(a)缓进给深磨削　　(b)普通平面磨削

图4.26　缓进给深磨削与普通平面磨削比较

(3)砂带磨削

砂带磨削平面与砂带磨削外圆类似,可参见本书图4.8所示。

5)平面的光整加工

平面的光整加工方法主要有研磨、刮削、抛光、宽刀细刨等。

(1)平面的研磨

平面的研磨多用于加工中小型工件的最终加工,尤其当两个配合平面间要求很高的密合性时,常用研磨法加工。研磨是利用研磨工具(常简称研具)和研磨剂,从工件上研去一层极薄表面层的精密加工方法。

研磨剂由磨料、研磨液及辅料调配而成。研磨工艺的磨料一般只用微粉。研磨液用煤油或煤油加机油,起润滑、冷却以及使磨料能均匀地分布在研具表面的作用。辅料指油酸、硬脂酸或工业用甘油等强氧化剂,使工件表面生成一层极薄的、疏松的氧化膜,以提高研磨效率。

研具是研磨剂的载体,用以涂敷和镶嵌磨料,发挥切削作用。研具的材料一般比待研的工件软,常用铸铁做研具。

研磨有手工研磨和机械研磨两大类。

手工研磨平面的方法如图4.27所示,将研磨剂涂在研具(即研磨平板)上,手持工件作直线往复运动或作其他轨迹的运动。研磨一定时间后,将工件调转90°或180°,以防止工件倾斜。对于两对面有平行度要求的工件,通过检测可针对较厚的部位加大研磨压力或加长研磨时间,直至各处厚度尺寸均达到要求时为止。

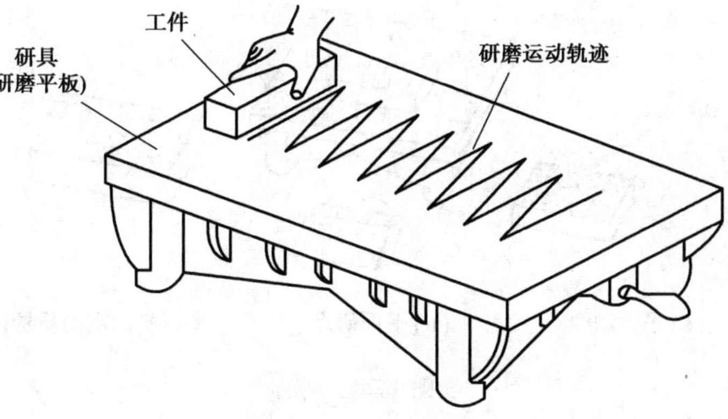

图 4.27　手工研磨平面的方法

研磨可达到其他切削加工方法难以达到的加工精度，尺寸公差等级可达 IT3 ~ IT5，表面粗糙度 *Ra* 值可达 0.006 ~ 0.1 μm。

研磨之所以能达到这么高的加工精度，是因为研磨具有以下三性：

①微细性，即研磨是在零件已经完成良好的预加工精度基础上进行的 0.01 ~ 0.1 μm 的微量切削。

②随机性，即研磨过程中工件与研具的接触是随机的，可使高点相互修整，逐步减小误差。

③针对性，有经验的技术工人在手工研磨时可通过检测工件，有针对性地变动、调整研磨位置，掌握研磨时间，有效地控制加工质量。

研磨可加工钢、铸铁、铜、铝及其合金、硬质合金、半导体、陶瓷、玻璃、塑料等材料；可加工常见的各种表面，且不需要复杂和高精度设备，方法简便可靠，容易保证质量。但研磨一般不能提高表面之间的位置精度，且生产率低。

研磨作为一种传统的精密加工方法，仍广泛用于现代工业中各种精密零件的加工。例如，精密量具、精密刀具、光学玻璃镜片以及精密配合表面等。单件小批生产中用手工研磨；大批大量生产中也可用机械研磨，即在专门的研磨机上进行。

(2) 平面的刮削

平面的刮削常用于工具、量具、机床导轨、滑动轴承的最终加工。

刮削是用刮刀刮除工件表面薄层的加工方法。它一般在普通精刨和精铣基础上，由钳工手工操作进行，如图 4.28(a) 所示。刮削余量为 0.05 ~ 0.4 mm。刮削前，在精密的平板、平尺、专用检具或与工件相配的偶件表面上涂一层红丹油（亦可涂在工件上），然后工件与其贴紧推磨对研。对研后工件上显示出高点，如图 4.28(b) 所示。再用刮刀将显出的高点逐一刮除。经过反复对研显点和刮削，可使工件表面的显示点数逐渐增多并越来越均匀，这表明工件表面形状误差（此处为平面度误差）在逐渐减小，*Ra* 值也在逐渐减小。平面刮削的质量常用 25 mm × 25 mm 方框内均布的点数来衡量，如图 4.28(c) 所示。框内的点数越多，说明平面的平面度精度越高。平面刮削的直线度可达 0.01 mm/m，目前最高可达 0.002 5 mm/m。但刮削劳动强度大，操作工人的技术要求高，生产率低。因此，刮削多用于单件小批生产中加工各种设备的导轨面、要求高的固定结合面、滑动轴承轴瓦以及平板、平尺等检具。刮削有时也用于某些外露表面的修饰加工，刮出各种漂亮整齐的花纹，以增加其美观程度。

图 4.28 刮削

(3)平面的抛光

平面的抛光可将前一道工序的加工痕迹去掉,获得光洁的表面。

抛光是用涂有抛光膏的软轮(即抛光轮)高速旋转对工件进行微弱切削,从而降低工件表面粗糙度,提高光亮度的一种精密加工方法。图 4.29 是抛光立铣头壳体刻度盘的情况,以增加刻度盘的光亮度。

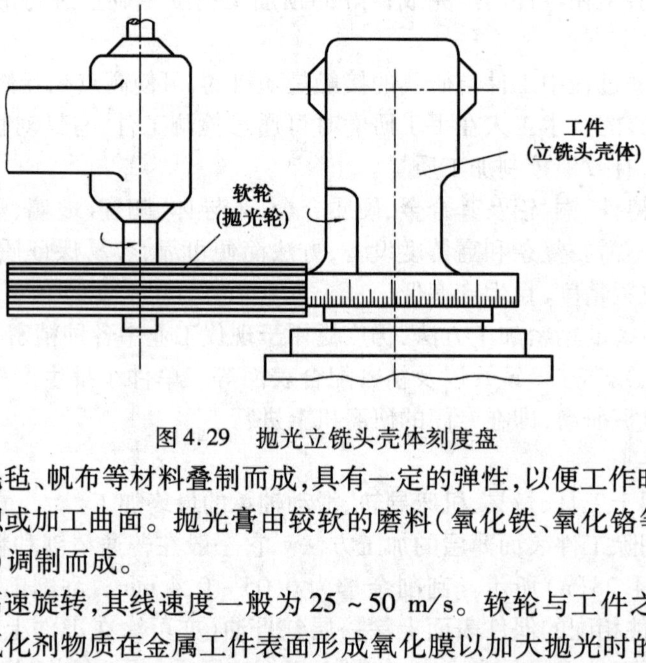

图 4.29 抛光立铣头壳体刻度盘

软轮用皮革、毛毡、帆布等材料叠制而成,具有一定的弹性,以便工作时能按工件表面形状变形,增大抛光面积或加工曲面。抛光膏由较软的磨料(氧化铁、氧化铬等)和油脂(油酸、硬脂酸、石蜡、煤油等)调制而成。

抛光时,软轮高速旋转,其线速度一般为 25 ~ 50 m/s。软轮与工件之间有一定压力。油酸、硬脂酸一类强氧化剂物质在金属工件表面形成氧化膜以加大抛光时的切削作用。抛光产生大量的摩擦热,使工件表层出现极薄的金属熔流层,对原有微观沟痕起填平作用,从而获得光亮的表面。

抛光一般在磨削或精车、精铣、精刨的基础上进行,不留加工余量。经过抛光,表面粗糙度 Ra 值可达 0.1 ~ 0.012 μm,并可明显地增加光亮度。抛光不能提高尺寸精度、形状精度和位置精度。因此,抛光主要用于表面的修饰加工及电镀前的预加工。

(4)宽刀细刨

宽刀细刨是在普通精刨的基础上,通过改善切削条件,使工件获得较高的形状精度和较低的表面粗糙度的一种平面精密加工方法,如图 4.30 所示。加工时,把工件安装在龙门刨床上,利用宽刃细刨刀以很低的切速(v_c < 5 m/min)和很大的进给量在工件表面上切去一层极薄的

金属。它要求机床精度高、刚度好,刀具刃口平直光洁,使用合适的切削液。宽刀细刨的直线度可达0.01~0.02 mm/m,表面粗糙度 *Ra* 值为1.6~0.8 μm,常用于成批和大量生产中加工大型工件上精度较高的平面(如导轨面),以代替刮削和导轨磨削。

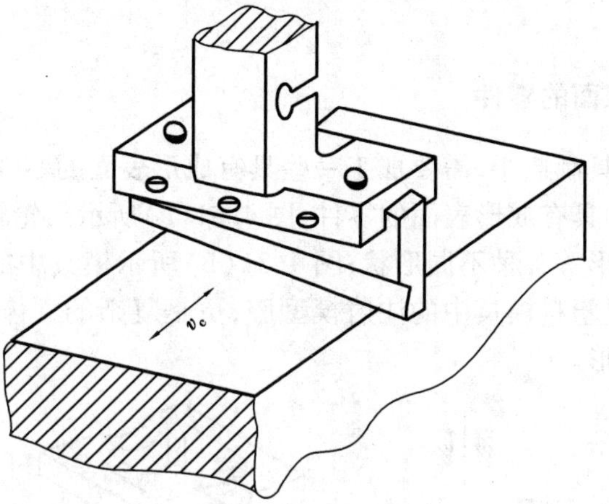

图4.30　宽刀细刨

6)平面加工方案

平面常用的加工方案见表4.8。

表4.8　平面加工方案

序号	加工方案	经济精度等级	经济表面粗糙度 *Ra*/μm	适用范围
1	粗车→半精车	IT9	6.3~3.2	端面
2	粗车→半精车→精车	IT7~IT8	1.6~0.8	
3	粗车→半精车→磨削	IT8~IT9	0.8~0.2	
4	粗刨(或粗铣)→精刨(或精铣)	IT8~IT9	6.3~1.6	一般不淬硬平面(端铣表面粗糙度较小)
5	粗刨(或粗铣)→精刨(或精铣)→刮研	IT6~IT7	0.8~0.1	精度要求较高的不淬硬平面;批量较大
6	以宽刀刨削代替上述方案刮研	IT7	0.8~0.2	适宜采用宽刀精刨方案
7	粗刨(或粗铣)→精刨(或精铣)→磨削	IT7	0.8~0.2	精度要求高的淬硬
8	粗刨(或粗铣)→精刨(或精铣)→粗磨→精磨	IT6~IT7	0.4~0.02	平面或不淬硬平面
9	粗铣→拉	IT7~IT9	0.8~0.2	大量生产,较小的平面(精度视拉刀精度而定)
10	粗铣→精铣→磨削→研磨	IT6级以上	0.1~0.006	高精度平面

注:平面本身没有尺寸精度,表中的公差等级通常是指两平行平面之间距离尺寸的公差等级,偏差大小与距离的名义尺寸有关。

4.5 成形表面的零件加工方法

4.5.1 具有成形表面的零件

在自动化机械及模具制造中，需要加工一些具有成形表面的零件，如自动化机械中的凸轮机构等。图4.31为各种具有成形表面的零件，图4.31(a)所示凸轮轮廓形状有阿基米德螺旋线形、对数曲线形、圆弧形等各种不同形状；图4.31(b)所示模具中的凹模型腔是由形状各异的成形表面组成，尤其是塑料模具中的注射模型腔，更是复杂的立体成形表面；图4.31(c)中的齿轮通常为渐开线齿形。

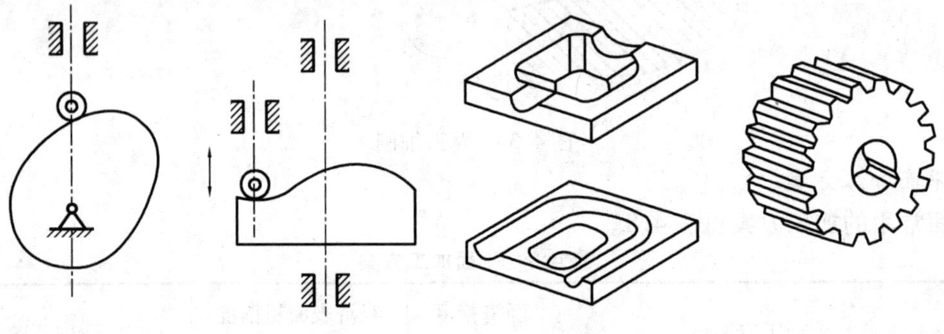

(a)凸轮机构　　(b)模具型腔　　(c)齿轮渐开线齿形

图4.31　各种具有成形表面的零件

4.5.2 成形表面的加工方法

根据零件表面形状的特点、加工精度要求以及零件生产类型的不同，成形表面的加工可以采用划线加工、仿形法加工、光学曲线机床上的仿形加工、数控机床上加工和展成法加工。

1)划线加工

在工件上划出形面的轮廓曲线，钳工沿划线外缘钻孔、锯开、修锉和研磨，也可以用铣床粗铣后再由钳工修锉。此法主要靠手工操作，花费时间长，生产效率低，加工精度取决于钳工工具和工人的操作水平，一般适用于单件小批量生产、表面形状比较简单、精度要求较低的场合，目前这种方法已很少采用。

2)仿形法加工

在成批生产中加工成形表面时，常用靠模夹具在通用机床上进行铣削和磨削，大批量生产时可在专用仿形铣床和磨床上加工。

3)光学曲线磨床上的仿形加工

光学曲线磨床上的仿形加工不需靠模板。将形面按比例放大30~50倍，画在半透明纸上，把这张纸放在投影仪的投影面上，操作者以手动前后左右移动砂轮磨削工件，使它与图面形状重合。这种方法虽然生产率低，但也可以达到一定的精度，适用于磨削尺寸较小的精密凸轮形面。

4）在数控机床上加工

采用仿形加工虽然能解决成形表面加工，但是当零件形状复杂，精度要求高时，对靠模制造将提出更高的要求。而由于靠模误差的影响，加工零件的精度很难达到较高的要求。尤其当产品批量不大，要求频繁改型时，必须重新制造靠模和调整机床，需要耗费大量人工劳动，延长生产准备周期，并且造成大量的靠模报废，从而影响企业的经济效益。上述方法一般用于加工二维曲线，当加工立体成形面时，则难以加工甚至无法加工。数控机床加工则有效地解决了上述问题，为单件小批量生产精密复杂成形表面提供了自动加工手段。

5）展成法加工

齿形有多种形式，其中以渐开线齿形最为常见。渐开线齿形常用的加工方法有成形法和展成法。

用展成法加工齿形的方法，常见的有铣齿、磨齿、滚齿、剃齿和插齿等。

（1）铣齿

采用盘形模数铣刀或指状铣刀铣齿属于成形法加工。铣刀刀齿截面形状与齿轮齿间形状相对应。此种方法加工效率和加工精度均较低，仅适用于单件小批量生产。

（2）磨齿

磨齿是用于对淬硬圆柱齿轮的齿面进行精加工的重要方法。它能纠正齿轮在预加工中所产生的各项误差，尤其是纠正淬火变形误差，因而适用于高精度齿轮、齿轮刀具（插齿刀、剃齿刀等）及标准齿轮的加工。其主要缺点是生产率低，设备制造成本高，且要求操作者具有较高的技术水平。

磨齿方法分为两类：一是成形法加工，二是展成法加工。大部分磨齿机采用展成法加工。

（3）滚齿

滚齿属于展成法加工，其工作原理相当于一对螺旋齿轮啮合。滚齿的通用性较好，除常用于加工直齿、斜齿的外啮合圆柱齿轮外，还常用于加工蜗轮。其加工尺寸范围也较大，从仪器、仪表中的小模数齿轮到矿山和化工机械中的大型齿轮，都广泛采用滚齿加工。

滚齿既可用于齿形的粗加工，也可用于精加工。对于 IT8 ~ IT9 级精度齿轮，可直接经滚刀加工后获得。当采用高精度滚齿机时，可直接加工出 IT7 级精度的齿轮。

滚齿一般采用高速钢滚刀，用于加工未淬硬齿轮，切削用量较低。当采用硬质合金滚刀，在大功率、刚度好的滚齿机上，可实现高速滚齿，提高滚齿的生产率。

（4）剃齿

在大批量生产中剃齿是非淬硬齿面常用的精加工方法。其工作原理是利用剃齿刀与被加工齿轮作自由啮合运动，借助于两者之间的相对滑移，从齿面上剃下很细的切屑，以提高齿面的精度。剃齿还可形成鼓形齿，用以改善齿面接触区位置。

剃齿机结构简单，调整方便。剃齿精度主要取决于剃齿刀精度。剃齿刀通常用高速钢制造，故只能用于加工未淬硬齿轮。剃齿的生产率很高，一般只需 2 ~ 4 min 便可加工一个齿轮。剃齿加工在汽车、拖拉机及金属切削机床等行业中应用广泛，适用于成批大量生产。

（5）插齿

插齿也是常用的一种齿轮加工方法。与滚齿相比，插齿的齿形精度较好，表面粗糙度较细。插齿由于切削过程中有空行程损失，故生产率比滚齿低，但在加工小模数、多齿数和齿宽较窄的齿轮时，其生产率比滚齿高。插齿的应用范围广，它除了能加工圆柱直齿轮外，还能加工多联齿轮、内齿轮、扇形齿轮和齿条等。通过插齿机上的辅助装置还可加工螺旋齿轮，但不如滚齿方便。插齿不能加工蜗轮。

常用的齿轮齿形加工设备有铣床、滚齿机、插齿机、剃齿机、珩齿机、磨齿机等。

除了以上介绍的表面外，螺纹也是零件上常见的表面之一，它是一种特定的成形面。螺纹的加工方法有车削、铣削、攻螺纹与套螺纹、滚压、磨削、研磨等。

4.6 典型金属切削机床

4.6.1 车床

车床是金属切削机床中应用最广泛的一种。车床类机床主要用于加工各种回转表面，如内圆、外圆、圆锥、成形面、螺纹面和回转体的端面等。车床上的刀具主要使用各种车刀，其次是各种孔加工刀具（如钻头、扩孔钻、铰刀等）和螺纹刀具（板牙、丝锥等）。

(1)普通车床

车床的种类很多，按结构和用途的不同，可分为卧式车床、转塔车床、立式车床、单轴自动车床、多轴自动和半自动车床、仿形车床、多刀车床、专门化车床（如凸轮轴车床、曲轴车床）等，其中卧式车床的应用最广。卧式车床由主轴箱、进给箱、溜板箱、刀架、尾座和床身等部件组成，如图4.32所示。车床的主运动是工件的旋转运动，进给运动是刀具的移动。

卧式车床的加工范围很广，它能完成多种加工，主要包括各种轴类、套类和盘类等零件上的回转表面，如车外圆、镗孔、车锥面、车环槽、切断、车成形面等；车端面；车螺纹；还能进行钻中心孔、钻孔、铰孔、攻丝、滚花等，如图4.3所示。

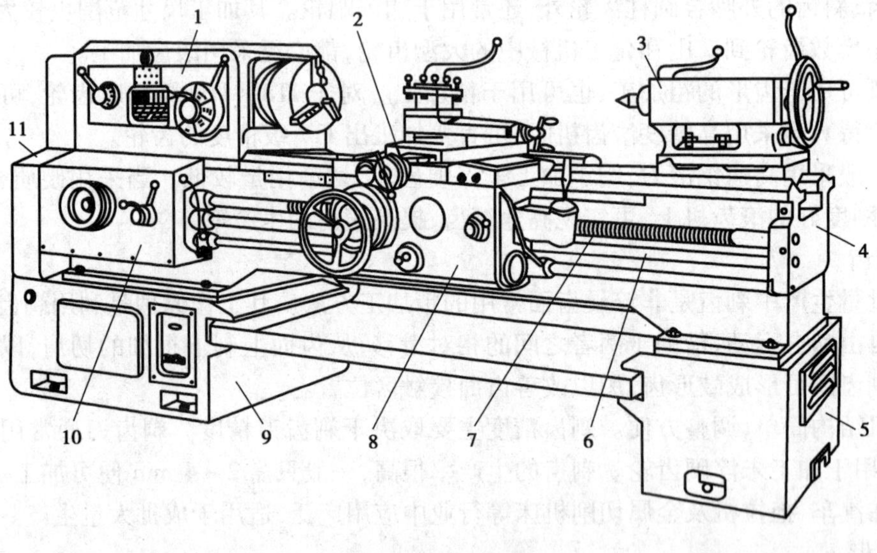

图4.32 卧式车床

1—主轴箱；2—刀架；3—尾座；4—床身；5、9—床腿；6—光杆；
7—丝杠；8—溜板箱；10—进给箱；11—挂轮变速机构

(2)数控车床

数控车床的加工原理和适宜加工对象与普通车床相同。随着计算机控制技术的发展,现代的数控车床在结构上与普通车床有很大差异,如图 4.33 所示,其功能和加工工艺范围也大大拓宽,主要体现在以下几个方面。

①数控车床刀架的两个方向运动分别由两台伺服电动机驱动,所以它的传动链短,不必使用挂轮、光杆等传动部件,用伺服电动机直接与丝杠联结带动刀架运动。伺服电动机与丝杠间也可以用同步皮带副或齿轮副联结。

图 4.33　数控车床外形

②多功能数控车床是采用直流或交流主轴控制单元来驱动主轴,按控制指令作无级变速,主轴之间不必用多级齿轮副来进行变速。床头箱内的结构已比传统车床简单得多。为了与控制系统的高精度控制相匹配,以能适应高精度的加工,数控车床总体刚度都较大。

③数控车床多采用低惯量、轻拖动系统。刀架移动一般采用滚珠丝杠副。滚珠丝杠副是数控车床的关键机械部件之一,滚珠丝杠两端安装的滚动轴承出厂时就已经成对配对安装好,压力角比常用的向心推力球轴承要大得多。

④数控车床一般采用镶钢导轨,其滑动导轨耐磨性也很好,机床的精度保持时间长,所以控制系统可靠性和使用寿命大,价格较高。

⑤数控车床还具有加工冷却充分、防护较严密、自润滑等特点,自动运转时一般都处于全封闭或半封闭状态。

⑥数控车床一般还配有多刀自动转位刀架和自动排屑等装置。

4.6.2　铣床

铣床主要用于加工各种平面、斜面、沟槽、台阶、齿轮、凸轮等表面。铣削与刨削的工艺范围基本相同,但由于铣刀同时有多个刀齿参加切削,所以铣削的生产率比刨削高,在机械加工中所占比重比刨削大。

铣床的种类很多,主要有升降台式铣床、龙门铣床、工具铣床、仿形铣床、各种专门化铣床(如凸轮铣床、曲轴铣床)等,其中应用最广的是升降台式铣床。X62W 万能升降台铣床的主要结构如图 4.34 所示,其主运动是刀具的旋转运动。工作台 6 可在互相垂直的三个方向调整其位置,并可在任一方向上实现进给运动。在横滑板 8 上有一个回转盘 7,可以绕垂直轴在 ±45°范围内调整角度,工作台在回转盘的导轨上移动,以便铣削各种角度的成形面。铣刀与铣削加工的典型表面如图 4.20 所示。

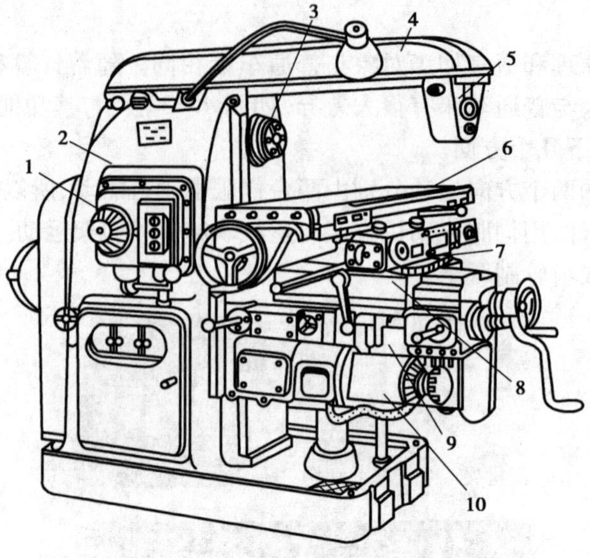

图 4.34　X62W 万能升降台铣床

1—主轴变速机构;2—床身;3—主轴;4—横梁;5—刀杆支架;6—工作台;
7—回转盘;8—横滑板;9—升降台;10—进给变速机构

4.6.3　钻床

主要用钻头在工件上加工孔的机床称为钻床。通常钻头的旋转运动为主运动,刀具的轴向移动为进给运动。

钻床的主要功用是钻孔和扩孔,也可以用来铰孔、攻螺纹、锪沉头孔和锪凸台端面等。普通钻床分为台式钻床(加工直径小于 13 mm 的孔)、立式钻床(图 4.35)(加工直径小于 50 mm 的孔)、摇臂钻床(图 4.36)、深孔钻床、中心孔钻床、数控钻床等。应用最广泛的是立式钻床、摇臂钻床和数控钻床。

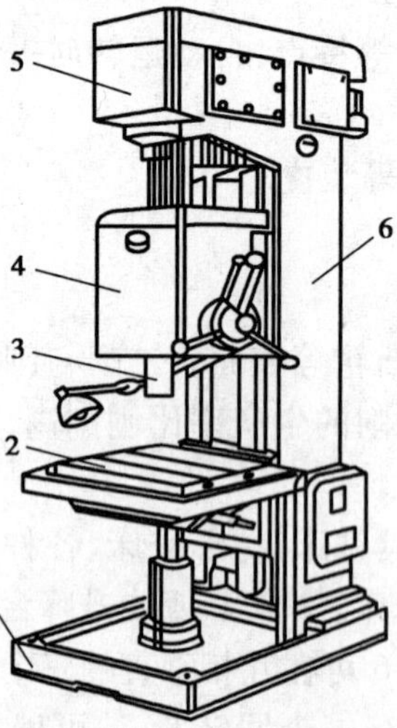

图 4.35　立式钻床

1—底座;2—工作台;3—主轴;
4—进给箱;5—变速箱;6—立柱

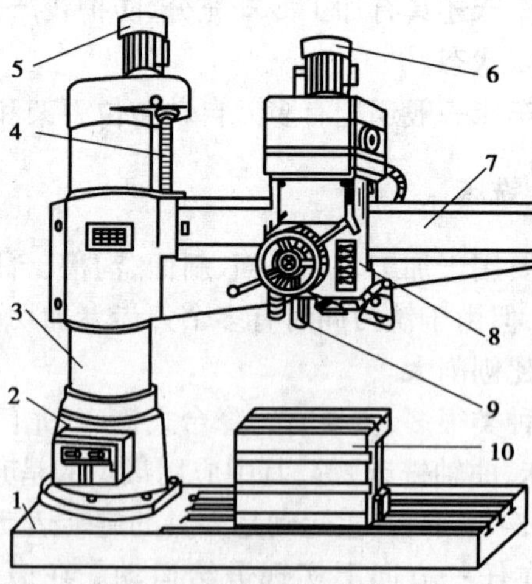

图 4.36　摇臂钻床

1—底座;2—内立柱;3—外立柱;4—丝杆;
5、6—电机;7—摇臂;8—主轴箱;9—主轴;10—工作台如图4.36所示为一摇臂钻床，主轴箱8装在摇臂7上，并可沿摇臂7的导轨作水平移动，摇臂7可沿外立柱3作垂直升降运动，摇臂还可以绕立柱轴线回转。摇臂钻床能方便地加工不同高度和不同位置的工件。

钻床上对孔的加工方法及所需的运动如图4.11所示。

4.6.4　磨床

用磨料或磨具(砂轮、砂带、油石或研磨料等)作为工具对工件表面进行磨削加工的机床，统称为磨床。磨床的种类很多，主要有外圆磨床、万能磨床、内圆磨床、平面磨床、无心磨床、各种工具磨床和各种专门化磨床(如螺纹磨床、曲轴磨床、导轨磨床)等。此外，还有珩磨机、研磨机和超精加工机床等。图4.37所示为M1432A万能外圆磨床，可以用于磨削内、外旋转表面。其主要结构有床身、工作头架、工作台、砂轮架、内圆磨具、尾座等部件。万能磨床比外圆磨床多一个内圆磨头，且砂轮架和工件头架都能逆时针旋转一定角度。主运动是砂轮的高速旋转运动，进给运动有：工作台带动工件的纵向进给运动；工件旋转的轴向进给运动；砂轮架在工作台移动至两端位置时间歇切入的横向进给运动。

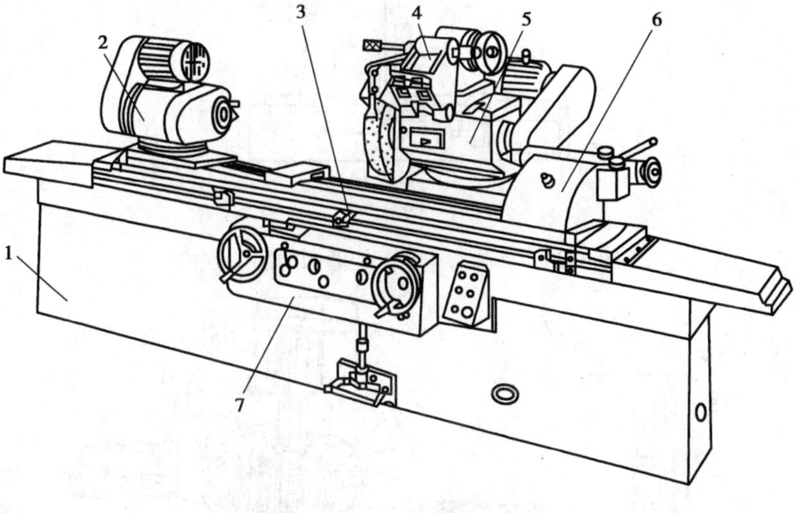

图4.37　M1432A万能外圆磨床

1—床身；2—工作头架；3—工作台；4—内圆磨具；5—砂轮架；6—尾座；7—液压控制箱

外圆磨床和万能磨床的加工方式如图4.38所示。图4.38(a)为纵向进给磨削外圆柱面；图4.38(b)为工作台旋转一角度，纵向进给磨削锥度不大的外圆锥面；图4.38(c)和图4.38(d)为横向进给磨削(切入磨削)锥度较大，但较短的外圆锥面，图4.376(c)为砂轮架倾斜一角度，图4.38(d)为工件头架倾斜一角度；图4.38(e)为内圆磨具磨内孔，若要磨锥孔，工件头架应倾斜一角度。

4.6.5　镗床

镗床的主要工作是用镗刀镗孔，通常孔的尺寸较大、数量多，孔的尺寸精度、形状精度、位置精度要求高，适合加工各种大型箱体、床身、机壳、机架等工件。镗床的主要类型有卧式镗床、坐标镗床、金刚镗床等。其中以卧式镗铣床应用最广泛，其主要结构如图4.39所示。卧式镗床的主要运动有：镗杆或平旋盘的旋转主运动；镗杆的轴向进给运动；主轴箱的垂直进给运动(加工端面);工作台的纵向、横向进给运动;平旋盘上的径向刀架进给运动(加工端面)。此外,工作台还能沿上滑座的圆轨道在水平面内转动,以适应加工互相成一定角度的平面和孔。

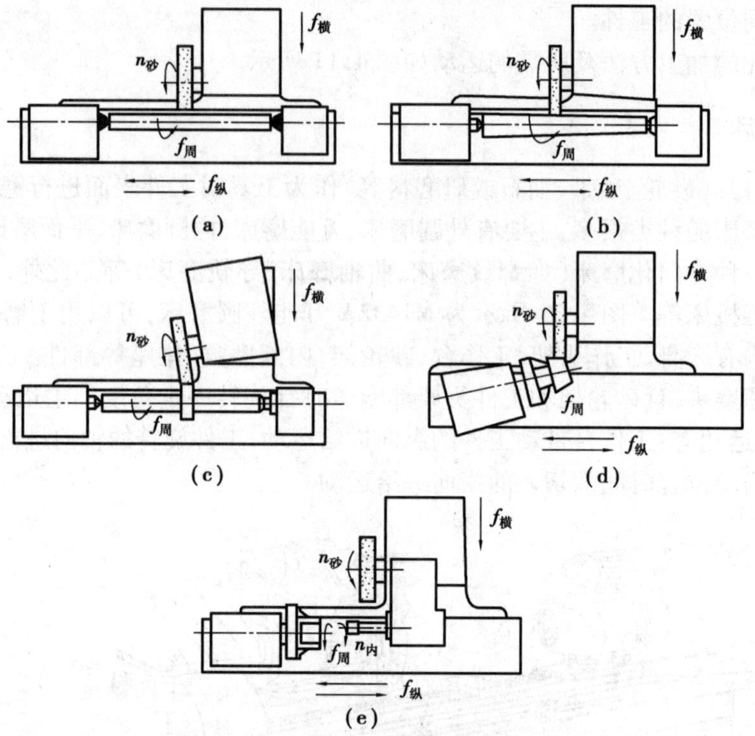

图 4.38　外圆磨床和万能磨床的加工方式

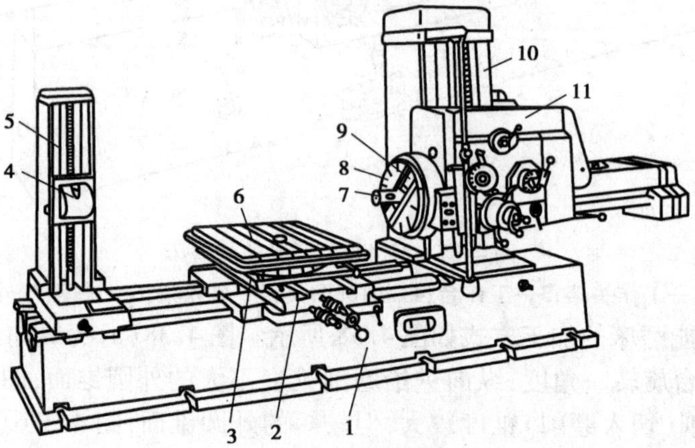

图 4.39　卧式镗床

1 —床身;2—下滑座;3—上滑座;4—后支架;5—后立柱;6—工作台;

7—镗轴;8—平旋盘;9—径向刀架;10—前立柱;11—主轴箱

镗床还可用来钻孔、扩孔、铰孔、车螺纹、铣平面等加工,其典型加工方法如图 4.40 所示。

4.6.6　齿轮加工机床

加工齿轮齿形的机床叫齿轮加工机床。按照加工原理,齿形加工可以分为成形法和展成法两大类。成形法是利用与被加工齿轮齿槽形状一致的刀具，在齿坯上加工出齿形，通常在普通铣床上进行，如图 3.14 所示；展成法是利用齿轮啮合（或齿轮与齿条啮合）原理，将其中的一个作为刀具，在啮合的过程中进行加工。用展成法加工的机床主要有滚齿机、插齿机、刨齿机、剃齿机、珩齿机、磨齿机等，前三种用于齿坯的齿廓成形切制，后三种通常用于齿形的精加工，以下只简述滚齿机和插齿机。

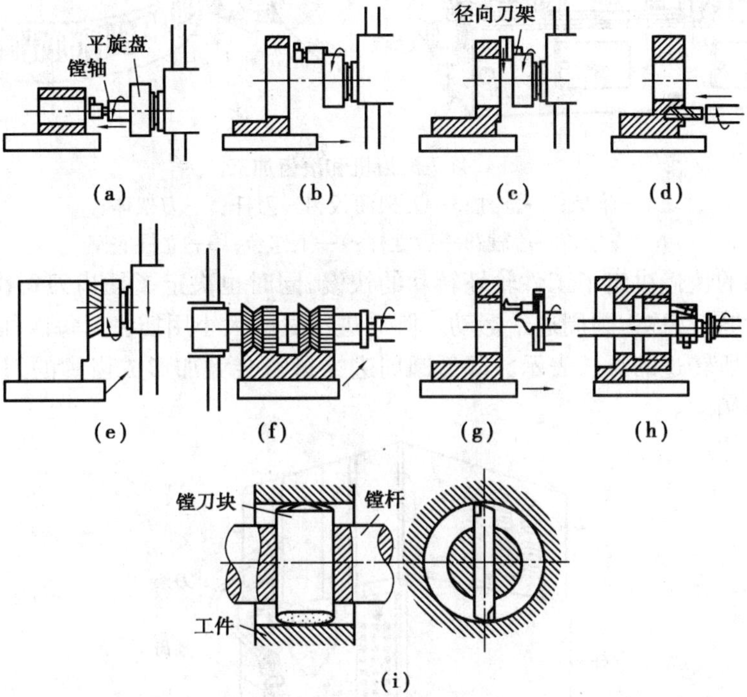

图 4.40　卧式镗铣床的主要加工方法

（1）滚齿机

图 4.41 所示为滚齿机和滚齿加工，滚齿机主要用于滚切直齿和斜齿圆柱齿轮及蜗轮。床身 1 上固定立柱 2，刀架溜板 3 可沿立柱上的导轨作垂直方向的移动，以实现滚刀的轴向进给。滚刀安装在刀杆 4 上，可调整其倾斜角度 δ。工件安装在工作台的心轴 7 上，并支承在支架 6 的孔中，由工作台带动作旋转运动。滚刀的旋转是主运动；滚刀与工件之间的啮合是展成运动，由机床的内联系传动链实现；滚刀沿轴向的移动是进给运动；此外，在滚斜齿轮时，还必须有一个附加的转动即差动运动。

（2）插齿机

插齿机的外廓如图 4.42 所示。插齿刀安装在刀架的刀轴上作上下往复直线的主运动和插齿刀与工件分别绕自身轴线回转的分齿运动。插齿刀向下运动为工作行程，向上运动为返回行程。插齿刀每往复一次，刀架带动插齿刀向工件中心径向进给运动一次，直到插齿刀切至齿的全深后，工件再回转一周，完成全部轮齿的插制。插齿刀每次返回行程中为避免其后刀面与工件已加工表面产生摩擦，工件应离开刀具作让刀运动，而返回行程终了、下个工作行程开始时，工件应恢复原位，让刀运动由工作台沿导轨方向的左右摆动实现。插直齿过程如图3.16(a)所示。

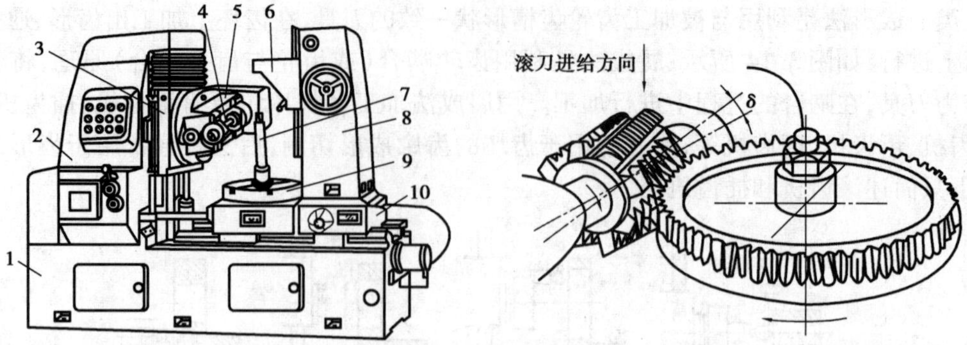

图 4.41　滚齿机和滚齿加工

1—床身;2—立柱;3—刀架溜板;4—刀杆;5—刀架体;
6—支架;7—心轴;8—后立柱;9—工作台;10—立柱底座

插齿刀转动的快慢决定了工件轮坯转动的快慢,同时也决定了插齿刀每次切削负荷的多少,所以插齿刀的转动称为圆周进给运动。圆周进给量的大小用插齿刀每次往复行程中,刀具在分度圆圆周上所转过的弧长表示。降低圆周进给量将会增加形成齿廓的刀刃切削次数,从而提高齿廓曲线精度。

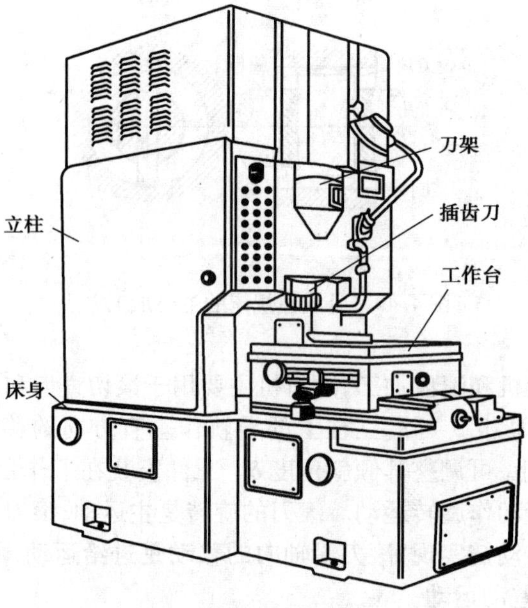

图 4.42　插齿机外廓

当插斜齿轮时,插齿刀主轴在一个专用的螺旋导轨上移动,当上下往复运动时,由于导轨的作用,插齿刀还有一个附加转动,用以形成斜齿圆柱齿轮的螺旋线导线。

思考与习题

4.1 表面发生线的形成方法有哪几种? 试简述其形成原理。

4.2 举例说明什么叫表面成形运动？什么叫简单运动、复合运动？

4.3 试说明下列机床型号的含义：

CM6132　CK6150A　B2316　Z2035　MG1432　CKM1116/NJ

4.4 简述各种车刀的结构特征及加工范围。

4.5 立式车床与卧式车床的用途和机床的结构有什么不同？

4.6 CK6140 型车床中主轴在主轴箱中是如何支承的？三爪卡盘是如何装到车床主轴上的？

4.7 CK6140 型车床是怎样通过双向多片摩擦离合器实现主轴正转、反转和制动的？

4.8 CK6140 型车床主轴前轴承的径向间隙是如何调整的？

4.9 车床丝杠和光杠的作用有何不同？

4.10 磨削为何能够达到较高的精度和较小的表面粗糙度？

4.11 简述中心磨和无心磨外圆的工艺特点和应用范围。

4.12 什么是逆铣？什么是顺铣？试分析逆铣和顺铣、对称铣和不对称铣的工艺特征。

4.13 试分析比较铣平面、刨平面、车平面的工艺特征和应用范围。

4.14 铣床主要有哪些类型？各用于什么场合？

4.15 试分析比较展成法与成形法加工圆柱齿轮各有何特点。

4.16 对比滚齿机和插齿机的加工方法，说明它们各自的特点及主要应用范围。

4.17 一般情况下，为何刨削的生产率比铣削的低？

4.18 镗孔有哪几种方式？各有何特点？

4.19 用钻头钻出来的孔径为什么一般都比钻头的直径大？

4.20 拉削速度并不高，但拉削却是一种高生产率的加工方法，原因何在？

4.21 机床有哪些基本组成部分？试分析其主要功用。

4.22 什么是机床的外联系传动链？什么是机床的内联系传动链？各有何特点？

第 5 章 机械加工质量

【教学目标】

本章主要介绍机械加工质量的相关知识。阐述机械加工精度与表面质量的基本概念,各种原始误差对加工精度的影响和解决方法,分析影响表面质量的各种因素,以及各因素对机械零件以及整台机器的使用性能和使用寿命的影响,了解加工误差的统计分析方法。

通过本章的学习,能理解加工质量的概念、内涵,了解影响加工精度的主要因素,能运用统计分析法进行零件加工质量分析,学会采用提高加工质量的工艺措施,解决生产实际问题。

【重点难点】

- 机械加工质量的概念与范畴
- 影响加工精度的主要因素
- 用统计分析法进行零件加工质量分析

5.1 概　述

机械产品的加工质量对产品的工作性能和使用寿命影响很大。评价零件的机械加工质量一般用加工精度和加工表面质量两个指标。机械加工精度是机械加工质量的核心部分,其讨论范畴主要是工艺系统各环节存在的各种原始误差对加工精度的影响以及保证零件加工精度的措施两大部分;机械加工表面质量的讨论范畴主要是零件表面粗糙度的影响和零件表面变形层的物理力学性能及其影响因素。

5.2 机械加工精度

机械加工精度是机械产品质量的核心。零件的加工精度直接影响产品的工作性能和使用寿命。

5.2.1　加工精度与加工误差

加工精度是指零件经机械加工后,其几何参数(尺寸、形状、表面相互位置)的实际值与理想值的符合程度。其符合程度越高,加工精度也越高。实际值与理想值之偏差,称为加工误差。

加工精度和加工误差是一个概念的两种不同描述方式。加工误差越小,加工精度越高。

生产实践证明,任何一种加工方法不管多么精密,都不可能把零件加工得与理想值完全相符。从机器的使用要求来说,只要其误差值不影响机器的使用性能,就允许误差值在一定的范围内变动,也就是允许有一定的加工误差存在。

零件的加工精度包括三方面:尺寸精度、形状精度和相互位置精度。尺寸精度指零件的直径、长度、表面间距离等尺寸的实际数值与理想数值的接近程度;形状精度是指加工后零件上的线、面的实际形状与理想形状的符合程度;相互位置精度是指加工后零件上的点、线、面的实际位置与理想位置的符合程度。

这三个概念又相互联系。形状误差应限制在位置公差内,位置误差应限制在尺寸公差内,一般尺寸精度高,其相应的形状精度和相互位置精度也高。但是有一些特殊功用的零件,其形状精度很高,但其位置精度、尺寸精度要求却不一定高。例如测量用的检验平台,其工作平面的平面度要求很高,但该平面与底面的尺寸要求和平行度要求却很低。

5.2.2　获得加工精度的方法

(1)获得尺寸精度的方法

①试切法:通过试切、测量、调整、再试切,反复进行到被加工尺寸达到要求为止的加工方法。这种方法的效率低,对操作者的技术水平要求高,主要适用于单件、小批生产。

②调整法:先调整好刀具和工件在机床上的相对位置,并在一批零件的加工过程中保持这个位置不变,以保证被加工尺寸的方法。调整法广泛用于各类半自动、自动机床和自动化生产线上,适用于成批、大量生产。

③定尺寸刀具法:用刀具的相应尺寸来保证工件被加工部位尺寸的方法,如钻孔、铰孔、拉孔和攻螺纹等。这种方法的加工精度主要取决于刀具的制造精度和磨损状态。其优点是生产率较高,但刀具制造较复杂、刀具成本高,常用于孔、螺纹和成形表面的加工。

④自动控制法:用测量装置、进给机构和控制系统构成加工过程的自动循环,即自动完成加工中的切削、测量、补偿调整等一系列工作。当工件达到要求的尺寸时,机床即自动退刀并停止加工。

(2)获得形状精度的方法

要获得一定精度的工件表面形状,必须使刀具和工件按上述方法完成一定规律的表面成形运动。常见的获得形状精度的表面成形方法有成形法、轨迹法、相切法和展成法,这四类方法的原理和特点详见本书第2章第1节。

(3)获得相互位置精度的方法

要获得零件的相互位置精度,可以采用直接找正法、划线找正法和夹具定位法,其精度主要由机床精度、夹具精度和工件的装夹精度来保证。

5.2.3　影响机械加工精度的因素

在切削加工过程中，直接参与并影响切削加工质量的机床、刀具、夹具和工件等构成一个完整的工艺系统。

机械加工是在工艺系统中进行的，零件的尺寸、几何形状和表面间相对位置的获得，取决于工件和刀具在切削运动过程中的相对位置和相互运动关系，而零件的尺寸、几何形状和表面间相对位置的精度取决于机床、夹具、刀具和工件这个工艺系统的精度。工艺系统中的各种误差，都以不同的程度和方式反映为加工误差。工艺系统的误差是"因"，是根源，加工误差是"果"，是表现，因此，把工艺系统的误差称为原始误差。

研究加工精度的目的，就是要弄清工艺系统中的各种原始误差的物理、力学本质，以及它们对加工精度影响的规律，掌握控制加工误差的方法，以期获得预期的加工精度，需要时能找出进一步提高加工精度的途径。

在切削加工中，影响零件加工精度的主要因素有以下几个方面。

(1)加工原理误差

加工原理误差是指因采用了近似的加工方法或传动方式及形状近似的刀具而造成的误差。例如铣齿，各号铣刀的齿形是按该号范围内最小齿数齿轮的齿槽轮廓制作的，因此各号铣刀加工范围内的齿轮齿形，只有齿数最少的齿轮齿形是准确的，其余的均有误差，即所谓加工原理误差。

(2)机床、刀具及夹具误差

机床、刀具及夹具误差包括制造和磨损两方面，它们对加工精度的影响是显而易见的。例如，卧式车床的纵向导轨在水平面内的直线度误差，直接产生工件直径的尺寸误差和圆柱度误差；又如，在车床上精车长轴和深孔时，随着车刀逐渐磨损，工件表面出现锥度而产生其各处直径不同的尺寸误差和圆柱度误差。

(3)工件装夹误差

工件装夹误差包括定位误差和夹紧误差，它们对加工精度有一定影响。例如，在卡盘上夹紧薄壁套、圆环等刚度较差的工件时，工件容易产生弹性变形。图5.1为三爪自定心卡盘装夹薄壁工件变形状况的情形，其中图5.1(a)为装夹前工件的形状；图5.1(b)为夹紧后的形状；图5.1(c)为内孔加工完后还未卸下的形状；图5.1(d)为卸下工件，弹性变形恢复后的形状，此时装夹误差反映到加工表面内孔上。因此，加工薄壁零件时，夹紧力应在工件圆周上均匀分布。

(4)工艺系统变形误差

工艺系统变形误差包括受力弹性变形误差和热变形误差两方面。例如轴工件在两顶尖之间加工，近似于一根梁自由支承在两个支点上，在背向力 F_p 的作用下，最后加工出的形状如图5.2(a)所示。图5.2(b)，(c)则是分别用卡盘、卡盘-顶尖在背向力 F_p 的作用下加工出的零件形状。因此，加工刚度较差的细长轴工件时，常采用中心架或跟刀架等辅助支承，以减小工件受力变形。又例如在车削加工中，车床部件中受热最多又变形最大的是主轴箱，图5.3中的虚线表示车床的热变形，车床主轴前轴承的温升最高，影响加工精度最大的是主轴轴线的抬高和倾斜。

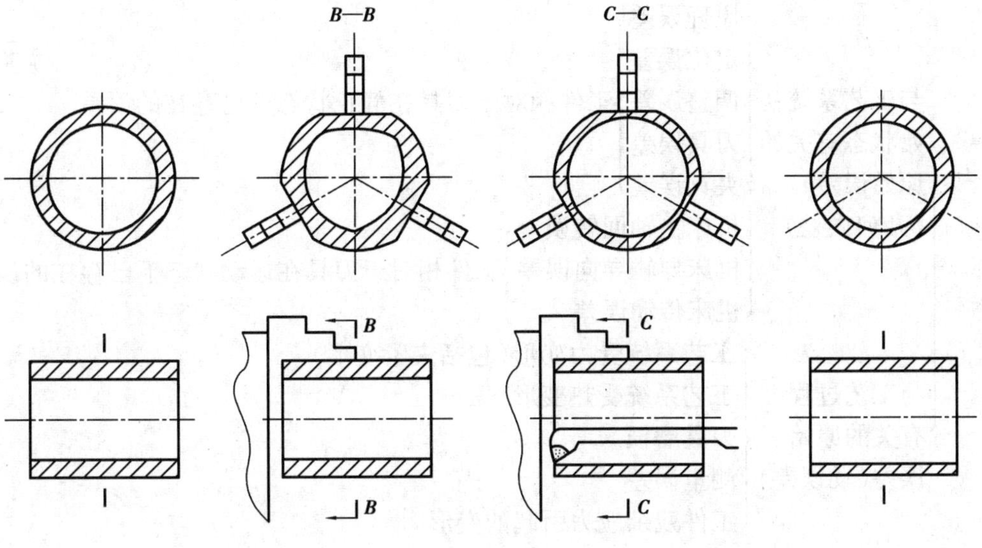

图5.1　三爪自定心卡盘装夹薄壁工件变形状况

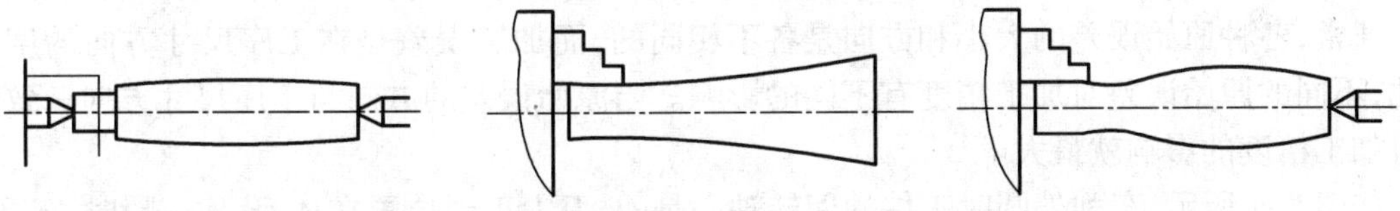

图5.2　工艺系统受力变形对加工精度的影响

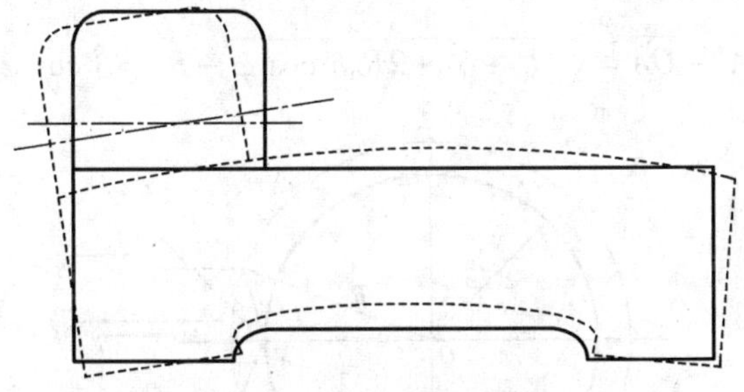

图5.3　车床的热变形

(5)工件内应力

工件内应力总是拉应力和压应力并存而总体处于平衡状态。当外界条件发生变化,如温度改变或从表面再切去一层金属后,内应力的平衡即遭到破坏,引起内应力重新分布,使零件产生新的变形。这种变形有时需要较长时间,从而影响零件加工精度的稳定性。因此,常采用粗、精加工分开,或粗、精加工分开且在其间安排时效处理,以减少或消除内应力。

(6)测量误差

在加工过程中,还必须对工件进行测量,任何测量方法和量具、量仪都不可能绝对准确,由此产生的误差称为测量误差。

为清晰起见,将加工过程中可能出现的种种原始误差归纳如下:

- 原始误差
  - 与工艺系统初始状态有关的原始误差（几何误差）
    - 工件相对于刀具在静止状态下已存在的误差
      - 原理误差
      - 定位误差
      - 调整误差
      - 刀具误差
      - 夹具误差
    - 工件相对于刀具在运动状态下已存在的误差
      - 机床主轴回转误差
      - 机床导轨导向误差
      - 机床传动误差
  - 与工艺过程有关的原始误差（动误差）
    - 工艺系统受力变形（包括夹紧变形）
    - 工艺系统受热变形
    - 刀具磨损
    - 测量误差
    - 工件残余应力引起的变形

5.2.4 加工误差的敏感方向

切削加工过程中，各种原始误差会使刀具和工件间的正确几何关系遭到破坏，引起加工误差。通常，各种原始误差的大小和方向是各不相同的，而加工误差是在工序尺寸方向的度量。因此，不同的原始误差对加工精度有不同的影响。当原始误差的方向与工序尺寸方向一致时，其对加工精度的影响就最大。

如图 5.4 所示，车削外圆时工件的回转轴心是 O，刀尖正确位置在 A，设某一瞬时，各种原始误差的影响使刀尖位移到 A'，这个偏移量 $\overline{AA'}$ 即为原始误差 δ，它与 OA 间的夹角为 φ，加工后工件的半径由 $R_0=\overline{OA}$ 变为 $R=\overline{OA'}$，故半径上（即工序尺寸方向上）的加工误差 ΔR 为

$$\Delta R=\overline{OA'}-\overline{OA}=\sqrt{R_0^2+\delta^2+2R_0\delta\cos\varphi}-R_0\approx\delta\cos\varphi+\frac{\delta^2}{2R_0}$$

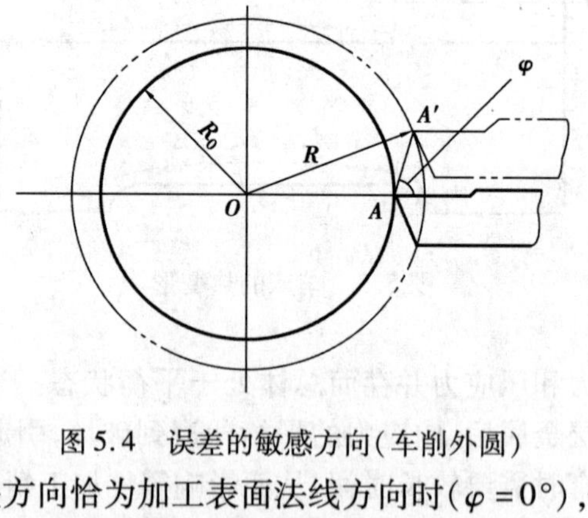

图 5.4 误差的敏感方向（车削外圆）

可以看出：当原始误差方向恰为加工表面法线方向时（$\varphi=0°$），引起的加工误差 $\Delta R_{\varphi=0°}=\delta$ 为最大（忽略二阶微小量）；当原始误差的方向恰为加工表面的切线方向时（$\varphi=90°$），引起的加工误差 $\Delta R_{\varphi=90°}=\dfrac{\delta^2}{2R_0}$ 最小，通常可以忽略。因此，把对加工精度影响最大的那个方向（即通过刀刃的加工表面的法向）称为误差的敏感方向；另一与之垂直的方向（即工件加工表面的切线方向）称为误差的非敏感方向。分析影响加工精度的因素时，误差的敏感方向引起的原

始误差是不可忽视的。

在普通卧式车床上车削外圆柱面时，误差的敏感方向是水平方向。如果导轨水平面内存在直线度误差 Δy，纵向走刀后，则使工件产生轴向形状误差，而垂直面内的直线度误差 Δz 影响很小，可忽略。但在卧式六角转塔车床加工外圆时，情况正好相反。

平面磨床的误差敏感方向是垂直方向，其误差将使工件产生尺寸和平面度误差；外圆磨床的误差敏感方向是水平方向，其误差使工件产生轴向形状误差。

5.2.5　工艺系统的几何精度对加工精度的影响

1）加工原理误差

加工原理误差是指采用了近似的成形运动或近似的刀刃轮廓进行加工而产生的误差。

例如在三坐标数控铣床上铣削复杂形面零件时，通常要用球头铣刀并采用“行切法”加工。所谓行切法，就是球头铣刀与零件轮廓的切点轨迹是一行一行的，而行间的距离 s 是按零件加工要求确定的，究其实质，这种方法是将空间立体形面视为众多的平面截线的集合，每次走刀加工出其中的一条截线。

由于数控铣床一般只具有空间直线插补功能，所以即便是加工一条平面曲线，也必须用刀具连续地加工出很短的折线段来逼近所需的曲线形状。逼近的精度决定于每根线段的长度大小。这说明，在曲线或曲面的数控加工中，刀具相对工件的成形运动是近似的。

又如滚齿用的齿轮滚刀，就有两种误差，一是为了制造方便，采用阿基米德蜗杆或法向直廓蜗杆代替渐开线基本蜗杆而产生的刀刃齿廓近似造型误差；二是由于滚刀刀齿有限，实际上加工出的齿形是一条由微小折线段组成的曲线，和理论上的光滑渐开线有差异，这些都会产生加工原理误差。

再如用一定模数的指状铣刀成形法铣削齿轮，也采用近似刀刃齿廓，同样产生加工原理误差。

采用近似的成形运动或近似的刀刃轮廓，虽然会带来加工原理误差，但往往可简化机床结构或刀具形状，或可提高生产效率，有时甚至能得到高的加工精度。因此，只要其误差不超过规定的精度要求（一般原理误差应小于10% ~15%工件的公差值），在生产中仍能得到广泛的应用。

2）调整误差

在机械加工的每一个工序中，总是要对工艺系统进行这样或那样的调整工作。由于调整不可能绝对准确，因而会产生调整误差。

工艺系统调整的基本方式有两种：试切法调整和调整法调整。

（1）试切法调整

引起试切法调整误差的因素有：

①测量误差：量具本身的精度、测量方法或使用条件下的误差（如温度影响、操作者的操作能力）等，它们都影响调整精度，因而产生加工误差。

②机床进给机构的位移误差：当试切最后一刀时，往往要按刻度盘的显示值来微量调整刀架的进给量，这时常会出现进给机构的“爬行”现象，结果使刀具的实际位移与刻度盘显示值不一致，造成加工误差。

③试切与正式切削时切削层厚度不一致：不同材料刀具的刃口半径是不同的，因此，刀刃

所能切除的最小切削层的极限厚度不同。切削厚度过小时，刀刃就会在切削表面上打滑（挤压、抛光），不能切下一层金属。精加工时，试切最后一刀的切削层往往很薄，而正式走刀时的切深一般要比试切时大，所以刀刃不容易打滑，实际切深就会大一些，造成与试切时的尺寸不同；粗加工时，试切的最后一刀切削层厚度还较大，刀刃不会打滑，但正式切削时切深更大，受力变形也大得多，因此正式切削时切除的金属层厚度就会比试切部分小一些，故同样引起工件的尺寸误差。

（2）调整法调整

在成批、大量生产中，先根据样件（或样板）进行初调，试切若干工件，再据此作精确微调。这样既缩短了调整时间，又可得到较高的加工精度。

由于采用调整法对工艺系统进行调整时，也要以试切为依据，因此上述影响试切法调整精度的因素，同样也对调整法有影响。

工艺系统初调好以后，一般都要试切几个工件，并以其平均尺寸作为判断调整是否准确的依据。由于试切加工的工件数（称为抽样件数）不可能太多，因此不能把整批工件切削过程中的各种随机误差完全反映出来。故试切加工几个工件的平均尺寸与总体尺寸不可能完全符合，因而造成误差。这种方法影响调整精度的因素可能包括样件或样板的制造误差、安装误差和对刀误差，以及行程挡块、靠模、凸轮等定程机构的制造精度和调整精度等。

3）*机床误差*

引起机床误差的原因是机床的制造、安装误差和磨损。造成机床误差的来源很多，这里重点描述对工件加工精度影响较大的机床主轴回转误差、导轨导向误差和传动链的传动误差。

（1）机床主轴回转误差

机床主轴是安装工件或刀具的基准，并传递主要切削运动和动力给工件或刀具。主轴回转运动误差，直接影响被加工工件的几何形状精度、位置精度和表面粗糙度。

所谓主轴回转误差是指主轴实际回转轴线对其理想回转轴线的漂移。理论上，主轴回转时，其回转轴线的空间位置应该固定不变，即回转轴线没有任何运动。实际上，由于主轴部件的制造误差和配合质量、润滑条件等影响，其瞬时回转轴线的位置都在周期性地变化。因此通常是以平均回转轴线（即主轴各瞬时回转轴线的平均位置）来代替。

主轴回转轴线的运动误差可以分为如图5.5所示的（a）主轴端面圆跳动、（b）径向圆跳动和（c）倾角摆动三类基本形式。

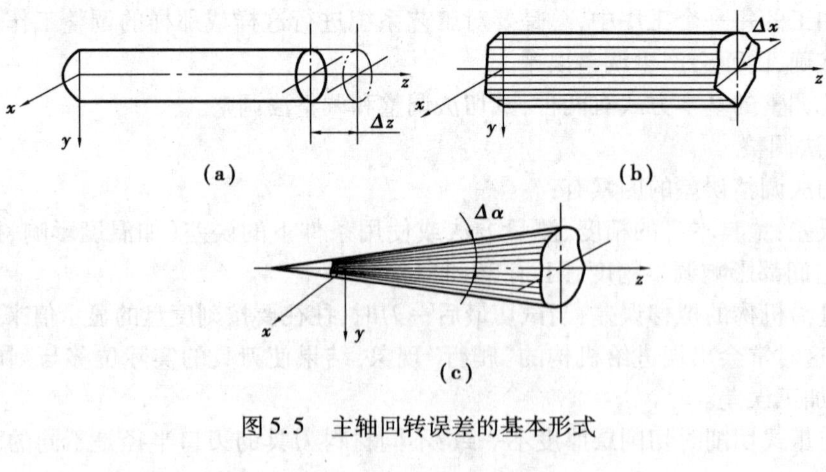

图5.5　主轴回转误差的基本形式

主轴回转误差所引起的加工误差随机床不同、加工表面不同而不同。

车削加工时,主轴端面圆跳动主要影响工件端面的形状精度、端面与内(外)圆的垂直度和轴向尺寸精度;径向圆跳动影响被加工工件圆柱面的形状精度;倾角摆动影响被加工工件圆柱面与端面的加工精度。

加工螺纹时,主轴的端面圆跳动将使工件螺距产生周期误差。因此,对机床主轴端面圆跳动的幅值通常都有严格的要求,如精密车床的主轴端面圆跳动误差通常应控制在 2 ~ 3 μm,径向圆跳动误差应控制在 5 μm 以内甚至更严。

引起主轴回转轴线漂移的原因主要是轴承的误差、轴承间隙及与轴承配合零件的误差。对于工件回转类机床(如车床、磨床等),由于切削力的方向大体上是不变的,影响主轴回转精度的,主要是主轴支承轴颈的圆度,而轴承孔影响较小。而对于刀具回转类机床(如镗床等),由于切削力方向随主轴的回转而改变,对主轴回转精度影响较大的是轴承孔的圆度,而支承轴颈的影响较小。

工程应用中提高主轴回转精度的措施主要包括:

①提高主轴部件的制造精度。首先应提高轴承的回转精度,如选用高精度的滚动轴承,或采用高精度的多油楔动压轴承和静压轴承。其次是提高与轴承相配合零件(箱体支承孔、主轴轴颈)的加工精度。此外,还可在装配时先测出滚动轴承及主轴锥孔的径向圆跳动,然后调节径向圆跳动的方位,使误差相互补偿或抵消,以减少轴承误差对主轴回转精度的影响。

②对滚动轴承进行预紧。对滚动轴承适当预紧以消除间隙,甚至产生微量过盈,由于轴承内外圈和滚动体弹性变形的相互制约,既增加了轴承刚度,又对轴承内外圈滚道和滚动体的误差起均化作用,因而可提高主轴的回转精度。

③使主轴的回转误差不反映到工件上。直接保证工件在加工过程中的回转精度而不依赖于主轴,是保证工件形状精度的最简单又有效的方法。例如,在外圆磨床上磨削外圆柱面时,为避免工件头架主轴回转误差的影响,工件采用两个固定顶尖支承,主轴只起传动作用,工件的回转精度完全取决于顶尖和中心孔的形状精度和同轴度,提高顶尖和中心孔的形状精度要比提高主轴部件的形状精度容易且经济得多。

(2)机床导轨导向误差

机床导轨导向误差是指机床导轨副的运动件实际运动方向与理想运动方向的偏离程度。导轨是机床中确定主要部件相对位置的基准,直导轨副是实现直线运动的主要部件,其制造和装配精度是影响直线运动的主要因素,直接影响工件的加工精度。在机床精度的标准中,直线导轨的导向精度一般包括下列主要内容:

①导轨在水平面内的直线度误差 Δ_x。

如图 5.6 所示,外圆磨床导轨在 x 方向存在直线度误差 Δ_x,磨削外圆时,工件沿砂轮法线方向产生位移,引起工件在半径方向上的误差 $\Delta_x = \Delta R$。当磨削长外圆柱表面时,造成工件的圆柱度误差。

②导轨在垂直面内的直线度误差 Δ_y。

如图 5.7(a)所示,磨床导轨在垂直面 y 方向存在直线度误差 Δ_y,磨削外圆时,工件沿砂轮切线方向(误差非敏感方向)产生位移,此时工件半径方向上产生误差 $\Delta R = \dfrac{\Delta_y^2}{2R}$,其值忽略不计。但对于平面磨床、龙门刨床、铣床等机床的导轨在垂直方向上的误差将引起法线方向(误差敏感方向)的位移,将直接反映到被加工工件的表面,造成工件的形状误差。

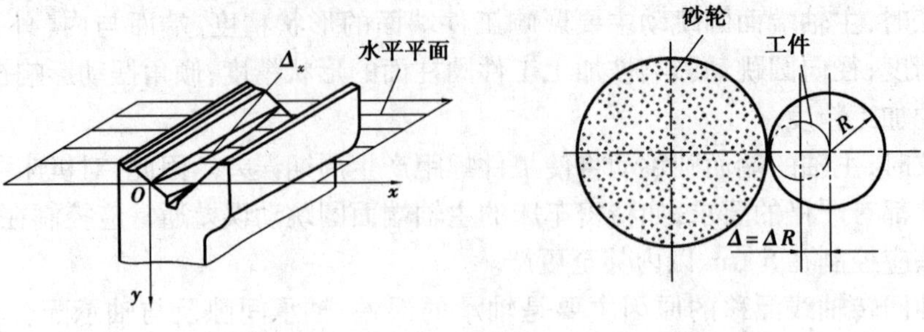

图 5.6 导轨在水平面内的直线度误差

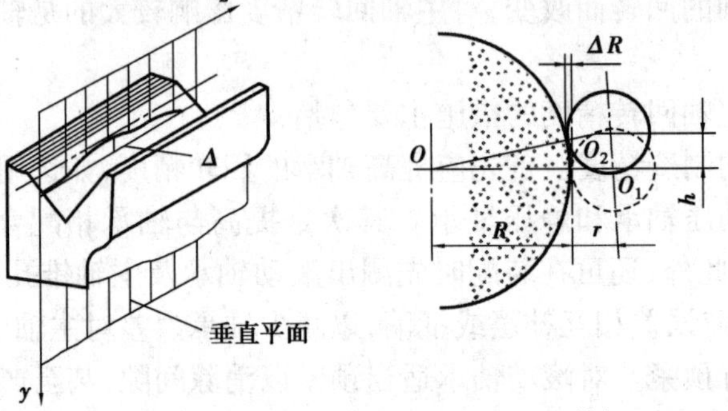

图 5.7 导轨在垂直面内的直线度误差

③导轨在水平面和垂直面内的综合误差(扭曲度)δ。

如图 5.8 所示,车床前后导轨的平行度误差使大溜板产生横向倾斜扭曲,刀具产生位移,因而引起工件形状误差。由几何关系可知,工件产生的半径误差值 $\Delta R=\Delta x=\frac{H}{B}\Delta$,通常情况下车床$\frac{H}{B}\approx\frac{2}{3}$,外圆磨床$\frac{H}{B}\approx 1$,因此导轨扭曲引起的加工误差不容忽视。

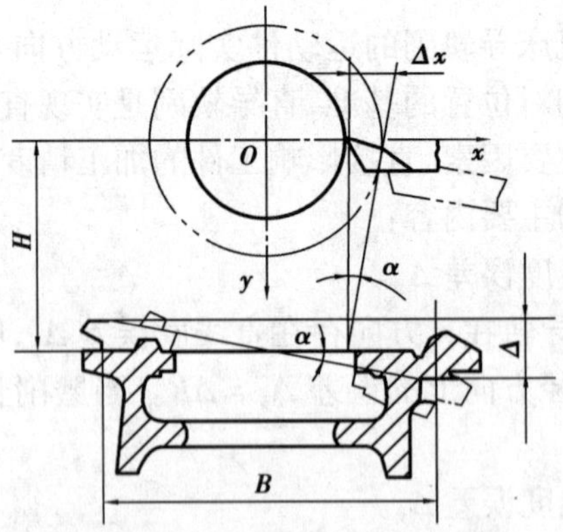

图 5.8 导轨在水平面和垂直面内的综合误差

④导轨对主轴回转轴线的误差。

若导轨与机床主轴回转轴线在水平面内不平行,会使工件的外圆柱表面产生锥度;若在垂直面内不平行，会使工件的外圆柱表面产生马鞍形误差。

产生机床导轨导向误差的因素主要有导轨副的制造精度、安装精度和使用过程中的磨损。

机床安装不正确引起的导轨导向误差，往往远大于制造误差。特别是长度较长的龙门刨床、龙门铣床和导轨磨床等，它们的床身导轨是一种细长的结构，刚性较差，在本身自重的作用下就容易变形。如果安装不正确或者地基不良，都会造成导轨弯曲变形（严重的可达 2 ~ 3 mm）。因此，机床在安装时应有良好的基础，并严格进行测量和校正，而且在使用期间还应定期复校和调整。

导轨磨损是造成导轨导向误差的另一重要原因。由于使用程度不同及受力不均，机床使用一段时间后，导轨沿全长上各段的磨损量不等，并且同一横截面上各导轨面的磨损量也不相等。导轨磨损会引起床鞍在水平面和垂直面内发生位移，且有倾斜，从而造成刀刃位置误差。

机床导轨副的磨损与工作的连续性、负荷特性、工作条件、导轨的材质和结构等有关。

因此，在设计时应从结构、材料、润滑、防护装置等方面采取措施以提高导轨的导向精度和耐磨性；在制造时应尽量提高导轨副的制造精度；机床安装时，应校正好水平和保证地基质量；另外，使用时要注意调整导轨副的配合间隙，同时保证良好的润滑和维护。这些都是常见的减小机床导轨导向误差的措施。

（3）机床传动链的传动误差

传动链的传动误差是指内联系的传动链中首末两端传动元件之间相对运动的误差。它是在螺纹、齿轮、蜗轮以及其他按展成原理加工零件时，影响加工精度的主要因素。例如在滚齿机上用单头滚刀加工直齿轮时，要求滚刀与工件之间具有严格的运动关系：滚刀每转一周，相应啮合的待加工工件转过一个齿。这种运动关系是由刀具与工件间的内联系传动链来保证的。对于图 5.9 所示的滚齿机传动系统，可具体表示为：

$$\Phi_g = \Phi_d \times \frac{z_1}{z_2} \times \frac{z_3}{z_4} \times \frac{z_5}{z_6} \times \frac{z_7}{z_8} \times i_e \times \left(\frac{z_e}{z_f} \times \frac{z_a}{z_b} \times \frac{z_c}{z_d} \right) \times \frac{z_{n-1}}{z_n} \tag{5.1}$$

式中　Φ_g——工件转角；

Φ_d——滚刀转角；

i_e——差动轮系的传动比，在滚切直齿时常取为 1。

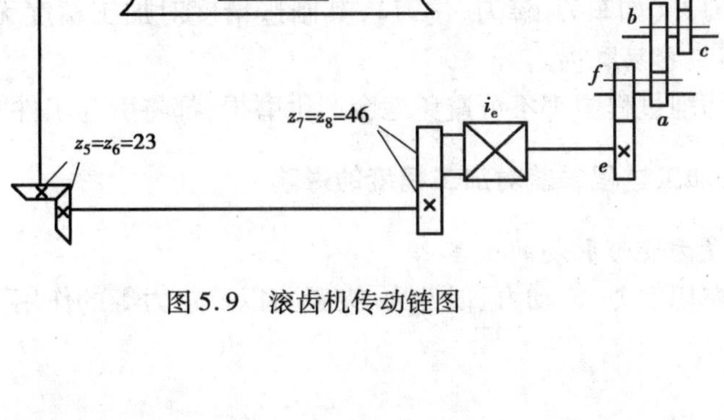

图 5.9　滚齿机传动链图

括号内为滚齿机的分齿挂轮组的传动比。

由公式(5.1)看出,当传动链中的传动元件如齿轮、蜗轮、蜗杆、丝杠、螺母等有制造误差(如转角误差)、装配误差(如装配偏心)或磨损时,就破坏了正确的运动关系,产生工件的加工误差。传动件在传动链中的位置不同,它们的误差对加工精度的影响也不相同。升速传动时,传动件的误差被放大;降速传动时,传动件的误差被缩小。而传动链最末端传动件的误差将1:1反映到工件上,造成加工误差。

传动链传动误差一般用传动链末端元件的转角误差来衡量。传动链的总转角误差$\Delta\varphi_{\sum}$是各传动件误差$\Delta\varphi_j$所引起末端传动元件转角误差$\Delta\varphi_{jn}$的叠加,即$\Delta\varphi_{\sum}=\sum_{j=1}^{n}\Delta\varphi_{jn}$。而传动链中某个传动元件自身传动位置的这个转角误差传递到末端传动元件转角误差的等效大小是取决于该传动元件到末端元件之间的总传动比i_j,即$\Delta\varphi_{jn}=i_j\Delta\varphi_j$。该式说明,传动比$i_j$反映了第$j$个传动件的转角误差对传动链误差影响的程度。$i_j$越小,末端传动件的转角误差就越小,对加工精度的影响也就越小。

工程中减少传动链传动误差的措施主要有:

①传动件数越少,传动链越短,传动精度就越高。

②提高传动件特别是末端传动副(如丝杆螺母副、蜗轮蜗杆副)的制造和装配精度。此外,可采用各种消除间隙装置以消除传动齿轮间的间隙。

③尽可能采用降速传动。

④采用校正装置。校正装置的实质是在原传动链中人为地加入一个误差源,其大小与传动链本身的误差大小相等而方向相反,从而使之相互抵消。

4)夹具的误差

夹具的误差主要是指定位误差以及夹具上各元件或装置的制造误差、调整误差、安装误差及磨损。夹具的误差将直接影响工件加工表面的位置精度或尺寸精度。夹具的误差将在第6章讨论。

5)刀具的制造误差与磨损

刀具误差对加工精度的影响,根据刀具的种类不同而异。

①采用定尺寸刀具(如钻头、铰刀、键槽铣刀、浮动镗刀及圆拉刀等)加工时,刀具的尺寸精度直接影响工件的尺寸精度。

②采用成形刀具(如成形车刀、成形铣刀、成形砂轮等)加工时,刀具的形状精度将直接影响工件的形状精度。

③展成刀具(如齿轮滚刀、花键滚刀、插齿刀等)的刀刃形状必须是加工表面的共轭曲线。因此,刀刃的形状误差会影响加工表面的形状精度。

④对于一般刀具(如车刀、镗刀、铣刀),其制造精度对加工精度无直接影响,但这类刀具的耐用度较低,刀具容易磨损。

任何工具在切削过程中都不可避免地会产生磨损,都将引起工件的尺寸误差和形状误差。

5.2.6 机械加工过程误差对加工精度的影响

1)工艺系统受力变形引起的误差

机械加工中在切削力、传动力、惯性力、夹紧力以及重力等的作用下,工艺系统都会产生相应的变形，从而破坏已调好的刀具和工件之间正确的相对位置关系，产生加工误差。例如，车削细长轴时，工件在切削力作用下产生弯曲变形，加工后会产生腰鼓形的圆柱度误差，如图5.10(a)所示；在内圆磨床上用横磨法磨内孔时，由于磨头主轴受力弯曲变形，磨出的孔会产生带有锥度的圆柱度误差，如图5.10(b)所示。

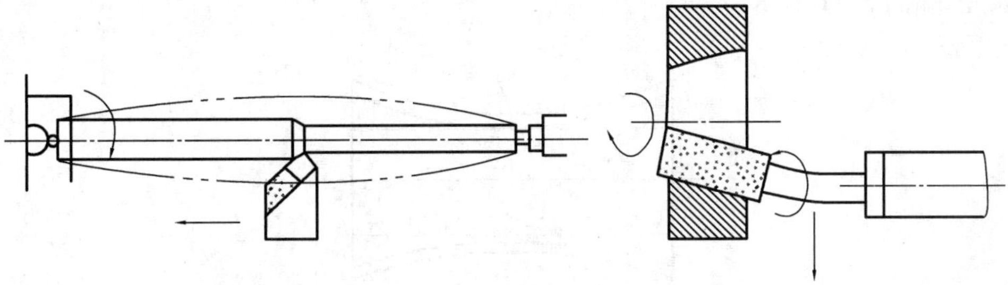

(a)　　(b)

图5.10　工艺系统受力变形引起的误差

(1)工艺系统的刚度

工艺系统在外力作用下产生变形的大小，不仅取决于外力的大小，而且和工艺系统抵抗外力使其变形的能力，即工艺系统的刚度有关。工艺系统受力变形通常是弹性变形。一般来说，工艺系统抵抗弹性变形的能力越强，则加工精度越高。

系统抵抗变形的能力叫刚度。所谓工艺系统刚度 k，是指工件加工表面法线方向的切削力分力 F_y 与工艺系统在该方向所产生的综合位移 Δy 的比值，即 $k=\dfrac{F_y}{\Delta y}$(N/mm)。

必须指出：除 F_y 外，切削分力 F_x、F_z 都会使系统在加工面的法线方向上产生位移，因此 Δy 是 F_x、F_y、F_z 共同作用下的综合结果。

(2)工艺系统的刚度计算

切削加工时，机床的有关部件、夹具、刀具和工件在各种外力作用下，都会产生不同程度的变形，工艺系统在某一处的法向总变形量 y 是各个组成环节在同一处的法向变形量的叠加，即

$$y=y_{jc}+y_{jj}+y_d+y_g \tag{5.2}$$

式中，y_{jc}，y_{jj}，y_d，y_g——机床、夹具、刀具、工件的受力变形量，mm。

根据刚度的概念可知：$k_{jc}=\dfrac{F_y}{y_{jc}}$，$k_{jj}=\dfrac{F_y}{y_{jj}}$，$k_d=\dfrac{F_y}{y_d}$，$k_g=\dfrac{F_y}{y_g}$。$k_{jc}$，$k_{jj}$，$k_d$，$k_g$ 分别代表机床刚度、夹具刚度、刀具刚度及工件的刚度。代入式(5.2)得

$$\frac{1}{k_{总}}=\frac{1}{k_{jc}}+\frac{1}{k_{jj}}+\frac{1}{k_d}+\frac{1}{k_g} \tag{5.3}$$

式(5.3)表明，已知工艺系统各组成环节的刚度，即可求得工艺系统的总刚度。

(3)工艺系统刚度对加工精度的影响

①切削力作用点位置变化引起的工件形状误差。

切削过程中，工艺系统的刚度会随切削力作用点位置的变化而变化，因此工艺系统受力变形亦随之变化，从而引起工件形状误差。下面以在车床顶尖间加工光轴为例来说明这个问题。

a.机床的变形。在车床两顶尖间加工一短而粗的工件，同时车刀悬伸长度很短，即工件和刀具的刚度好，忽略其他受力变形来讨论机床的变形。试验证明，假定工件的加工余量很均

匀，车刀进给过程中切削力保持不变。工艺系统的刚度随切削力位置作用点变化而变化。将 $x=0$（前顶尖处）、$x=L$（后顶尖处）、$x=\frac{L}{2}$（中间）分别比较它们的变形结果可知，刀尖处于工件中间时，系统的变形最小；刀尖处于工件两端时系统变形大；加工后整个工件呈马鞍形的轴向形状误差，如图 5.11 所示。

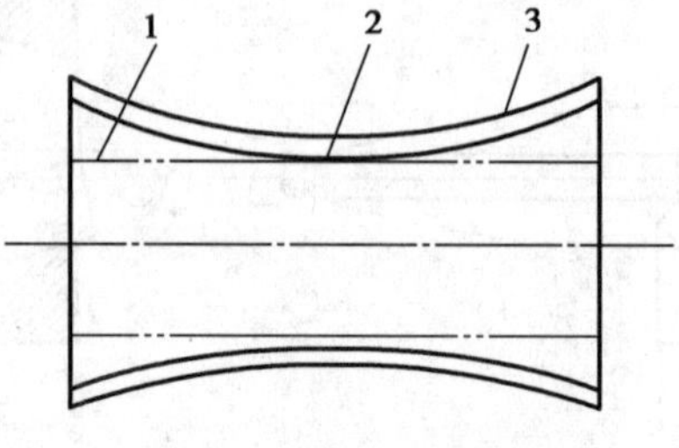

图 5.11　工件在顶尖上车削后的形状

1—机床未变形时；2—主轴和尾座有变形时；3—刀架有变形时

b. 工件的变形。若在两顶尖间车削刚性很差的细长轴，则工艺系统中的工件变形必须考虑。假设此时不考虑机床和刀具的变形，分析工件在切削点各处的变形量可知，刀尖处于工件中间时，系统的变形最大，刀尖处于工件两端时系统变形为零。加工后工件呈腰鼓形的轴向形状误差。

c. 工艺系统的总变形。当同时考虑机床和工件的变形时，工艺系统的总变形为两者的叠加（对于本例，车刀的变形可以忽略）。工艺系统的位移沿工件长度方向是不同的，车削后使工件产生轴向形状误差。

②切削力大小变化引起的加工误差。

加工时，如果毛坯形状误差较大或材料硬度很不均匀，也会引起切削力的变化，造成工件加工误差。

例如，车削横截面为椭圆形的毛坯，加工时，刀具调整好位置（图 5.12 中虚线圆）。在工件每转一圈中，各处背吃刀量发生变化，由最大的 a_{p1}，到最小的 a_{p2}。假设毛坯材料的硬度是均匀的，依据切削力与切削层厚度关系，那么 a_{p1} 处的切削力 F_{y1} 最大，相应的变形 δ_1 也最大；a_{p2} 处的切削力最小，相应的变形 δ_2 也最小。由此可见，当车削具有圆度误差 $\Delta m=a_{p1}-a_{p2}$ 的毛坯时，由于工艺系统受力变形的变化而使工件产生相应的圆度误差 $\Delta g=\delta_1-\delta_2$，这种现象叫作“误差复映”，如图 5.12 所示。

如果工艺系统的刚度为 k，则工件的圆度误差

$$\Delta g=\delta_1-\delta_2=\frac{1}{k}(F_{y1}-F_{y2}) \tag{5.4}$$

由切削原理可知

由于在工件材料硬度均匀，刀具、切削条件和进给量一定的情况下，$C=C_{Fy}f^{yFy}(HB)^{nfy}$ 为一个与切削用量有关的常数，则

$$\Delta g=\delta_1-\delta_2=\frac{1}{k}(F_{y1}-F_{y2})=\frac{C}{k}(a_{p1}-a_{p2})=\varepsilon\Delta m \tag{5.5}$$

其中 $\varepsilon=\frac{C}{k}$。　(5.6)

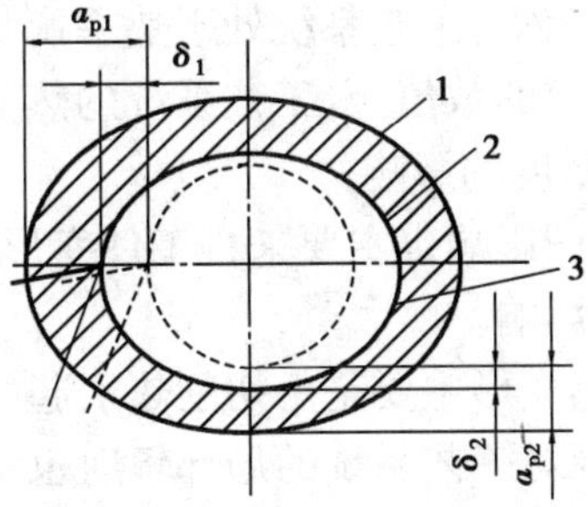

图 5.12　车削时工件的误差复映

1—毛坯外形;2—加工后工件外形;3—工件理论外形

我们称 ε 为误差复映系数。

由于 Δg 总是小于 Δm,所以 ε 是一个小于 1 的正数。它能定量地反映工件毛坯误差经加工后所减小的程度。减小 C 或增大 k 都能使 ε 减小。例如,减小进给量 f,即可减小 C,使 ε 减小,又可提高加工精度,但切削时间增长。如果设法增大工艺系统刚度 k,不但能减小加工误差 Δg,而且可以在保证加工精度前提下相应增大进给量,提高生产率。

当工件的加工精度要求较高时,可增加走刀次数来减小工件的复映误差。设 ε_1,ε_2,ε_3……分别为第一、第二、第三次…走刀时的误差复映系数,则总的误差复映系数

$$\varepsilon_{总} = \varepsilon_1 \varepsilon_2 \varepsilon_3 \cdots \tag{5.7}$$

由于 ε_1 是一个小于 1 的正数,多次走刀后,毛坯的误差就可以逐步减小,直到满足精度要求为止。这就是精度要求高的零件安排加工次数多的原因。

由以上分析可知,当工件毛坯有形状误差(如圆度、圆柱度、直线度等)或相互位置误差(如偏心、径向圆跳动等)时,都会以一定的复映系数复映工件的加工误差。在成批和大量生产中用调整法加工一批工件时,如毛坯尺寸不一或材质不均匀,都会使切削力发生变化,加工后造成一批工件的尺寸分散。

③夹紧力引起的加工误差。

工件在装夹时,由于工件刚度较低或夹紧力着力点不当,会使工件产生相应的变形,造成加工误差。典型例子是,用三爪卡盘夹持薄壁套筒时,假定工件是正圆形,夹紧后工件因弹性变形而呈三棱形,虽镗出的孔为正圆形,但松开后,套筒弹性变形恢复使孔变成相反的三棱形。为了减少加工误差,应使夹紧力均匀分布,可采用开口过渡环或采用专用卡爪夹紧。

2)工艺系统受热变形引起的误差

在机械加工过程中,工艺系统会受到各种热的影响而产生变形,从而破坏了刀具与工件的相对位置关系,也会造成工件的加工误差。特别是在精密加工和大件加工中,热变形所引起的加工误差通常会占到工件加工总误差的 40% ~70%。工艺系统热变形不仅影响加工精度,而且还影响加工效率。随着切削高速度、高精度、高效率及自动化加工技术的发展,工艺系统热变形问题日益突出。

(1)工艺系统的热源

引起工艺系统变形的热源可分为内部热源和外部热源两大类。内部热源包括切削热和摩擦热,外部热源包括环境热和辐射热。

工艺系统在工作状态下,一方面它经受各种热源的作用使温度逐渐升高;另一方面,它同时也通过各种传热方式向周围介质散发热量。当工件、刀具和机床的温度达到某一数值时,单

位时间内传出和传入的热量接近相等，工艺系统处于热平衡状态。在热平衡状态下，工艺系统各部分的温度保持在某一相对固定的数值上，工艺系统的热变形将趋于相对稳定。

(2)工艺系统热变形对加工精度的影响

工艺系统热变形对加工精度的影响也主要来自工件变形、刀具变形、机床变形等因素。

①工件热变形对加工精度的影响。

机械加工过程中，工件产生热变形主要是由切削热引起的。对于精密零件，周围环境温度变化和日光、取暖设备等外部热源对工艺系统的局部辐射也不容忽视。不同的材料、不同的形状尺寸、不同的加工方法，工件的受热变形也不相同。如加工铜、铝等有色金属零件时，由于热膨胀系数大，其热变形尤为显著。

轴类零件在车削或磨削时，温度逐渐升高，可近似看成是均匀受热的情况。

精密丝杠磨削时，工件的受热伸长量会引起螺距累积误差。若丝杠长度为 2 m，每一次走刀磨削温度升高约 3 ℃，试验测试证明丝杠的伸长量大约为 0.07 mm；而 6 级丝杠的螺距变形累积误差在全长上不允许超过 0.02 mm，由此可见，热变形的大小已经超过了螺距变形累积允差范围。

平面在刨削、铣削、磨削加工时，工件切削状态属于单面受热，上、下平面间产生温差而引起热变形，此为工件不均匀受热情况，导致工件向上凸起，凸起部分被工具切去。当加工完冷却后，加工表面就产生了中凹，造成了几何形状误差。

工件的热变形对粗加工精度的影响一般不必考虑，但在流水线、自动线以及工序集中度高的场合，粗加工的热变形将影响到精加工。为了避免工件热变形对加工精度的影响，在安排工艺过程时，应尽可能把粗、精加工分开，以使工件粗加工后有足够的冷却时间。

②刀具热变形对加工精度的影响。

刀具热变形主要是由切削热引起的。刀具切削热主要集中在切削部分，刀头体积小，热容量小，故刀具温升较快，它对加工精度的影响是不能忽视的。例如高速钢刀具车削时，刃部的温度可达 700 ~ 800 ℃，刀具热伸长量可达 0.03 ~ 0.05 mm。

加工大型零件时，刀具的热变形往往造成几何形状误差。如车削长轴时，可能由于刀具热伸长而使工件产生倒锥(尾座处的直径比靠近车床主轴箱附近的工件直径大)。

③机床热变形对加工精度的影响。

机床由于结构的复杂性，各部件在工作过程中的热源不同，分布不均匀，因此不仅各部件的温升不同，而且同一部件不同位置的温升也不相同，从而形成不均匀的温度场，使机床各部件之间的相互位置发生变化，破坏了机床原有的几何精度而造成加工误差。

由于各类机床的结构和工作条件相差很大，不同类型机床的主要热源也各不相同，热变形对加工精度的影响也不相同。图 5.13 是几种机床在工作状态下热变形的趋势。车、铣、钻、镗类机床的主要热源是主轴箱的齿轮和轴承摩擦发热及润滑油发热，使主轴箱和床身(或立柱)的温度升高而产生变形和翘曲，从而造成主轴的位移和倾斜；磨床类机床的主要热源为砂轮主轴轴承和液压系统的发热，从而引起砂轮架位移、工作头架位移和导轨的变形。

龙门刨床、导轨磨床等大型机床的长床身部件，导轨面与底面的温差，会产生较大的弯曲变形，故床身热变形是影响加工精度的主要因素。

通常，精密加工应在机床处于热平衡之后进行。这是因为在机床启动达到热平衡状态之后，机床几何精度变化才能稳定。一般机床，如车床、磨床等，其空运转的热平衡时间为

4 ~6 h,中小型精密机床为 1 ~2 h,大型精密机床往往要超过 12 h。

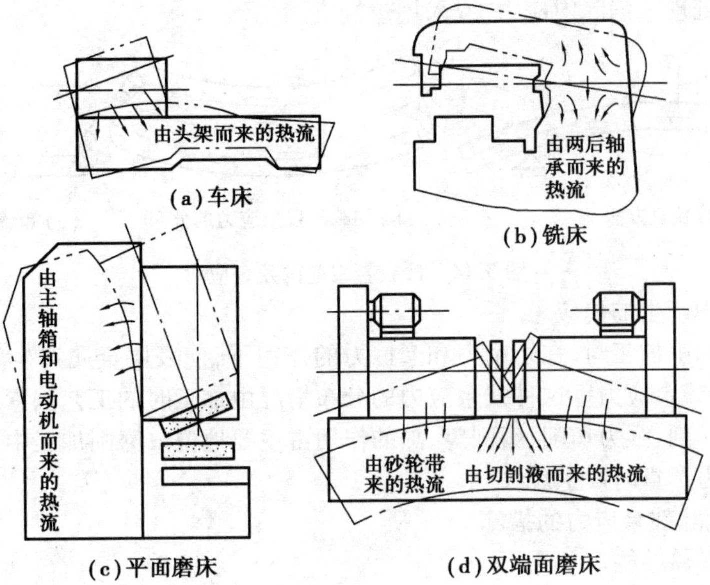

图5.13　几种机床的热变形趋势

减少工艺系统热变形对加工精度影响的主要措施包括减少发热和隔离热源、保持工艺系统的热平衡状态、控制机床工作的环境温度变化。

3)工艺系统内应力引起的误差

内应力(或残余应力)是指外部载荷去除后,仍残存在工件内部的应力。内应力是由金属内部相邻组织发生了不均匀的体积变化而产生的,体积变化的因素主要来自热加工或冷加工。零件中的内应力往往处于一种很不稳定的相对平衡状态,在内应力重新分布变化的过程中,零件产生相应的变形,原有的加工精度受到破坏。因此,必须采取措施消除内应力对零件加工精度的影响。

(1)工艺系统内应力的来源

①毛坯制造中产生的内应力。

在铸、锻、焊及热处理等热加工过程中,由于工件各部分热胀冷缩不均匀以及金相组织转变时的体积变化,使毛坯内部产生了相当大的残余应力。毛坯的结构越复杂、壁厚越不均匀,散热的条件差别越大,毛坯内部产生的内应力也越大。具有内应力的毛坯,当条件变化后,平衡被破坏,内应力重新分布,工件就明显地出现变形。

②冷校直带来的内应力。

一些刚度较差容易变形的轴类零件,常采用冷校直的方法使之变直。校直的方法是在室温状态下,将有弯曲变形的轴放在两个V形块上,使凸起部位朝上,在弯曲的反方向施加校直外力 $\boldsymbol{F}$,如图5.14(a)所示。在外力 $\boldsymbol{F}$ 的作用下,工件内部残余应力的分布如图5.14(b)所示,在轴线以上产生压应力(用负号表示),在轴线以下产生拉应力(用正号表示)。在轴线和两条双点画线之间是弹性变形区域,在双点画线之外是塑性变形区域。当外力 $\boldsymbol{F}$ 去除后,外层的塑性变形区域阻止内部弹性变形的恢复,使残余应力重新分布,如图5.14(c)所示。这时,冷校直虽能减小弯曲,但工件却处于不稳定状态,如再次加工,工件还会朝原来的弯曲方向变回去,产生新的变形。因此,高精度丝杠的加工,不允许冷校直,而采用加大毛坯余量,经过多次切削和时效处理来消除内应力,或采用热校直。

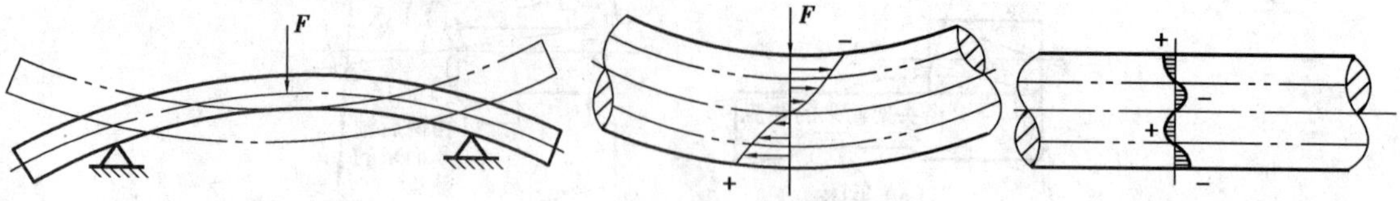

(a)冷校直方法　(b)加载时残余应力的分布　(c)卸载后残余应力的分布

图 5.14　冷校直引起的残余应力

③切削加工中产生的内应力。

工件在进行切削加工时,在切削力和摩擦力的作用下,使表层金属产生塑性变形,引起体积改变,从而产生残余应力。这种残余应力的分布情况由加工时的工艺因素决定。

特别是高速切削、强力切削、磨削等,热的作用占主要地位。磨削加工中,这种内部的残余应力可使表层拉力严重时产生裂纹。

(2)减少或消除残余应力的措施

①合理设计零件结构。

在机器零件的结构设计中,应尽量简化结构,使壁厚均匀、结构对称,以减少内应力的产生。

②合理安排热处理和时效处理。

对铸、锻、焊件进行退火、回火及时效处理;碳素钢零件淬火后进行回火;对精密零件,如丝杠、精密主轴等,应多次安排时效处理。这些方法都可以消除或减小残余应力。常用的时效处理方法有自然时效、人工时效及振动时效。

a. 自然时效:把毛坯或经粗加工后的工件置于露天时,利用外界环境温度的自然变化,经过多次热胀冷缩,使工件的内应力逐渐消除。这种方法效果好,但所需时间长,影响产品的制造周期,所以除特别精密件外,一般较少采用。

b. 人工时效:将工件放在炉内加热到一定温度,再随炉冷却以消除内应力。人工时效又分高温时效和低温时效。前者一般在毛坯制造或粗加工以后进行,后者多在半精加工后进行。低温时效效果好,但时间长。人工时效对大型零件则需要较大的时效炉设备,其投资和能源消耗都比较大。

c. 振动时效:让工件受到激振器或振动台的振动,或装入滚筒在滚筒旋转时相互撞击。这种方法节省能源、简便高效,适用于中小零件及有色金属件等。

③合理安排工艺过程。

粗、精加工宜分阶段进行,使粗加工后有一定时间让内应力重新分布,以减少对精加工的影响。对质量和体积均很大的笨重零件,即使在同一台重型机床进行粗、精加工,也应该在粗加工后将被夹紧的工件松开,使之有充足时间重新分布残余应力,使其充分变形后,再重新用较小的力夹紧进行精加工。

4)机械加工过程中的振动

机械加工过程中,工艺系统产生振动时其正常切削过程便受到干扰和破坏,刀具与工件间的振动位移会使被加工表面产生振痕,影响零件的表面质量和使用性能。工艺系统将持续承受动态交变载荷的作用,刀具易于磨损,有时甚至崩刃,机床连接部位的连接特性会受到破坏。

严重时,强烈的振动会使切削过程无法进行。为此,常不得不降低切削用量,但限制了生产率的提高。振动还影响刀具和机床的寿命,且会发出刺耳的噪声,造成环境污染,影响工人的身心健康。

机械加工过程中振动的基本类型有自由振动、强迫振动和自激振动三类。其中自由振动是由于切削力的突变或外界传来的冲击力引起的,是一种迅速衰减的振动,对加工过程的影响较小。

强迫振动是指在周期性干扰力(激振力)的持续作用下,振动系统受迫产生的振动。强迫振动的振源有来自机床外部的机外振源和来自机床内部的机内振源。不管工艺系统本身的固有频率如何,强迫振动的频率总是等于干扰力的频率或其整数倍。强迫振动的振幅大小在很大程度上取决于干扰力与系统固有频率的比值 λ。当 λ 等于或接近于 1 时,振幅最大,即通称为“共振”。

减少强迫振动的措施和途径主要有减小外界激振力、通过调节振动频率使激振力的频率远离机床的固有频率以避免共振、增强机床或整个工艺系统的刚度和加大阻尼、在振动传递的路线上设置隔振材料比如在机床周围挖防振沟等。

自激振动不同于强迫振动,它是由系统本身动力特性的变化而引起且维持的振动,并在工件的加工表面留下明显的、有规律的振纹。自激振动所需的交变力是由振动过程本身产生和控制的,切削运动一旦停止,交变力也随之停止,自激振动也就停止。因此可以通过改变切削过程中有影响的工艺参数来限制自激振动。自激振动的频率取决于振动系统的固有特性。自激振动能否产生以及振幅大小,取决于每一振动周期内系统所获得的能量与所消耗的能量的比值。当获得的能量大于消耗的能量时,振幅加大;相等时,振幅稳定;反之,振幅衰减。此外,振幅的大小还与系统的刚度和阻尼系数有关,系统刚度和阻尼系数越小,振幅就越大。

合理选择切削用量三要素特别是切削速度、提高机床零部件之间的接触刚度和接触阻尼、合理选择刀具的几何参数、合理调整振型的刚度比和方位角都是在工程上控制自激振动振幅大小的措施。

5.3　机械加工表面质量

零件的机械加工质量不仅指加工精度,还有表面质量。机器零件的破坏,通常都是从零件表层开始的,这说明零件的表面质量对产品质量有很大影响。

5.3.1　工件表面质量的内涵

加工表面质量包括两个方面的内容:加工表面的几何形状误差和表面层金属的力学物理性能变化。

根据加工表面轮廓特征,可将表面轮廓分为以下 3 种:

宏观几何形状误差,例如圆度误差、圆柱度误差等,它们属于前面章节讨论的加工精度范畴;

波纹度,是介于加工精度(宏观)与微观几何形状误差(粗糙度)之间的周期性几何形状误差,它是工艺系统的低频振动引起的;

微观几何形状误差，亦称表面粗糙度，它是由加工中的残留面积、塑性变形、积屑瘤、鳞刺以及工艺系统的高频振动等造成的。

1）加工表面的几何形状误差

加工表面的微观几何特征引起的误差，包括如下4个部分，如图5.15所示。

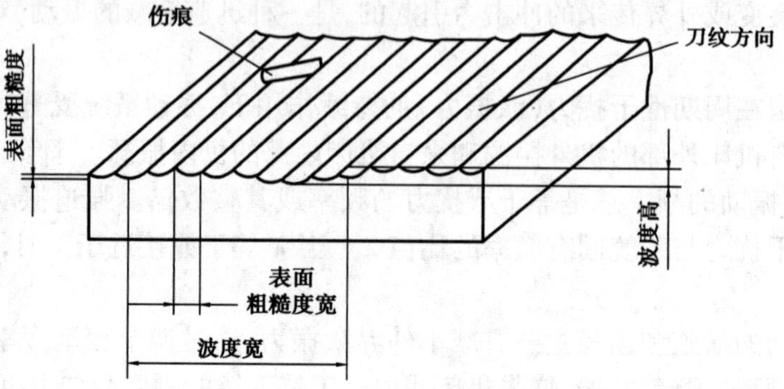

图5.15　加工表面的微观几何形状误差

（1）表面粗糙度

表面粗糙度是加工表面的微观几何形状误差，其波长与波高比值一般小于50。

（2）波度

加工表面不平度中波长与波高的比值介于50～1 000的几何形状误差称为波度，它是由机械加工中的振动引起的。当波长与波高比值大于1 000时，称为宏观几何形状误差。例如：圆度误差、圆柱度误差等，这时它们属于加工精度范畴。

（3）纹理方向

纹理方向是指表面刀纹的方向，它取决于表面形成过程中所采用的机械加工方法。图5.16给出了各种纹理方向及其符号标注。

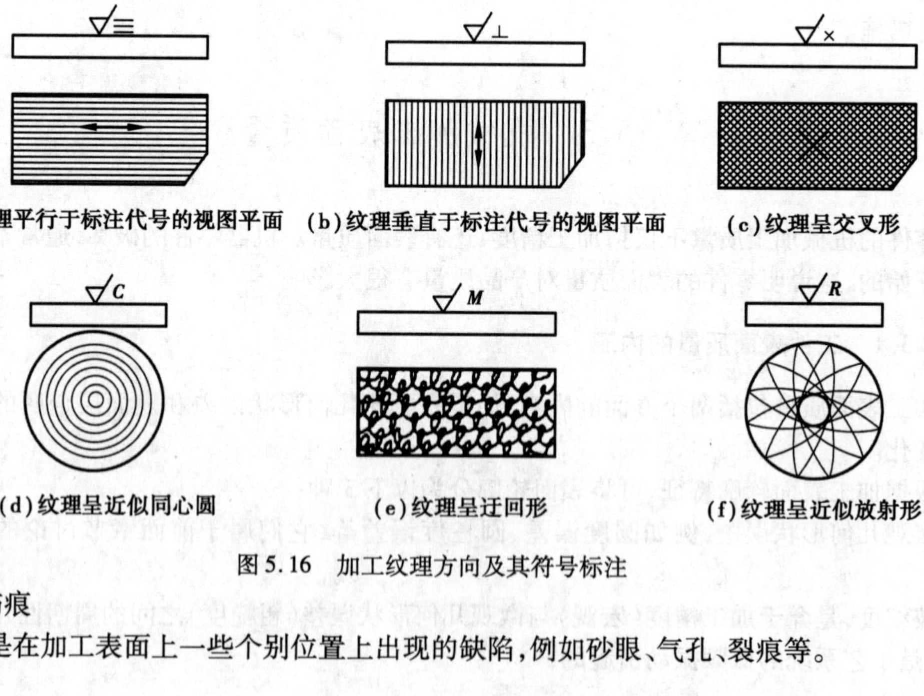

（a）纹理平行于标注代号的视图平面　（b）纹理垂直于标注代号的视图平面　（c）纹理呈交叉形

（d）纹理呈近似同心圆　（e）纹理呈迂回形　（f）纹理呈近似放射形

图5.16　加工纹理方向及其符号标注

（4）伤痕

伤痕是在加工表面上一些个别位置上出现的缺陷，例如砂眼、气孔、裂痕等。

2)表面层金属的力学物理性能变化

由于机械加工中力和热的综合作用,加工表面层金属的力学物理性能将发生一定的变化,主要反映在以下几个方面。

(1)表面层金属的冷作硬化

金属表面层硬度的变化通常用硬化程度(即硬度变化大小)和硬化层深度两个指标来衡量。在机械加工过程中,工件表面层金属都会有一定程度的冷作硬化,使表面层金属的显微硬度有所提高。一般情况下,硬化层的深度可达0.05~0.30 mm;若采用滚压加工,硬化层的深度可达几毫米。

(2)表面层金属的金相组织

机械加工过程中,由于切削热的作用会引起表面层金属的金相组织发生变化。例如在磨削淬火钢时,由于磨削热的影响会引起淬火钢中的马氏体的分解会出现回火组织等。

(3)表面层金属的残余应力

由于切削力和切削热的综合作用,表面层金属的晶格会发生不同程度的塑性变形或产生金相组织的变化,使表层金属产生残余应力。

5.3.2　加工表面质量对机器零件使用性能的影响

1)表面质量对耐磨性的影响

(1)表面粗糙度对耐磨性的影响

表面粗糙度对零件表面磨损的影响很大。一般说来,表面粗糙度值越小,其耐磨性越好。但是表面粗糙度值太小,因接触面容易发生分子黏结,且润滑液不易储存,磨损反而增加。究其原因,主要是由于零件表面存在微观不平度,当两个零件表面相互接触时,实际上有效接触面积只是名义接触面积的一小部分,表面越粗糙,有效接触面积就越小。在两个零件做相对运动时,开始阶段由于接触面小,压强大,在接触点的凸峰处会产生弹性变形、塑性变形及剪切等现象,这样凸峰很快就会被磨掉。即使在有润滑存在的情况下,也会因接触点处压强过大,破坏油膜,形成干摩擦,加剧磨损。因此,零件表面在初期磨损阶段的磨损速度很快,起始磨损量较大。随着磨损的继续,有效接触面积不断增大,压强也逐渐减小,磨损将以较慢的速度进行,进入正常磨损阶段。之后,由于有效接触面积越来越大,零件间的金属分子亲和力增加,表面的机械咬合作用增大,使零件表面又产生急剧磨损而进入快速磨损阶段,此时零件将失效。表面粗糙度对零件表面的磨损关系曲线如图5.17所示。

(2)表面纹理对耐磨性的影响

表面纹理的形状及刀纹方向对耐磨性也有一定影响,其原因在于纹理形状及刀纹方向将影响有效接触面积与润滑液的存留。一般来说,圆弧状、凹坑状表面纹理的耐磨性好;尖峰状的表面纹理由于摩擦副接触面压强大,耐磨性较差。在运动副中,两相对运动零件表面的刀纹方向均与运动方向相同时,耐磨性较好;两者的刀纹方向均与运动方向垂直时,耐磨性最差;其余情况居于上述两种状态之间。

(3)冷作硬化对耐磨性的影响

加工表面的冷作硬化,是指加工后的零件表面的强度和硬度都比其内部硬度有提高的现象。它一般都能使耐磨性有所提高。其主要原因是冷作硬化使表面层金属的显微硬度提高,塑性降低,减少了摩擦副接触部分的弹塑性变形,故可减少磨损。但并不是说冷作硬化的程度越高耐磨性越好，冷作硬化程度太高时，会使工件的硬化层易脱落。

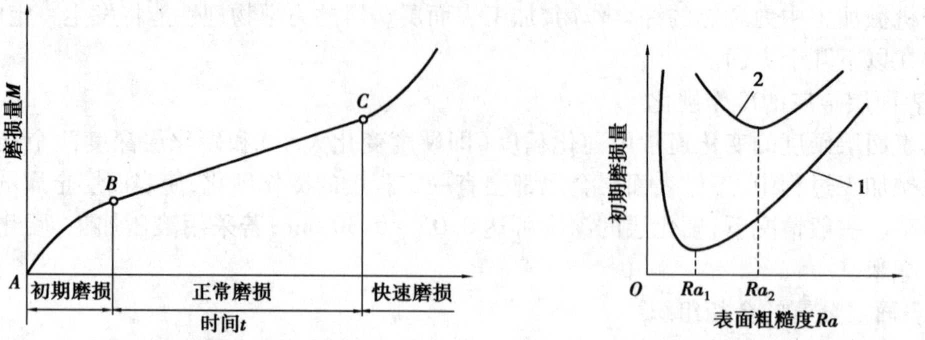

(a)磨损过程的三个阶段　　(b)初期磨损与表面粗糙度的关系

图5.17　磨损曲线

1—轻载工况；2—重载工况

2)表面质量对耐疲劳性的影响

(1)表面粗糙度对耐疲劳性的影响

表面粗糙度对承受交变载荷零件的疲劳强度影响很大。在循环交变载荷作用下，表面粗糙度的凹谷部位容易引起应力集中，产生疲劳裂纹。表面粗糙度值越小，表面缺陷越少，工件耐疲劳性越好；反之，加工表面越粗糙，表面的纹痕越深，其抵抗疲劳破坏的能力越差。

(2)表面层金属的力学物理性能对耐疲劳性的影响

表面层金属的冷作硬化能够阻止疲劳裂纹的生长，可提高零件的耐疲劳强度。在实际加工中，加工表面在发生冷作硬化的同时，必然会有残余应力。残余应力有拉应力和压应力之分，拉伸残余应力将使耐疲劳强度下降，而压缩残余应力则可使耐疲劳强度提高。

3)表面质量对耐蚀性的影响

零件的耐蚀性在很大程度上取决于表面粗糙度。表面粗糙度值越大，加工表面与气体、液体接触的面积越大，腐蚀物质越容易沉积于凹坑中，耐蚀性能就越差。

4)表面质量对零件配合质量的影响

表面质量对零件配合质量的影响很大。对于间隙配合的表面，如果太粗糙，初期磨损量就很大，配合间隙迅速加大，改变了配合性质。对于过盈配合表面，表面粗糙度越大，两表面相配合时表面凸峰易被挤掉，会使过盈量减少。表面的残余应力影响零件配合的稳定性。因此配合质量要求高时，表面的粗糙度值要小。

5.3.3　影响加工表面粗糙度的工艺因素

影响加工表面粗糙度的工艺因素主要来源于工艺系统要素的几何因素和切削的物理条件两个方面。不同的加工方法，影响加工表面粗糙度的主要工艺因素也不相同。

1)普通切削加工后的表面粗糙度

切削加工表面粗糙度值主要取决于切削残留面积的高度。影响切削残留面积高度的因素主要包括刀尖圆弧半径 r_ε、主偏角 κ_r、副偏角 κ_r' 及进给量 f 等。

图5.18给出了车削、刨削时残留面积高度的计算示意图。图5.18(a)是用尖刀切削的情况，切削残留面积的高度为

$$H=\frac{f}{\cot\kappa_r+\cot\kappa_r'} \tag{5.8}$$

图5.18(b)是用圆弧刀刃切削的情况,切削残留面积的高度为

$$H=\frac{f^2}{8r_\varepsilon} \tag{5.9}$$

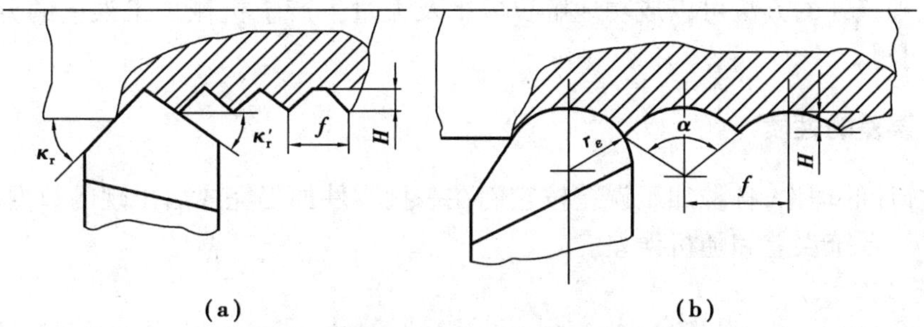

图5.18　车削、刨削时残留面积的高度

从以上两式可知,进给量f和刀尖圆弧半径r_ε对切削加工表面粗糙度的影响比较明显。切削加工时,选择较小的进给量f和较大的刀尖圆弧半径r_ε将会使表面粗糙度得到改善。

加工塑性材料切削速度处于20~50 m/min时,表面粗糙度最大,因为此时常容易出现积屑瘤,使加工表面质量严重恶化;当切削速度超过100 m/min时,粗糙度下降,并趋于稳定。在实际切削时,选择低速宽刀精切和高速精切,往往可以得到较小的表面粗糙度值。

加工脆性材料时,切削速度对表面粗糙度的影响不大。但是,切削脆性材料比切削塑性材料更容易达到表面粗糙度的要求。对于同样的材料,金相组织越是粗大,切削加工后的表面粗糙度值也越大。为减小切削加工后的表面粗糙度值,常在精加工前进行调质等处理,目的在于得到均匀细密的晶粒组织和较高的硬度。

此外,合理选择切削液、适当增大刀具的前角、提高刀具的刃磨质量等均能有效减小表面粗糙度值。

2)*磨削加工后的表面粗糙度*

正像切削加工时表面粗糙度的形成过程一样,磨削加工表面粗糙度的形成也是由几何因素和表面层金属的塑性变形(物理因素)决定的,但磨削过程要比切削过程复杂得多。

(1)几何因素的影响

磨削的机理表明磨削表面是由砂轮上大量的磨粒刻划出无数极细的沟槽形成的。单纯从几何因素考虑,可以认为在单位面积上刻痕越多,砂轮的粒度越大,刻痕的等高性越好,则磨削表面的粗糙度值越小。

(2)表面层金属的塑性变形的影响

砂轮的磨削速度远比一般切削加工的速度高得多,且磨粒大多为负前角,磨削区比压大,切削温度很高,工件表层温度有时可达900 ℃,工件表层金属容易产生相变而产生磨削烧伤。因此,磨削过程的塑性变形要比一般切削过程大得多。

5.4 机械加工误差的统计与分析

在生产实际中，各项误差因素总是同时存在、互相影响的，使加工精度分析错综复杂。实践证明，用数理统计的方法可以成功地解决成批及大量生产中机械加工误差的分析和对加工精度的控制问题。

5.4.1 误差的性质

按数理统计的理论，各种加工误差按它们在一批零件加工完成后出现的数据规律，我们可以分为两大类：系统误差和随机误差。

(1)系统误差

当顺次连续加工一批零件时，大小和方向始终保持不变或是按一定规律变化的误差称系统误差。大小和方向始终保持不变的称为常值系统误差，误差大小和方向按一定规律变化的称为变值系统误差。原理误差，机床、刀具、夹具和量具的制造和调整误差，工艺系统的静力变形通常都是常值系统误差，它们和加工顺序(加工时间)没有关系。机床、夹具和量具的磨损值在一定时间内可以看作常值系统误差。机床和刀具的热变形，刀具的磨损都随着加工顺序(或加工时间)有规律地变化，属于变值系统误差。

(2)随机误差

顺次连续加工一批零件时，大小和方向没有一定变化规律的误差称随机误差。毛坯误差(余量大小不一、硬度不均匀)的复映、定位误差(基准面尺寸不一、间隙影响等)、夹紧误差(夹紧力大小不一)、多次调整的误差、内应力引起的变形误差等都属于随机误差。

机械产品的加工误差往往是系统误差和随机误差共同作用的结果。

对一批零件的实际尺寸用概率论和数理统计方法进行误差数据统计分析，找出误差原因，得到加工误差的总体规律性，从而采取相应措施来提高加工精度，这就是加工误差统计分析的目的。

对上述两类不同性质的误差，解决的途径也不一样。对常值系统误差，可以在查明其大小和方向后，通过相应的调整或检修工艺装备的办法来解决，有时还可用误差补偿或抵消的办法用一个常值误差去抵偿已存在的常值系统误差。对变值系统误差，可以在其变化规律的基础上，通过自动连续补偿或定期自动补偿的办法解决，如各种刀具(或砂轮)的自动补偿装置。随机误差没有明显的变化规律，很难完全消除，但可以采取适当的措施减小其影响。如减小毛坯本身的误差和提高工艺系统的刚度可以减小毛坯误差的复映；采用主动测量与闭环控制对减小随机误差有显著的效果。

5.4.2 误差分布曲线分析法

(1)实际分布曲线

实际分布曲线是对一批零件实际加工完成的尺寸的统计曲线。比如某工序的图纸工艺要求是磨削一个尺寸为 $\phi28^{0}_{-0.015}$ mm 的孔。现对这批孔磨削后，抽查 100 件，对其尺寸大小按每组间隔为 0.002 mm 分组，测量的尺寸参见表 5.1。

表5.1 孔的直径测量结果

组别	尺寸范围/mm	中点尺寸/mm	组内工件数(*m* 件)	尺寸频率 *m/n*
1	27.992~27.994	27.993	4	4/100
2	>27.994~27.996	27.995	16	16/100
3	>27.996~27.998	27.997	32	32/100
4	>27.998~28.000	27.999	30	30/100
5	>28.000~28.002	28.001	16	16/100
6	>28.002~28.004	28.003	2	2/100

表中 n 是测量的工件数。以每组工件数 m 或该组尺寸频率 m/n 作纵坐标,以尺寸范围的中点值 x 为横坐标就可以绘出图5.19的折线图,从该图可以算出:

①分散范围 B = 最大孔径 - 最小孔径 = 28.004 mm - 27.992 mm = 0.012 mm

②分散范围中心(即平均孔径)$\bar{x}=\dfrac{\sum mx}{n}=27.997\ 9$ mm

③公差带中心 = 工序名义尺寸 $-\dfrac{\text{尺寸公差}}{2}=28\text{ mm}-\dfrac{0.015}{2}\text{mm}=27.992\ 5\text{ mm}$

④废品率 $=\dfrac{\text{废品数}(16+2)}{\text{样本数}(100)}\times 100\%=18\%$,即该批零件尺寸为28.000~28.004 mm的零件的频率,也即图中阴影部分。

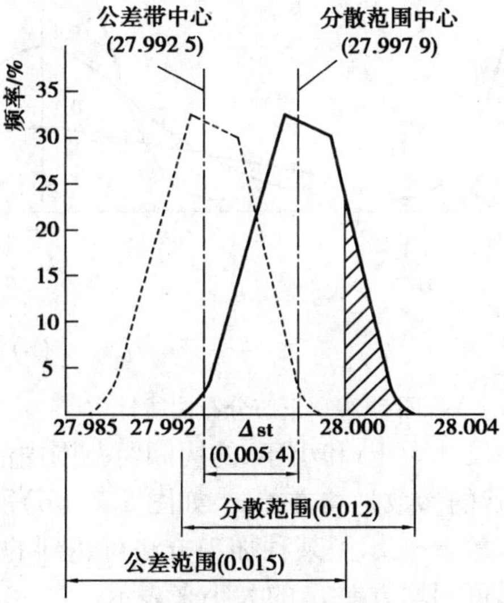

图5.19 磨削孔直径实际分布折线图

⑤系统误差:一批工件尺寸的实际分布中心与公差带中心的偏移大小

$$\Delta_{st}=|\text{分散范围中心}-\text{公差带中心}|=|27.997\ 9-27.992\ 5|=0.005\ 4$$

⑥因为实际分散范围 $B=0.012<$ 公差值 $T=0.015$,所以只需设法将分散中心调整到公差带中心,即将砂轮径向进刀深度调小一点。

大量的统计表明，在绘制上述曲线时，如果把所取的工件数 n 增加，且把尺寸间隔减小，则所作的折线就非常接近光滑的曲线，这就是实际分布曲线。

(2)理论分布曲线

一般加工条件下(即无某种特别影响加工尺寸精度的因素起主导作用)，用调整法加工一批零件所得到的实际尺寸分布曲线与数理统计中的正态分布曲线非常近似，所以研究加工误差问题时，可以用正态分布曲线代替实际分布曲线。

正态分布曲线用概率密度函数来表示：

$$y(x)=\frac{1}{\sigma\sqrt{2\pi}}\exp\left[-\frac{(x-\bar{x})^2}{2\sigma^2}\right] \tag{5.10}$$

式中 x——工件实际尺寸；

$\bar{x}$——工件算术平均尺寸(分散范围中心)，$\bar{x}=\sum\limits_{i=1}^{n}\frac{x_i}{n}$($n$ 为工件总数)；

σ——均方差，$\sigma=\sqrt{\sum\limits_{i=1}^{n}\frac{(x_i-\bar{x})^2}{n-1}}$。

正态分布曲线具有以下特点：

①曲线呈单峰，中间高，两边低。表示尺寸靠近分散中心的工件占大多数，而远离尺寸分散中心的工件是极少数，如图 5.20(a)所示。

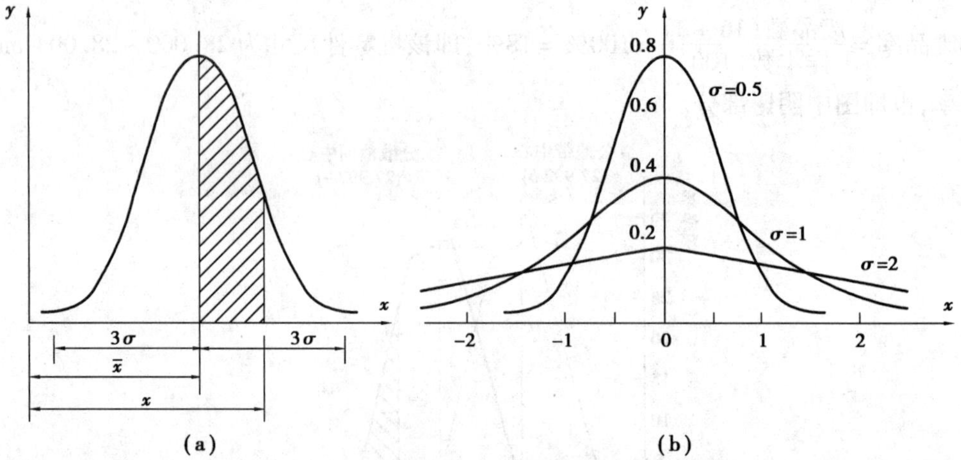

图 5.20 正态分布曲线性质

②曲线有对称性，即工件尺寸大于$\bar{x}$和小于$\bar{x}$的同间距范围内的概率是相等的。

③表示正态分布曲线形状的参数是均方差 σ，如图 5.20(b)所示，σ 越大，曲线越平坦，尺寸越分散，即加工精度越低。故 σ 表示了某种加工方法可达到的尺寸精度；即，当不存在系统误差时，加工方法精度的高低可用均方差 σ 的大小来表示。

④正态分布曲线下面所包含的全部面积代表了全部工件，即 100%；

$$\frac{1}{\sigma\sqrt{2\pi}}\int_{-\infty}^{+\infty}\exp\left[-\frac{(x-\bar{x})^2}{2\sigma^2}\right]\mathrm{d}x=1$$

⑤在尺寸$\bar{x}$到 x 的工件的概率为图 5.20(a)中的阴影部分面积，可按下式计算

$$F=\frac{1}{\sigma\sqrt{2\pi}}\int_{\bar{x}}^{x}\exp\left[-\frac{(x-\bar{x})^2}{2\sigma^2}\right]\mathrm{d}x \tag{5.11}$$

也可以从概率函数积分表(表 5.2)中,由$(x-\bar{x})/\sigma$的值可直接查出 F 值。

表 5.2　概率函数积分表

$\frac{x-\bar{x}}{\sigma}$	F	$\frac{x-\bar{x}}{\sigma}$	F	$\frac{x-\bar{x}}{\sigma}$	F	$\frac{x-\bar{x}}{\sigma}$	F
0.01	0.004 0	0.31	0.121 7	0.72	0.264 2	1.80	0.464 1
0.02	0.008 0	0.32	0.125 5	0.74	0.270 3	1.85	0.467 8
0.03	0.012 0	0.33	0.129 3	0.76	0.276 4	1.90	0.471 3
0.04	0.016 0	0.34	0.133 1	0.78	0.282 3	1.95	0.474 4
0.05	0.019 9	0.35	0.136 8	0.80	0.288 1	2.00	0.477 2
0.06	0.023 9	0.36	0.140 6	0.82	0.293 9	2.10	0.482 1
0.07	0.027 9	0.37	0.144 3	0.84	0.299 5	2.20	0.486 1
0.08	0.031 9	0.38	0.148 0	0.86	0.305 1	2.30	0.489 3
0.09	0.035 9	0.39	0.151 7	0.88	0.310 6	2.40	0.491 8
0.10	0.039 8	0.40	0.155 4	0.90	0.315 9	2.50	0.493 8
0.11	0.043 8	0.41	0.159 1	0.92	0.321 2	2.60	0.495 3
0.12	0.047 8	0.42	0.162 8	0.94	0.326 4	2.70	0.496 5
0.13	0.051 7	0.43	0.166 4	0.96	0.331 5	2.80	0.497 4
0.14	0.055 7	0.44	0.170 0	0.98	0.336 5	2.90	0.498 1
0.15	0.059 6	0.45	0.173 6	1.00	0.341 3	3.00	0.498 65
0.16	0.063 6	0.46	0.177 2	1.05	0.353 1	3.20	0.499 31
0.17	0.067 5	0.47	0.180 8	1.10	0.364 3	3.40	0.499 66
0.18	0.071 4	0.48	0.188 4	1.15	0.374 9	3.60	0.499 841
0.19	0.075 3	0.49	0.187 9	1.20	0.384 9	3.80	0.499 928
0.20	0.079 3	0.50	0.191 5	1.25	0.394 4	4.00	0.499 968
0.21	0.083 2	0.52	0.198 5	1.30	0.403 2	4.50	0.499 997
0.22	0.087 1	0.54	0.205 4	1.35	0.411 5	5.00	0.499 999 97
0.23	0.091 0	0.56	0.212 3	1.40	0.419 2		
0.24	0.094 8	0.58	0.219 0	1.45	0.426 5		
0.25	0.098 7	0.60	0.225 7	1.50	0.433 2		
0.26	0.102 3	0.62	0.232 4	1.55	0.439 4		
0.27	0.106 4	0.64	0.238 9	1.60	0.445 2		
0.28	0.110 3	0.66	0.245 4	1.65	0.450 5		
0.29	0.114 1	0.68	0.251 7	1.70	0.455 4		
0.30	0.117 9	0.70	0.258 0	1.75	0.459 9		

⑥因为$\frac{x-\bar{x}}{\sigma}=3$，由表 5.2 查出，$x-\bar{x}=3\sigma$ 时，$F=49.865\%$，$2F=99.73\%$，即工件尺寸在 $\pm 3\sigma$ 以外的概率只有 0.27%，可以忽略不计。故在实践中常认为 $B=\pm 3\sigma$ 的概率 $F\approx 1$，因而将 $B=\pm 3\sigma$ 称为随机误差的分布范围，即，当不存在系统误差时，所加工的工件不会超过的限度。这个在工程上称为 $\pm 3\sigma$ 准则。

⑦ $\pm 3\sigma$ 的概念在研究加工误差时应用很广，是一个非常重要的概念。6σ 的大小代表了某种加工方法在一定条件下（如合适的毛坯余量和切削用量，正常的机床、夹具、刀具等）所能达到的加工精度。所以在一般情况下，应使所选择的加工方法的标准差与公差带宽度 T 之间具有下列关系：$6\sigma \leqslant T$。

为表征工序能满足加工精度要求，定义工序能力系数 C_P：

$$C_P=\frac{T}{6\sigma} \tag{5.12}$$

它反映了某种加工方法在某道工序上具有的工艺能力。

$C_P>1.67$ 为特级，说明工艺能力过高，但不一定经济；

$1.67 \geqslant C_P>1.33$ 为一级，说明工艺能力足够；

$1.33 \geqslant C_P>1.00$ 为二级，说明工艺能力勉强，必须密切跟踪加工过程；

$1.00 \geqslant C_P>0.67$ 为三级，说明工艺能力不够，可能出现少量不合格品；

$0.67 \geqslant C_P$ 为四级，说明工艺能力不足，必须加以改进。

通过分布曲线法可以判断某种工艺能否保证加工精度，也可以得到不同性质的加工误差。应用这种分析方法的前提是该工艺过程应该是稳定的。在这个前提下，讨论工艺过程的精度指标才有意义，因此不足之处是，必须待全部工件加工完毕后才能进行测量和处理数据。假如加工中存在着影响较大的变值系统误差，或随机误差的大小有明显的变化，那么这种波动就是异常波动，这样的工艺过程也就是不稳定的。对于不稳定的工艺系统，分布曲线分布法不能在监测过程中实时暴露加工过程中误差变化的规律性，而点图法就比较优越。

5.4.3 点图法

点图法的要点是按加工的先后顺序作出尺寸的变化图，以实时暴露在整个加工过程中的误差变化全貌。所以使用点图法一般要按加工顺序定期抽测工件尺寸，并以其序号作横坐标，以测量得到的尺寸为纵坐标。点图形式很多，本书重点介绍 $\bar{x}$-R 点图。

(1) $\bar{x}$-R 点图

顺次地每隔一定时间抽检一组（m 个）工件（通常 $m=5\sim10$），以工件组的顺序为横坐标，以每组工件的实际尺寸的平均值 $\bar{x}$ 为纵坐标，绘制 $\bar{x}$ 图，得 $\bar{x}$ 点图；以每组工件实际尺寸的极差 R 为纵坐标，绘制 R 点图，统称为 $\bar{x}$-R 点图，如图 5.21 所示。

图中：$\bar{x}=\frac{1}{m}\sum_{i=1}^{m}x_i$；　$R=x_{\max}-x_{\min}$。

$\bar{x}$ 点图反映出加工过程中分布中心的位置及其变化趋势，反映系统误差对加工精度的影响，如图 5.21 所示的上部曲线。

R 点图反映了加工过程中极差分布范围的变化趋势，即随机误差的影响，如图 5.21 所示的下部曲线。

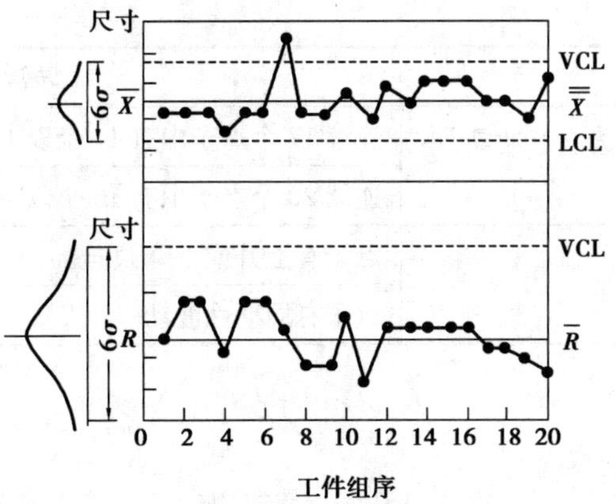

图 5.21　$\overline{x}$-R 点图

(2) $\overline{x}$-R 点图的应用

$\overline{x}$-R 点图上画出横坐标中心线以及上下控制线，可得 $\overline{x}$-R 点图的控制图（图 5.21）。

$\overline{x}$ 点图的中心线　$\overline{\overline{x}} = \dfrac{1}{K}\sum_{i=1}^{k}\overline{x_i}$

$\overline{x}$ 点图的上控制线　$VCL = \overline{\overline{x}} + A\overline{R}$

$\overline{x}$ 点图的下控制线　$LCL = \overline{\overline{x}} - A\overline{R}$

R 图的中心线　$\overline{R} = \dfrac{1}{K}\sum_{i=1}^{k}R_i$

R 图的上控制线　$VCL = D\overline{R}$

式中 A 和 D 的数值根据数理统计原理得出，表 5.3 给出了当每组个数 m 为 4 和 5 时的数据。

表 5.3　组内样本数 m 与系数 A、D 的取值

每组个数 m	A	D
4	0.73	2.28
5	0.58	2.11

点子的波动有正常波动和异常波动，正常波动说明工艺过程稳定；异常波动说明工艺过程不稳定。一旦出现异常波动，就要及时寻找原因，消除产生不稳定的因素，正常波动和异常波动的标志见表 5.4。

表 5.4　正常波动与异常波动的标志

<table>
<tr><th>正常波动</th><th colspan="2">异常波动</th></tr>
<tr><td rowspan="3">没有点子超出控制线</td><td colspan="2">有点子超出控制线</td></tr>
<tr><td colspan="2">点子密集在中心线上下附近</td></tr>
<tr><td colspan="2">点子密集在控制线附近</td></tr>
<tr><td rowspan="3">大部分点子在中心线的附近上下波动，小部分在控制线附近</td><td>连续 7 个以上点子</td><td rowspan="3">出现在中线一侧</td></tr>
<tr><td>连续 11 个点子中有 10 个以上</td></tr>
<tr><td>连续 14 个点子中有 12 个以上</td></tr>
</table>

续表

正常波动	异常波动
大部分点子在中心线的附近上下波动,小部分在控制线附近	连续17个点子中有14个以上
	连续20个点子中有16个以上
点子没有明显的规律性	点子有上升或下降倾向
	点子有周期性波动

思考与习题

5.1 什么是机械加工质量？机械加工精度与表面质量这两个概念有何区别与联系？

5.2 解释工艺系统、原始误差以及误差敏感方向。

5.3 什么是加工原理误差？举例说明。

5.4 简述机床误差所包括的主要内容。

5.5 什么是工艺系统刚度？工艺系统受力变形对加工精度的影响有哪些？

5.6 对车削加工,随着受力点位置的变化,有可能产生什么样的形状误差？

5.7 什么是误差复映？如何减小误差复映的影响？

5.8 试举例说明在机械加工过程中,工艺系统受热变形和残余应力怎样对零件的加工精度产生影响？应采取什么措施？

5.9 在车床上车削一细长轴,当毛坯横截面有圆度误差(如椭圆度),且车床床头的刚度大于尾座的刚度时,试分析在只考虑工艺系统受力变形的影响下,一次走刀加工后工件的横向及纵向形状误差。

5.10 试分析平面磨床、普通车床的床身导轨在水平面内和铅垂平面内的直线度要求是否相同？为什么？

5.11 在三台车床上分别加工三批工件的外圆表面,加工后经测量,三批工件分别产生了如题图5.1所示的形状误差,试分析产生上述形状误差的主要原因。

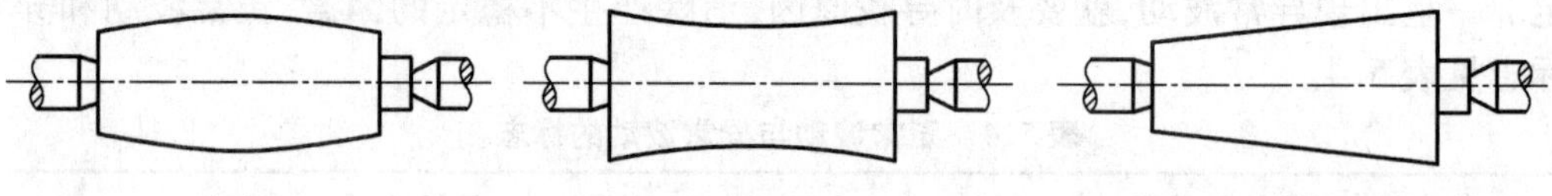

(a) (b) (c)

题图5.1

5.12 按题图5.2(a)的装夹方式在外圆磨床上磨削薄壁套筒A,卸下工件后发现工件成鞍形,如图5.2(b)所示,试分析产生该形状误差的原因。

5.13 在卧式铣床上按题图5.3所示装夹方式用铣刀A铣键槽,经测量发现,工件右端处的槽深大于中间的槽深,且都比未铣键槽前调整的深度浅。试分析产生这一现象的原因。

5.14 镗床上镗孔,试分析以下情况所产生的形状误差：

①无支撑镗杆进给时产生的形状误差;

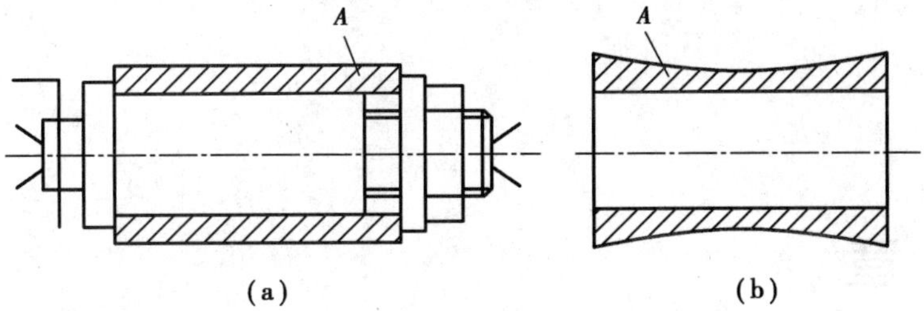

题图 5.2

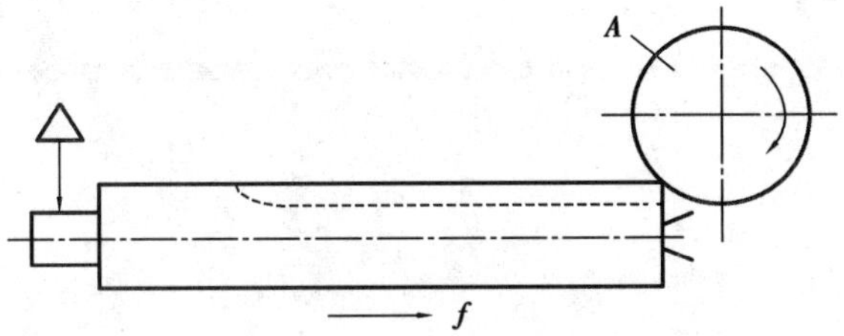

题图 5.3

②无支撑工件进给产生的形状误差；

③前后支撑浮动镗杆加工产生的形状误差。

5.15 在车床上镗孔时，若主轴回转运动和刀具的直线进给运动均很准确，只是它们在水平面内或垂直面上不平行，试分析加工后将产生什么样的形状误差。

5.16 表面质量的含义包括哪些内容？为什么机械零件的表面质量与加工精度具有同等重要的意义？

5.17 磨削加工时，影响加工表面粗糙度的主要因素有哪些？

5.18 什么是冷作硬化？其产生的主要原因是什么？

5.19 什么是回火烧伤？什么是淬火烧伤？什么是退火烧伤？为什么磨削加工容易产生烧伤？为什么磨削高合金钢较普通钢更易“烧伤”？

5.20 磨削烧伤对零件的使用性能有何影响？试举例说明减少磨削烧伤及裂纹的办法。

5.21 为什么在机械加工中，工件表面会产生残余应力？磨削加工工件表面层中残余应力产生的原因与切削加工是否相同？

5.22 磨削淬火钢时，加工表面层的硬度可能升高或下降，试分析其可能的原因，并说明表面层的应力符号。

5.23 何谓强迫振动和自激振动？如何区分这两种振动？机械加工中引起这两种振动的原因是什么？

5.24 试述分布曲线法与点图法的特点、应用及各自解决的主要问题。

5.25 加工一批尺寸为 $\phi20^{0}_{-0.1}$ mm 的小轴外圆，若尺寸为正态分布，均方差 $\sigma=0.025$，公差带中点小于尺寸分布中心 0.03 mm。试求：

①加工尺寸的常值系统误差、变值系统误差以及随机误差引起的尺寸分散范围；

②这批零件的合格率及废品率。

5.26 在自动车床上加工一批轴件，要求外径尺寸为 $\phi20^{+0.1}_{-0.1}$ mm，已知均方根偏差 $\sigma=0.02$ mm，试求此机床的工序能力系数及等级。

第 6 章

机床夹具设计

【教学目标】

本章主要介绍机床专用夹具的基本知识和方法,包括夹具结构与作用、六点定位原理、定位元件的选择、组合面定位分析、夹紧力的确定及典型夹紧装置、专用夹具设计的基本方法与步骤、定位误差的分析与计算等。

通过本章的学习,能了解典型夹具的结构,根据零件的结构和加工要求,合理确定零件的定位和夹紧方案,初步掌握专用夹具的设计方法与步骤。

【重点难点】

- 定位方案比较与分析
- 夹具装置设计
- 定位误差的分析与计算

6.1 夹具的作用与分类

在机械加工过程中,必须使工件、夹具、刀具和机床之间保持正确的相互位置,才能加工出合格的零件,即工件在夹具中定位正确和夹紧可靠、夹具在机床上安装正确、刀具相对于工件的位置正确。

在成批、大量生产中,工件的装夹是通过机床夹具来实现的。夹具是一种装夹工件的工艺装备,它广泛应用于机械制造过程的切削加工、热处理、装配、焊接和检测等工艺过程中。

6.1.1 夹具的结构组成

一套典型的机床夹具在基本组成结构上主要包括定位元件、夹紧装置和夹具体,而其他夹具结构如对刀元件(调整刀具切削刃相对工件或夹具的正确位置)、导向元件(引导刀具沿正确方向进行连续性切削)、连接元件、分度装置和靠模装置等,则可以根据具体夹具的工作要求进行选配和设计。如图 6.1 是一个典型的钻床夹具结构图。

①定位元件:确定工件在夹具中占据正确的加工位置,通常与工件的定位基准相接触,如图6.1中的2、3、4、5、11。

②夹紧装置:将定位的工件压紧固定,保证工件在加工过程中受到外力作用时保持所限制的自由度状态,如图6.1中的6、7、9、10。

③夹具体:用于连接夹具元件和有关装置使之成为一个整体的基础件,夹具通过夹具体与机床连接,其形状和尺寸主要取决于夹具各组成件的分布情况和工件的形状尺寸与加工性质。

④对刀元件、导向元件:在夹具中用于确定(或引导)刀具相对于夹具定位元件具有正确位置关系的元件。对于钻头、铰刀、镗刀等孔加工刀具用导向元件,如图6.1中的12;对于铣刀、刨刀等需用对刀元件。

⑤连接元件:用于确定整个夹具在机床上具有正确位置并与之连接的元件。对于铣床夹具要有定位键与铣床工作台的T形槽相配进行定位并夹紧;孔加工刀具在轴向进给时用导向元件就可以保证相对位置,所以钻床夹具没有连接元件。

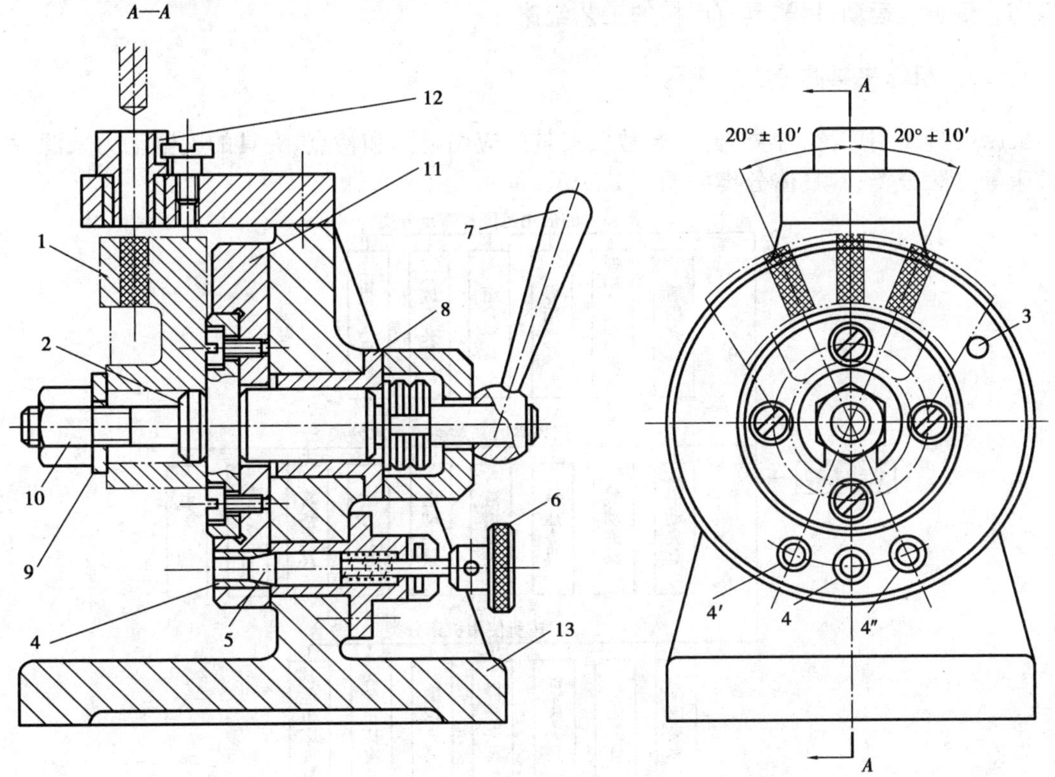

图6.1　钻床夹具

1—工件;2—定位心轴;3—挡销;4—定位套;5—定位销;6—调整捏手;7—锁紧手柄;
8—限位衬套;9—开口垫圈;10—锁紧螺母;11—三位分度盘;12—可换钻套;13—钻模底座

6.1.2　机床夹具的作用

机床夹具的作用如下所述。

(1)保证加工精度

用机床夹具装夹工件,能准确确定工件与刀具、机床之间的相对位置关系,可以保证加工精度。

(2)提高生产效率

机床夹具能快速地将工件定位和夹紧,可以减少辅助时间,提高生产效率从而降低生产成本。

(3)减轻劳动强度

机床夹具采用机械、气动、液动夹紧装置,可以减轻工人的劳动强度,保证生产安全。

(4)扩大机床的工艺范围

利用机床夹具,能扩大机床的工艺范围。

(5)保证工艺纪律

使用机床夹具,需要了解夹具的定位夹紧原理,知晓采用该夹具进行工件装卸的安装操作步骤和工件加工运动过程,具有严格的工艺纪律。

6.1.3 机床夹具的分类

机床夹具使用广泛,种类繁多,通常按夹具的应用范围和特点、夹具的夹紧动力来源、所使用机床等方法分类,其具体分类如图 6.2 所示。

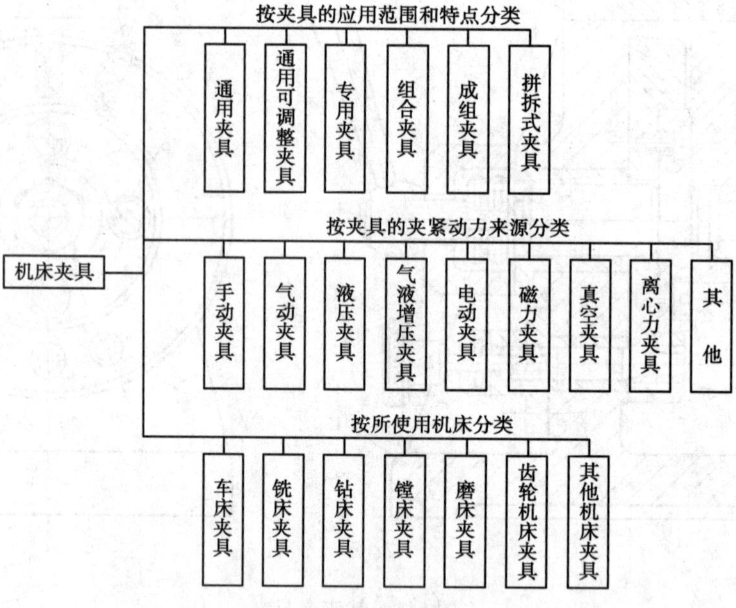

图 6.2　机床夹具的分类

(1)按应用范围和特点分类

机床夹具按应用范围和特点分为通用夹具、专用夹具、组合夹具、成组夹具、通用可调整夹具、拼拆式夹具等,以下简述前 4 种。

①通用夹具是指已经标准化、无须调整或稍加调整就可以用来装夹不同工件的夹具。如三爪卡盘、四爪卡盘、平口虎钳和万能分度头等。这类夹具主要用于单件小批生产。

②专用夹具是为某一工件的某一加工工序而专门设计制造的夹具。一般结构紧凑,操作

方便,主要用于已经定型产品的大批量生产。这是机械加工中设计制造应用最广泛的一类夹具。不同的工件、同一工件的不同加工工序都可能需要设计制造不同的专用夹具。

③组合夹具通常是指根据被加工工件的需要由一些典型的标准夹具或非标准结构件组合连接而成具有特定用途的夹具。

④成组夹具是指在生产系列化产品过程中由于产品的局部结构和尺寸变动而适当调整、更换夹具的相关定位连接结构件而形成的新夹具。

组合夹具和成组夹具通常初期投入大,但根据产品需要更换效率高,夹具结构件的互换率高,产品的生产准备周期短。

(2)按夹具的夹紧动力来源分类

机床夹具按夹具的夹紧动力来源分为手动夹具、气动夹具、液压夹具、气液增压夹具、电动夹具、磁力夹具、真空夹具和离心力夹具等。在生产过程中,应根据加工产品需要的动力源大小、加工工艺条件和产品特点选用合适的夹具。

(3)按所使用机床分类

机床夹具按所使用机床分为车床夹具、铣床夹具、钻床夹具、镗床夹具、磨床夹具、齿轮加工机床夹具(滚齿夹具、剃齿夹具、铣齿夹具)和其他机床夹具等。这类夹具在设计时要考虑夹具的连接结构如何与使用的机床进行可靠连接。

6.2 工件的装夹

在机床上加工工件时,为使工件在该工序所加工表面能达到规定的尺寸与形位公差要求,在开动机床进行加工之前,必须首先将工件放在机床上或夹具中,使它在夹紧之前就相对于机床占有某一正确的位置,此过程称为定位。工件在定位之后还要承受切削力、惯性力等的作用,为了使工件在加工过程中即使受到外力也能保持其正确位置,还必须把它压紧夹牢,此过程称为夹紧。工件的装夹过程就是定位过程和夹紧过程的综合。

工件的装夹不仅影响加工质量,而且对生产率、加工成本及操作安全都有直接影响。

6.2.1 工件装夹方法

工件在机床上实现正确装夹的方法主要有以下3种。

(1)直接法找正装夹

把工件直接放在机床工作台上或支承面上,根据工件的一个或几个表面用百分表或千分表等测量工具来找正工件准确位置后再进行夹紧,如图6.3所示。

(2)划线法找正装夹

把工件放到测量平台以及四爪单动卡盘、机用台虎钳等机床附件中,然后按工件的加工要求使用划针、划线尺等标示工具进行加工面位置的一个或几个表面划线工序,然后依据这些线痕找正实现正确装夹,如图6.4所示。

(3)用夹具装夹工件

将工件装在夹具上,不再直接找正,便能直接得到工件的准确加工位置的装夹方式。图6.5(a)所示的钻孔夹具加工图6.5(b)所示的待加工工件位置尺寸为L、大小为ϕD的孔时,不需要每次装夹时找正这两个尺寸,只需要装夹正确后由夹具的有关定位元件和刀具引导元件就可以准确完成工序内容。

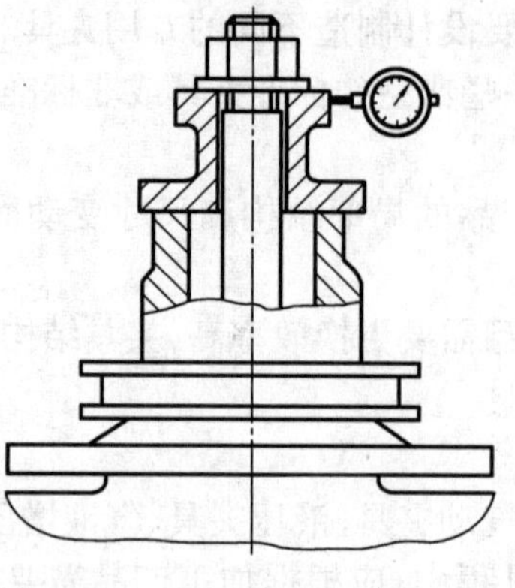

图 6.3　直接法找正装夹

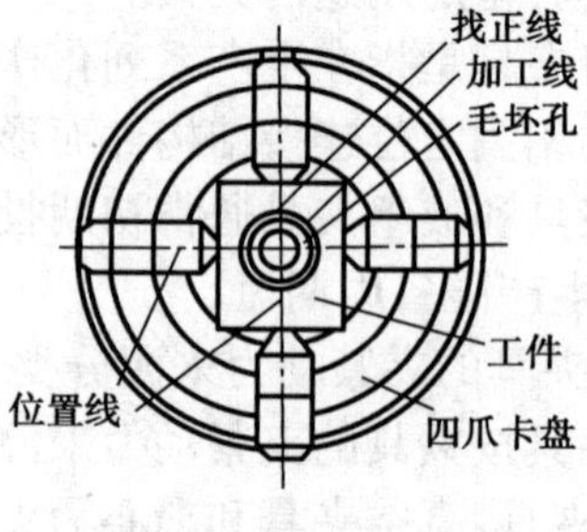

图 6.4　划线法找正装夹

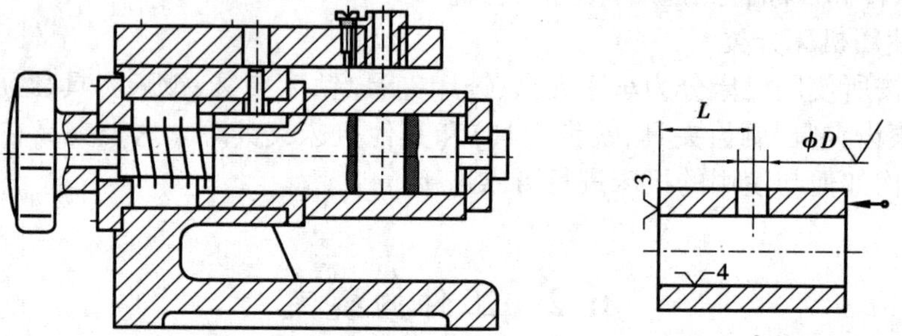

(a)钻孔夹具　　　　(b)待加工工件

图 6.5　用夹具装夹工件

这三种方法前两种劳动强度大、生产效率低、要求个人的技术等级高，同时定位精度较低，常常需要增加划线工序，因而总体上增加了加工成本。但由于装夹时只需要通用性很好的机床附件和工具，所以在单件、小批量生产加工不同零件的各种表面时经常采用。而用夹具装夹工件的方法在零件定位基准较好、待加工零件轮廓尺寸较规整统一的批量生产中广泛应用。

6.2.2　工件的定位

物体在空间具有 6 个自由度，即沿三个坐标轴的轴向移动和绕三个坐标轴的转动，如果完全限制了物体的这 6 个自由度，则物体在空间的位置就完全确定了。

1）工件的定位基准与定位基面

工件的定位是通过工件上的定位表面与夹具上定位元件的配合或接触来实现的。

定位基准是确定工件位置时所依据的基准，它通过定位基面体现。如图 6.6 所示，轴套工件以圆孔在心轴上定位，工件的内圆柱面称为定位基面，它的轴线称为定位基准；与此对应，夹具上的定位元件心轴的外圆柱面称为限位基面，心轴的轴线称为限位基准。

工件以平面与定位元件接触时，工件上实际存在的面是定位基面，它的理想状态是定位基准。如果工件上实际存在的平面形状误差很小，可认为定位基面与定位基准重合。同样，定位元件以平面限位时，如果形状误差很小，也可以认为限位基面与限位基准重合。工件在夹具上定位时，理论上定位基准与限位基准应重合，定位基面与限位基面应接触。定位基面与限位基面合称为定位副。当工件有几个定位基面时，限制自由度数最多的称为主要定位面，相应的限位基面称为主要限位面。夹具定位元件的选择及其制造精度直接影响工件的加工定位精度和夹具的制造及使用效能。

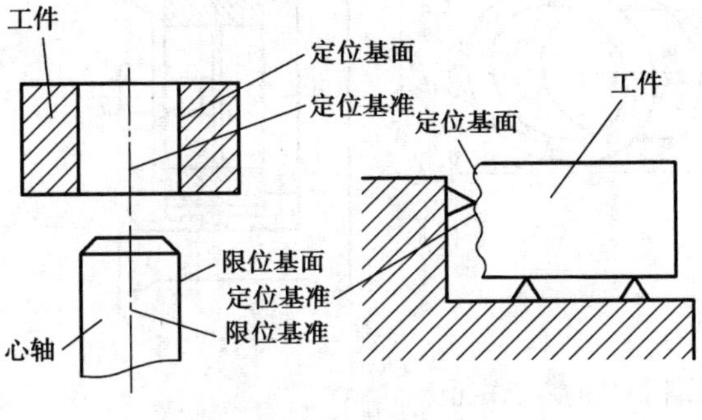

图6.6 基准和基面的区别与联系

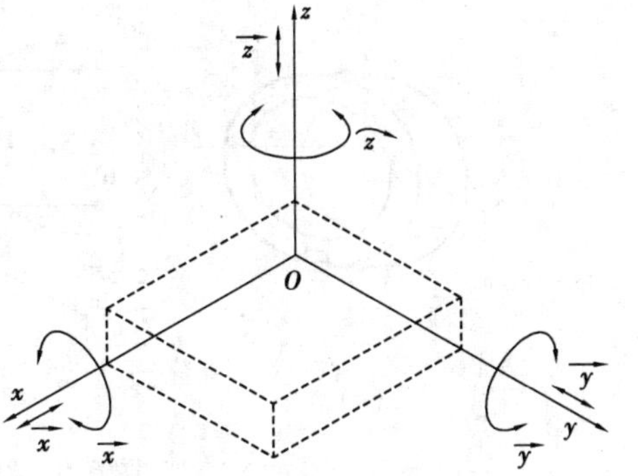

图6.7 工件的6个自由度

2)六点定位原理

工件在未定位前,可以看成空间直角坐标系中处于无约束状态的自由物体,它可以沿三个坐标轴的平行方向放在任意位置,即具有沿着三个坐标轴移动的自由度,记为$\vec{x}$、$\vec{y}$、$\vec{z}$;同样,工件沿三个坐标轴转角方向的位置也是可以任意放置的,即具有绕三个坐标轴转动的自由度,记为$\widehat{x}$、$\widehat{y}$、$\widehat{z}$,如图6.7所示。因此,要使工件在夹具中占有一定的正确位置,就必须对工件的自由度加以限制。

在实际应用中,通常用一个支承点(或接触面积很小的支承钉)限制工件的一个自由度,这样,用空间合理布置的6个支承点限制工件的6个自由度,使工件的空间位置完全确定,称为"六点定位原理",简称"六点定则"。例如图6.8(a)所示工件,在其底面布置三个不共线的支承点1、2、3,如图6.8(b)所示,限制$\widehat{x}$、$\widehat{y}$、$\vec{z}$三个自由度;在侧面布置两个支承点4、5,限制$\vec{y}$、$\widehat{z}$两个自由度;并在端面布置一个支承点6,限制$\vec{x}$的自由度,即用图6.8(c)的合理布置定位点方式可完全限制工件的六个自由度。

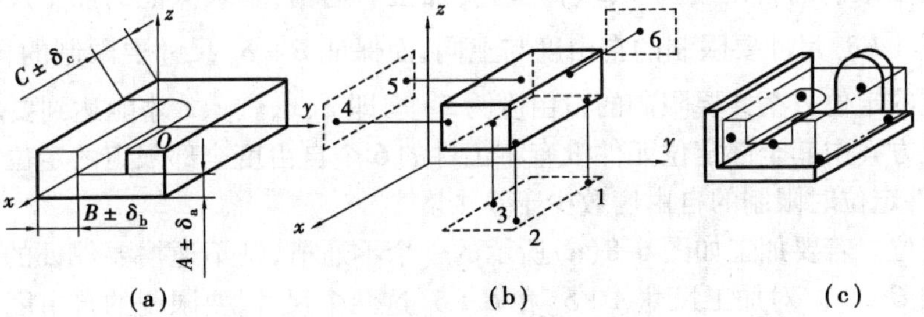

(a) (b) (c)

图6.8 工件定位时支承点的分布

必须注意:6个支承点的位置必须合理分布,否则不能有效地限制6个自由度。如上例中,平面xOy内的三个支承点应呈三角形分布,且三角形面积越大,定位状态越稳定。平面xOz上的两个支承点的连线不能与平面xOy垂直,否则不能限制$\widehat{z}$的自由度。

又如在图6.9(a)所示圆环形工件上开展钻孔工序,要求:保证所钻孔的轴线至左端面A的距离与端面平行,并保证与大孔轴线垂直且通过键槽的对称中心,如图6.9(b)所示。现用图6.9(c)所示的定位方案,工件端面A与夹具短圆柱销B的台阶面接触,限制$\vec{y}$、$\widehat{x}$、$\widehat{z}$三个自由度;工件内孔与短圆柱销 B 外圆配合,限制 $\vec{x}$、$\vec{z}$ 两个自由度;嵌入键槽的销 C 限制 $\overset{\frown}{y}$ 的自由度。同样,相当于用6个支撑点限制了该工件的6个自由度。

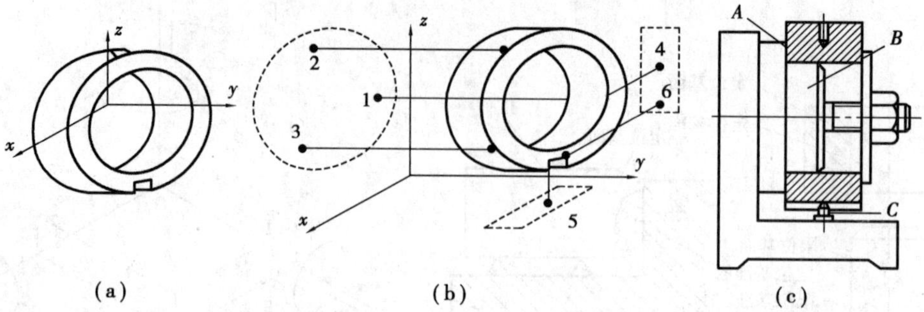

图6.9　圆环形工件钻孔的六点定位

对于工件的定位,可能会有两种误解:

其一认为工件只要被夹紧,其位置不能移动,工件就定位了。

这里的工件定位,是指一批工件在夹紧前要占有一致的、正确的位置(暂不考虑定位误差的影响)。而工件在任何位置均可被夹紧,这样就无法保证一批工件在夹具中位置的一致性。

其二认为工件定位后,仍具有与定位支承相反方向移动或转动的可能性。

这是没有注意到定位原理中所称的限制自由度,必须是工件的定位面与夹具限位面保持接触。如果始终保持接触,就不会有相反方向的移动或转动的可能性。

3)工件加工要求与限制自由度的关系

工件在空间有6个自由度,但并不是每道工序完成时都要限制工件的6个自由度,而是应根据加工要求,限制那些对本工序加工精度有影响的自由度,对要求的工艺参数加工精度无影响的,则可以限制,也可以不限制,视具体情况来确定。

(1)不完全定位和完全定位

①不完全定位。如图6.8(a)所示,若只要加工保证加工尺寸为 $A \pm \delta_a$ 的整个平面,则工件的定位方案要限制的自由度为 $\vec{z}$、$\overset{\frown}{x}$、$\overset{\frown}{y}$。若要加工一通槽,要求保证的加工尺寸是 $A \pm \delta_a$ 和 $B \pm \delta_b$,则保证 $A \pm \delta_a$ 尺寸要限制的自由度与上同,而保证 $B \pm \delta_b$ 尺寸要限制的自由度是 $\vec{y}$、$\overset{\frown}{z}$,因此工件确定的定位方案共要限制的自由度为5个,即 $\vec{z}$、$\overset{\frown}{x}$、$\overset{\frown}{y}$、$\vec{y}$、$\overset{\frown}{z}$ 才能达到要求。上述在工件的装夹定位方案中其全部定位元件没有将工件的6个自由度全部限定的定位方式称为不完全定位,即工件定位时限制的自由度数少于6个。

②完全定位。若要加工如图6.8(a)所示的一个不通槽,铣不通槽要保证的加工尺寸是 $A \pm \delta_a$、$B \pm \delta_b$ 和 $C \pm \delta_c$。对加工尺寸 $A \pm \delta_a$ 和 $B \pm \delta_b$ 这两个尺寸,要限制的自由度与不完全定位相同;要满足保证尺寸 $C \pm \delta_c$,则要增加限制的自由度为 $\vec{x}$。这样,工件定位时6个自由度全部要限制。这种在工件的装夹定位方案中其全部定位元件将工件的6个自由度全部约束限定的定位方式称为完全定位。

需要说明的是,完全定位和不完全定位只是针对定位元件是否都限制了工件的6个自由度而定,不存在该定位方案正确和合理与否的结论。工件选用哪种定位方式是工艺设计者根据加工的具体要求来确定的。

(2)欠定位和过定位

①欠定位。根据零件的加工精度要求应该限制的一个或某几个自由度,但在拟定的定位方案中,这些自由度没有被限制的定位方案,称为欠定位。由于欠定位不能保证加工要求,因此,欠定位在加工中是绝不允许的。在图6.8(a)要求保证尺寸 $A \pm \delta_a$、$B \pm \delta_b$ 和 $C \pm \delta_c$ 而要求限制的自由度中,其中任何一个自由度没被限制则都是欠定位。

②过定位。工件6个自由度中某一个或几个自由度被重复限制的定位方式,称为过定位。在图6.9(c)中,若将短圆柱销 B 改为长圆柱销,则长销限制4个自由度:$\vec{x}$、$\vec{z}$、$\widehat{x}$、$\widehat{z}$,这时 $\widehat{x}$、$\widehat{z}$ 两个自由度被定位元件的大端面 A 和长圆柱销 B 重复限制而造成过定位。

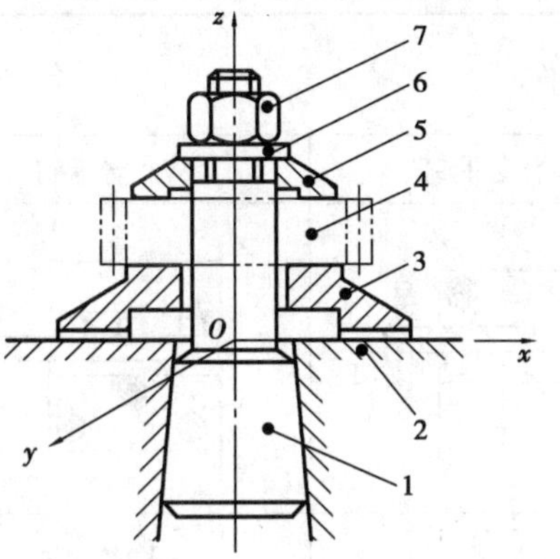

图6.10　滚齿夹具

1—心轴;2—工作台;3—支承平台;4—工件;5—压块;6—垫圈;7—压紧螺母

过定位通常造成工件定位不稳,或工件的安装产生干涉,或使工件或夹具变形,会使加工误差增大,所以一般不允许采用过定位。消除过定位有两种途径:一是改变定位元件结构,以减少转化支承点的数目,消除被重复限制的自由度。如常用的一面两销定位方案,就是将两销中的其中一个销由短圆柱销改为菱形销,其限制自由度由两个减少为一个。二是提高工件定位基面之间与夹具定位元件工作表面之间的位置精度,以消除过定位干涉。

在需要增加工件定位系统的刚度,改善定位效果,且包括工件和夹具定位元件组成的定位副本身又具有较高位置精度的条件下,允许采用过定位方案。如图6.10所示常用的滚齿夹具用芯轴定位方案就是典型的过定位。

6.3　常见的定位元件与定位方案

工件的典型定位基准表面有各种形式,如平面、外圆、内孔等。对这些表面,总是采用一定结构形式演化而成的定位元件,以保证定位元件的限位面和工件定位基准面相接触或配合,实现工件的定位。

一般来说,夹具定位元件应满足下列要求:

①具有足够的精度,以保证工件的定位精度。

②要有足够的刚度和强度,不允许在工件受到重力、夹紧力和切削力等的作用时发生变形或损坏。

③要有足够的耐磨性,以便在使用中保持精度。定位元件工作表面经常与工件接触和摩擦,容易磨损。一般多采用低碳钢渗碳淬火或中碳钢淬火,淬火硬度为58~62 HRC。

④结构上有较好的工艺性。定位元件应便于制造、装配、拆卸和维修。

⑤利于清除切屑。定位元件的结构和工作表面要防止切屑嵌入影响精度。

6.3.1　典型表面的定位方法及其常用定位元件

常用定位元件可按其结合的工件定位基准面形状分为以下几种:

①用于平面定位的定位元件：包括固定支承（支承钉和支承板两类）、自位支承、可调支承等。不起限制工件自由度的辅助支承虽属于支承元件但通常不归为定位元件。

②用于孔定位的定位元件：包括定位销（圆柱定位销和圆锥定位销）、圆柱心轴和小锥度心轴等。

③用于外圆柱面定位的定位元件：包括 V 形块、定位套和半圆定位座等。

应根据工件定位基面的形状和定位元件的结构特点选择定位元件。

常用定位元件的定位分析见表 6.1。

表 6.1　常见定位元件的定位分析

工件的定位面	夹具的定位元件				
平面	支承钉	定位情况	1 个支承钉	2 个支承钉	3 个支承钉
		定位副的布置情况	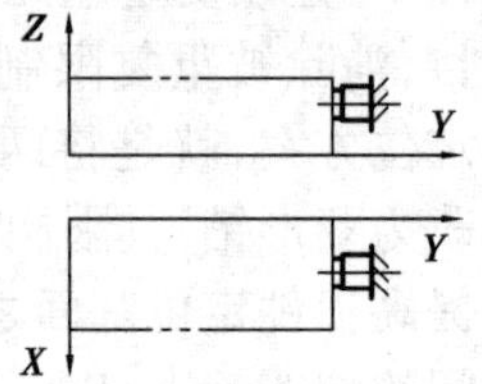	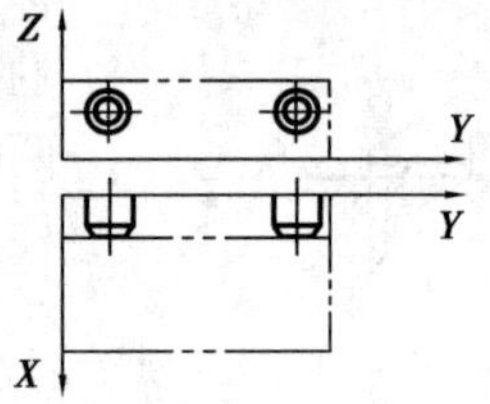	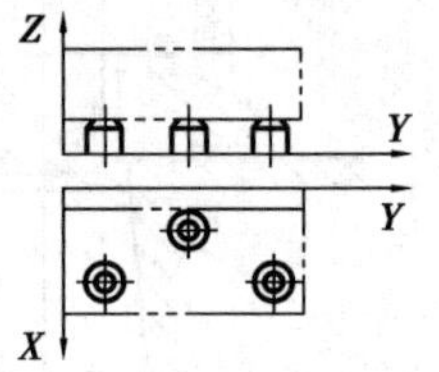
		限制自由度	$\vec{Y}$	$\vec{X}$、$\overset{\frown}{Z}$	$\overset{\frown}{X}$、$\overset{\frown}{Y}$、$\vec{Z}$
	支承条	定位情况	1 块条形支承	2 块条形支承	1 块矩形支承板
		定位副的布置情况	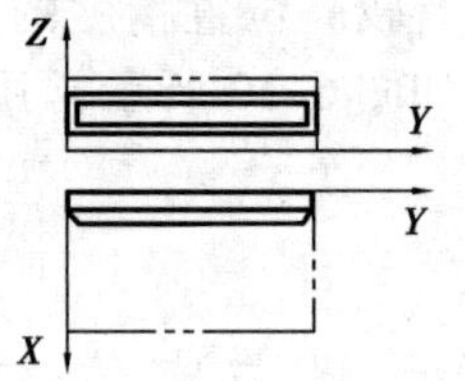	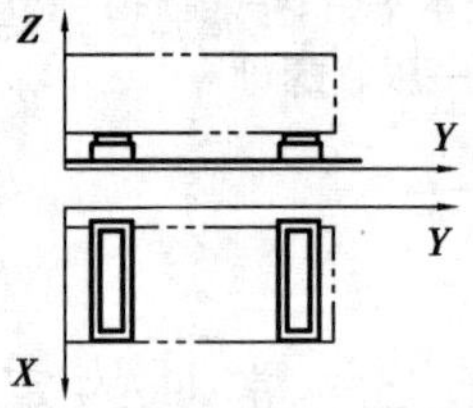	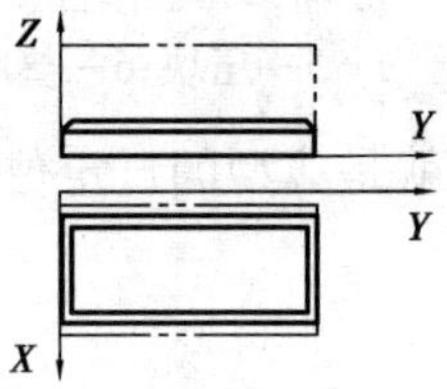
		限制自由度	$\vec{X}$、$\overset{\frown}{Z}$	$\overset{\frown}{X}$、$\overset{\frown}{Y}$、$\vec{Z}$	$\overset{\frown}{X}$、$\overset{\frown}{Y}$、$\vec{Z}$
孔	圆柱销	定位情况	短圆柱销	长圆柱销	两端短圆柱销
		定位副的布置情况	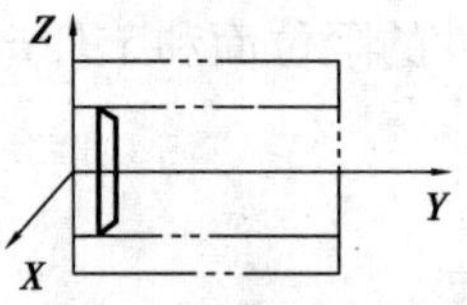	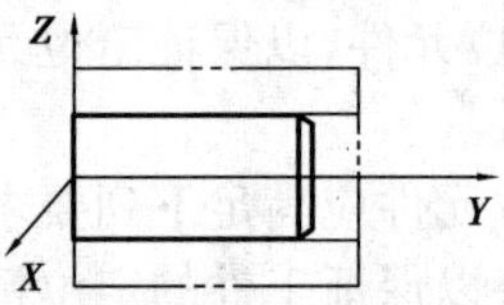	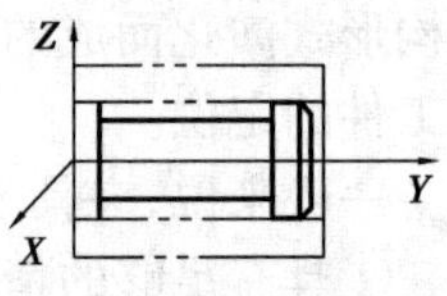
		限制自由度	$\vec{X}$、$\vec{Z}$	$\vec{X}$、$\vec{Z}$、$\overset{\frown}{X}$、$\overset{\frown}{Z}$	$\vec{X}$、$\vec{Z}$、$\overset{\frown}{X}$、$\overset{\frown}{Z}$
	圆锥销	定位情况	1 个固定圆锥销	1 个浮动圆锥销	1 固 1 浮圆锥销组合
		定位副的布置情况	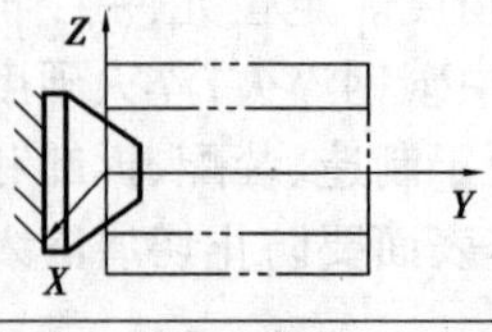	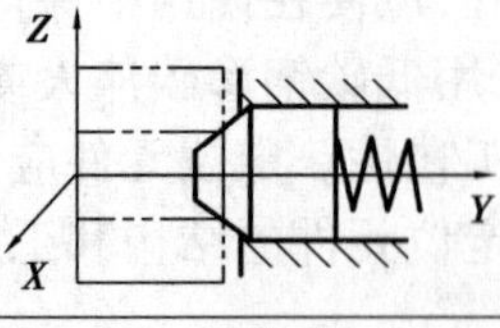	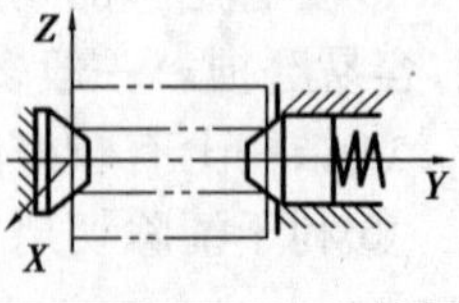
		限制自由度	$\vec{X}$、$\vec{Y}$、$\vec{Z}$	$\vec{X}$、$\vec{Z}$	$\vec{X}$、$\vec{Y}$、$\vec{Z}$、$\overset{\frown}{X}$、$\overset{\frown}{Z}$

续表

工件的定位面	夹具的定位元件				
孔	心轴	定位情况	长圆柱心轴	短圆柱心轴	小锥度心轴
		定位副的布置情况	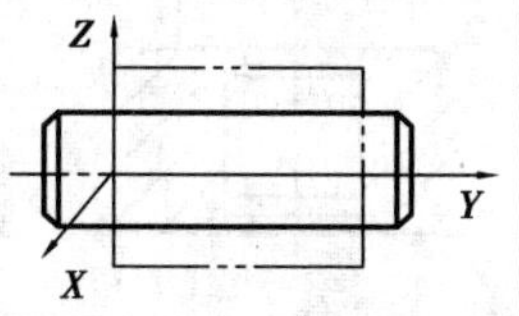	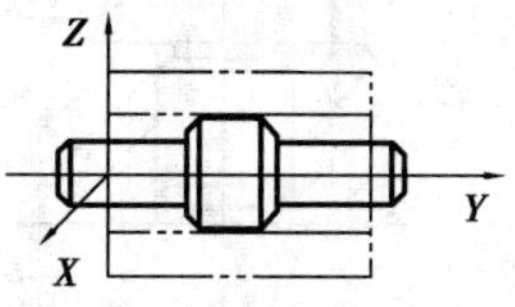	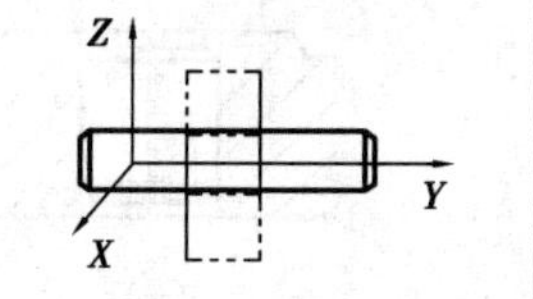
		限制自由度	$\vec{X}$、$\vec{Z}$、$\overset{\frown}{X}$、$\overset{\frown}{Z}$	$\vec{X}$、$\vec{Z}$	$\vec{X}$、$\vec{Z}$、$\overset{\frown}{X}$、$\overset{\frown}{Z}$
外圆柱面	V形块	定位情况	1 块短 V 形块	2 块短 V 形块	1 块长 V 形块
		定位副的布置情况	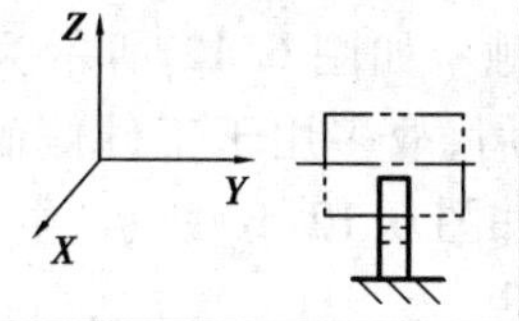	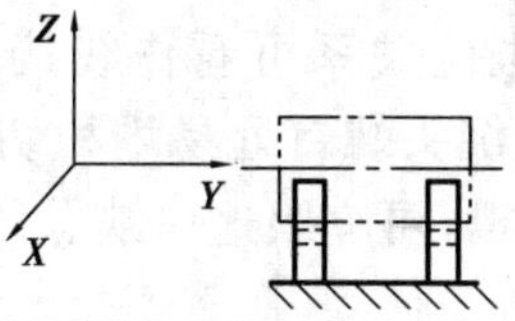	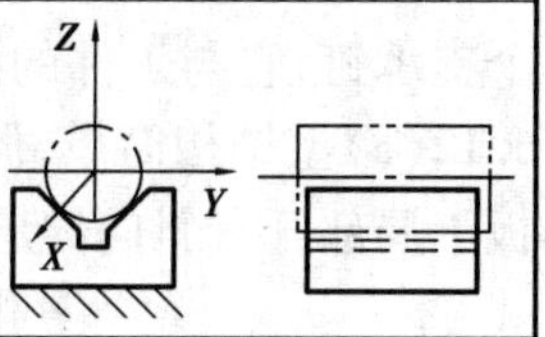
		限制自由度	$\vec{X}$、$\vec{Z}$	$\vec{X}$、$\vec{Z}$、$\overset{\frown}{X}$、$\overset{\frown}{Z}$	$\vec{X}$、$\vec{Z}$、$\overset{\frown}{X}$、$\overset{\frown}{Z}$
	定位套	定位情况	1 个短定位套	2 个短定位套	1 个长定位套
		定位副的布置情况	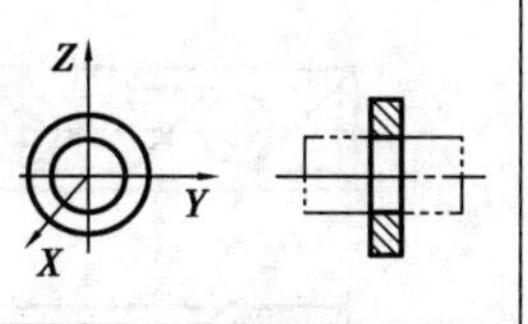	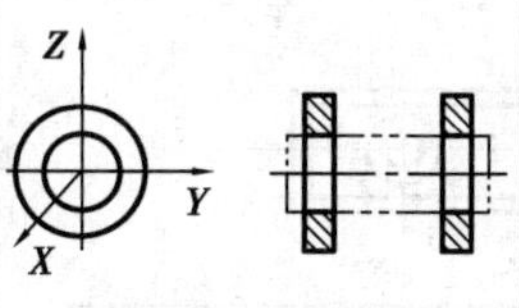	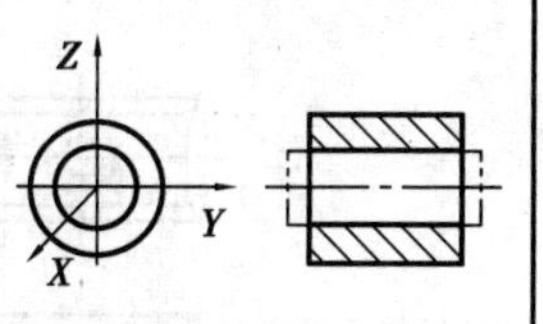
		限制自由度	$\vec{Y}$、$\vec{Z}$	$\vec{Y}$、$\vec{Z}$、$\overset{\frown}{Y}$、$\overset{\frown}{Z}$	$\vec{Y}$、$\vec{Z}$、$\overset{\frown}{Y}$、$\overset{\frown}{Z}$
圆锥面	锥顶尖及锥度心轴	定位情况	固定顶尖	浮动顶尖	锥度心轴
		定位副的布置情况	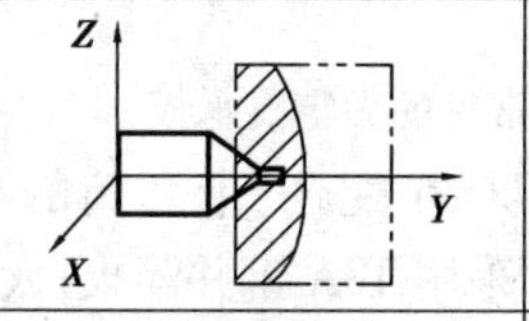	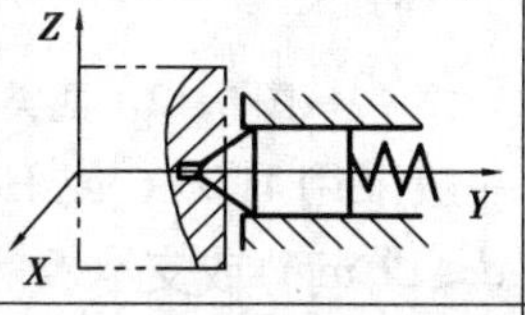	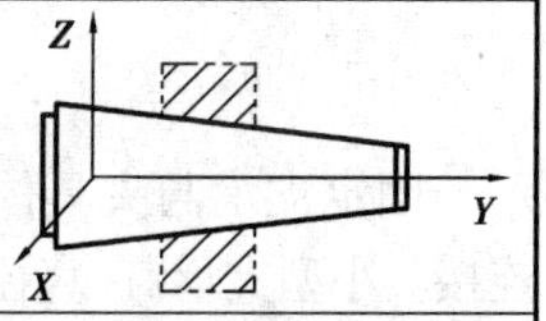
		限制自由度	$\vec{X}$、$\vec{Y}$、$\vec{Z}$	$\vec{X}$、$\vec{Z}$	$\vec{X}$、$\vec{Y}$、$\vec{Z}$、$\overset{\frown}{X}$、$\overset{\frown}{Z}$

1) 工件以平面定位

在机械加工中，利用工件上的一个或几个平面作为定位基面来定位工件的方式，称为平面定位。如箱体、机座、支架、板类、盘类零件等，多以平面为定位基准。所用的定位元件称为基本支承，包括固定支承、可调支承、自位支承和辅助支承。

(1)固定支承

固定支承的定位尺寸固定，不能调整，主要包括固定支承钉和固定支承板两类，固定支承钉用于较小平面的支承，每个支承钉相当于定位点的作用效果，而固定支承板用于较大平面的支承。

图 6.11 表示了四种固定支承钉。其中(a)为平头支承钉，用于已加工平面；(b)为球头支承钉，用于未加工平面，以保证接触状态良好；(c)为网纹头支承钉，用于未加工平面，可减小

实际接触面积,增大摩擦,使定位稳定可靠,但由于槽中易积屑,故多用于工件的侧面定位;(d)是带套筒的支承钉,用于大批量生产,便于磨损后更换。

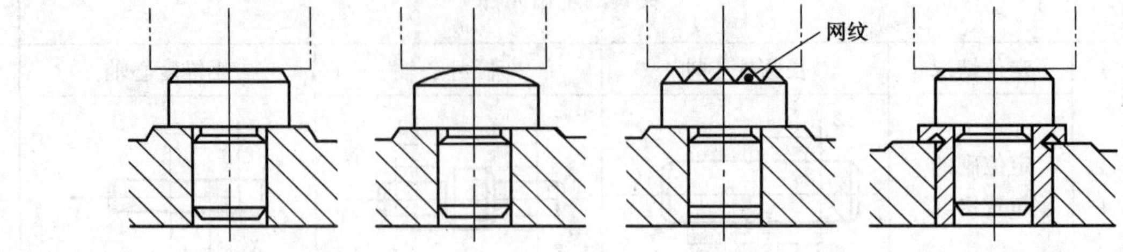

图6.11　常见的固定支承钉

固定支承板多用于工件上已加工表面的定位,有时可用一块支承板(又称支承条)代替两个支承钉,它与工件的限位关系可看作线接触。如图6.12所示为支承板的结构图,其中图6.12(a)型结构简单,但沉头螺钉处易堆积切屑,故多用于工件侧面或顶面定位;而B型支承板上局部开有斜向导屑槽,可克服这一缺点,如图6.12(b)所示,主要用于工件的底面定位。

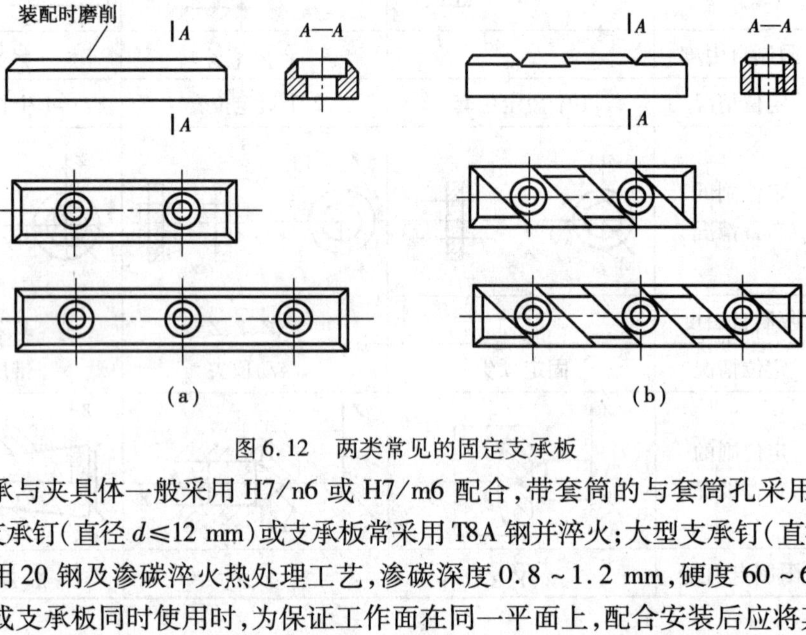

图6.12　两类常见的固定支承板

固定支承与夹具体一般采用H7/n6或H7/m6配合,带套筒的与套筒孔采用H7/js6配合连接。小型支承钉(直径 $d \leqslant 12$ mm)或支承板常采用T8A钢并淬火;大型支承钉(直径 $d \geqslant 12$ mm)或支承板采用20钢及渗碳淬火热处理工艺,渗碳深度0.8~1.2 mm,硬度60~64HRC。两个以上支承钉或支承板同时使用时,为保证工作面在同一平面上,配合安装后应将其顶面进行一次整体平磨。

(2)可调支承

可调支承是指工件在定位过程中支承点的位置在一定高度范围内需要调整的支承。多用于未加工平面的定位,以调节和补偿各批毛坯尺寸的误差,一般每批毛坯调整一次。图6.13表示了两种可调支承的基本形式,均为螺钉及螺母组成。支承高度调整合适后,常用螺母锁紧工件。

(3)自位支承

自位支承是指支承件本身的位置在定位过程中,能自动适应工件定位基准面位置变化的一类支承,所以又称浮动支承。每一个自位支承与工件定位面都是两点或三点接触,能增加与工件定位面的接触点数目,这样可使单位面积压力减小,故多用于刚度不足的毛坯表面或不连续的平面的定位。如图6.14所示为几种自位支承的结构形式,其中图6.14(a)和图6.14(c)为双接触点,图6.14(b)为三接触点,无论哪一种,自位支承都只相当于一个定位支承点,限制工件的一个自由度,未发生过定位现象。

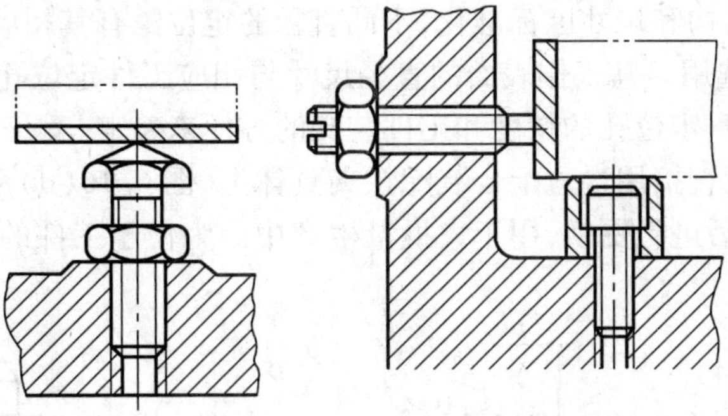

(a)　　(b)

图6.13　可调支承

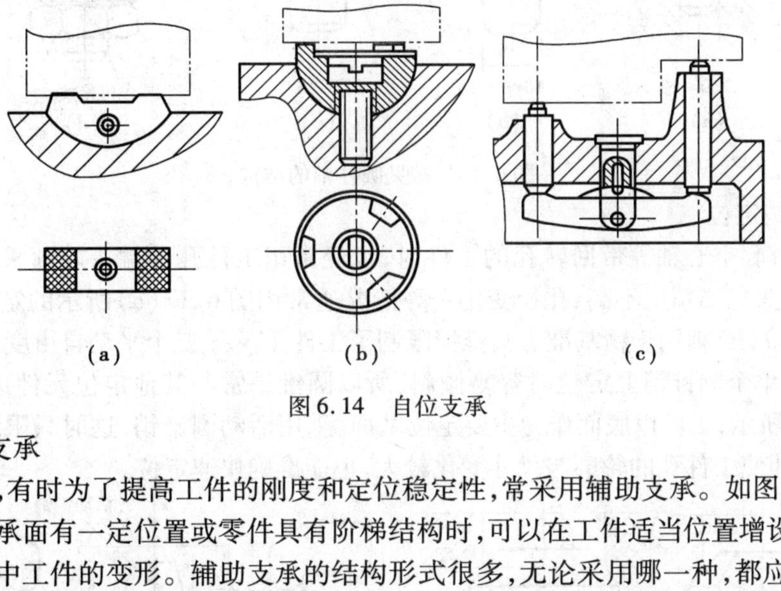

(a)　　(b)　　(c)

图6.14　自位支承

(4)辅助支承

在生产中,有时为了提高工件的刚度和定位稳定性,常采用辅助支承。如图6.15所示,加工面与主要支承面有一定位置或零件具有阶梯结构时,可以在工件适当位置增设辅助支承,可避免加工过程中工件的变形。辅助支承的结构形式很多,无论采用哪一种,都应注意,辅助支承不起定位作用,即不应限制工件的自由度,同时更不能破坏基本支承对工件的定位状态。因此,辅助支承的结构都是可调并能锁紧的。

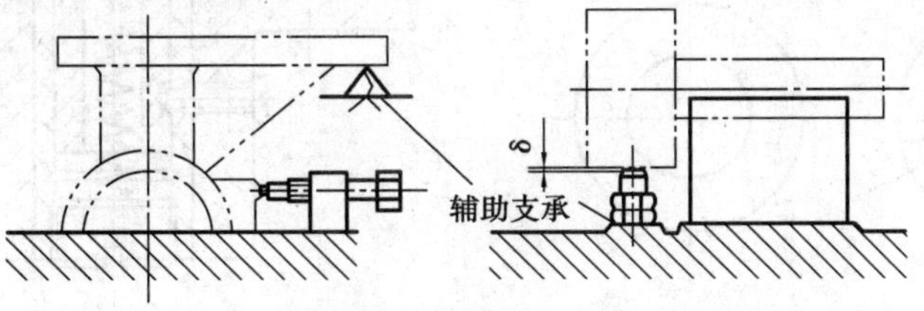

(a)　　(b)

图6.15　辅助支承

2)工件以内孔定位

套筒、法兰盘、衬套及连杆等工件通常以孔作为加工时的定位基准,其夹具常用的定位元件是圆柱销、圆锥销和心轴等。通常圆孔定位还与平面定位联合使用。

(1)圆柱销定位

图6.16为常用圆柱销的结构。短圆柱销限制工件的2个自由度,长圆柱销限制工件的4个自由度。圆柱销的结构和尺寸已标准化,不同直径的定位销有其相应的结构形式,可根据工件定位内孔的直径 D 选用。其工作表面的直径尺寸与相应工件定位孔的基本尺寸相同,精度可根据工件的加工精度、定位孔的精度和工件装卸的方便来确定。

固定式定位销一般直接用过盈配合装配在夹具体上,图6.16(d)所示为可换式的圆柱定位销,便于定位销磨损后进行更换,用于大批量生产中。为便于工件的顺利装入,定位销的头部应有15°倒角。

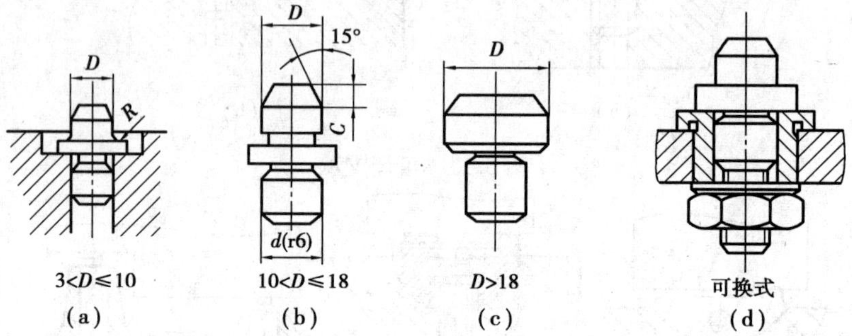

图6.16　常见圆柱销的结构

(2)圆锥销定位

在加工套筒、空心轴等带回转孔的工件时,也经常用工件孔的端头轮廓采用圆锥销来定位。对孔的端头轮廓精度不高、孔径变化大等情况通常用图6.17(a)所示的定位销进行粗基准定位,图6.17(b)则用于精基准。圆锥销限制了工件 $\vec{x}$、$\vec{y}$、$\vec{z}$ 三个平动自由度。

工件只在单个圆锥销上定位时容易倾斜,所以圆锥销常与其他定位元件进行组合定位。如图6.17(c)所示,工件以底面作为主要定位基面,采用活动圆锥销,这时只限制了 $\vec{x}$、$\vec{y}$ 两个移动自由度,即使工件孔的轮廓与尺寸变化较大,也能准确快速定位。

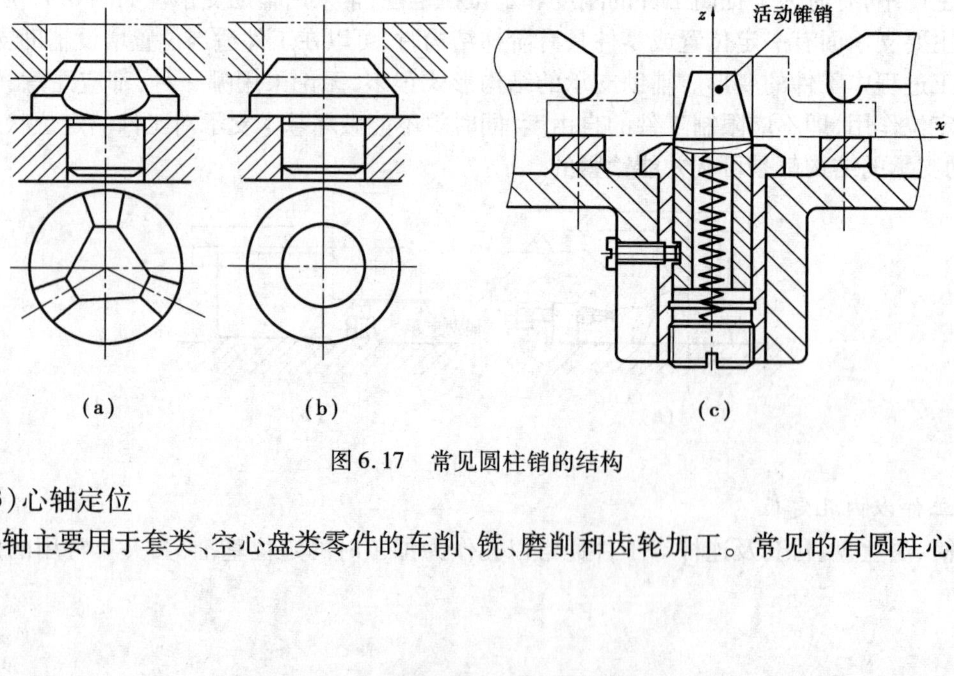

图6.17　常见圆柱销的结构

(3)心轴定位

心轴主要用于套类、空心盘类零件的车削、铣、磨削和齿轮加工。常见的有圆柱心轴和圆锥心轴两类。

为便于夹紧和减小工件因间隙造成的倾斜,常以孔和端面联合定位。因此,工件定位内孔与基准端面应有较高的垂直度。图6.18(a)所示为圆柱心轴,装卸方便,但定心精度不高;图6.18(b)所示为小锥度心轴(锥度为1/100～1/500),采取过盈配合,制造简单,定位准确,不用另设夹紧装置,但装卸不便,适于工件定位精度不低于IT7的精车和磨削加工,由于轴向位置不能固定,通常不能加工端面,圆锥心轴限制工件的5个自由度。

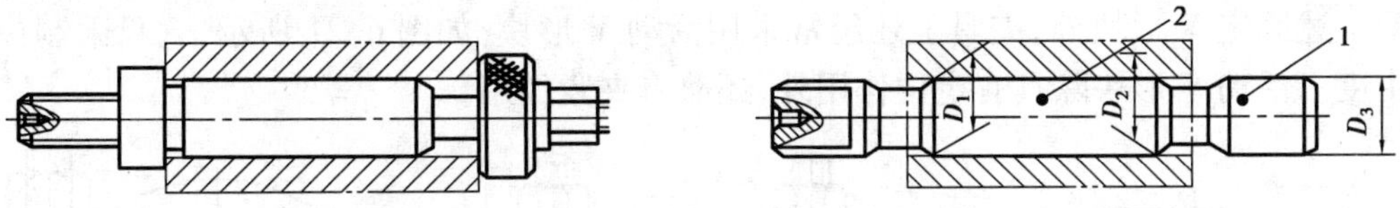

(a)圆柱心轴　　(b)小锥度心轴

图6.18　心轴定位

图6.19所示为花键心轴结构,常用于工件的花键孔内孔定位,工程实践中又分小径定心和大径定心。由于花键轴加工较困难和复杂,这种定位方式通常只用于大批量和定心位置与定心精度有特殊要求 A—A 场合。

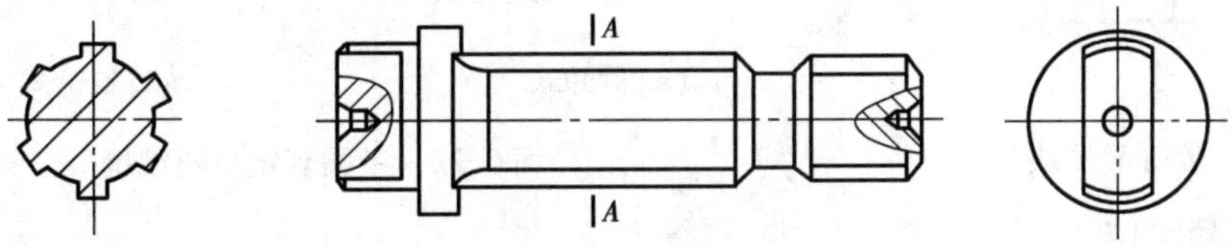

图6.19　花键心轴定位

3)工件以外圆定位

工件以外圆柱面作定位基准时,根据外圆柱的完整程度、加工要求和安装方式,可以采用V形块、半圆套、定位套及圆锥套定位等,其中最常用的是在V形块上定位。

(1)V形块定位

V形块工作面间的夹角常取60°、90°、120°三种,其中90°V形块应用得最多。90°V形块的典型结构和尺寸已标准化,使用时可根据定位圆柱面的长度和直径进行选择。V形块有固定式和活动式两种,结构形式有多种。图6.20(a)用于较短的、经过加工的外圆面定位;图6.20(b)用于较长的、未经加工的圆柱面定位;图6.20(c)用于较长的、加工过的圆柱面定位;如图6.20(d)用于工件较长、直径较大的重型工件的圆柱面定位,这种V形块一般安装在铸铁底座上,同时镶嵌在淬硬支承板或硬质合金板上。

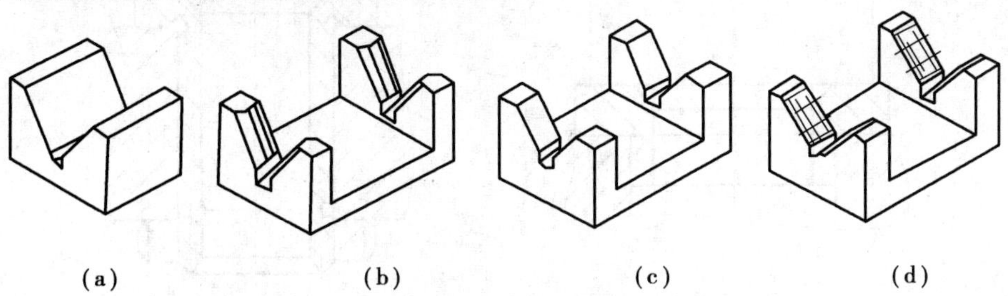

(a)　　(b)　　(c)　　(d)

图6.20　固定式V形块

根据工件与V形块的接触母线长度,固定式V形块可以分为短V形块和长V形块,前者限制工件两个平动自由度,后者限制工件两个平动、两个转动共4个自由度。

V形块定位的主要优点表现在:

①对中性好。使工件的定位基准轴线对中在V形块两斜面的对称平面上,在左右方向上不会发生偏移,且安装方便。

②应用范围较广。不论定位基准是否经过加工,不论是完整的圆柱面还是局部圆弧面,都可采用V形块定位。

除上述固定V形块外,夹具上还经常采用活动V形块,如图6.21所示,它只限制一个移动自由度。活动V形块除具有定位作用外,还兼有夹紧作用。

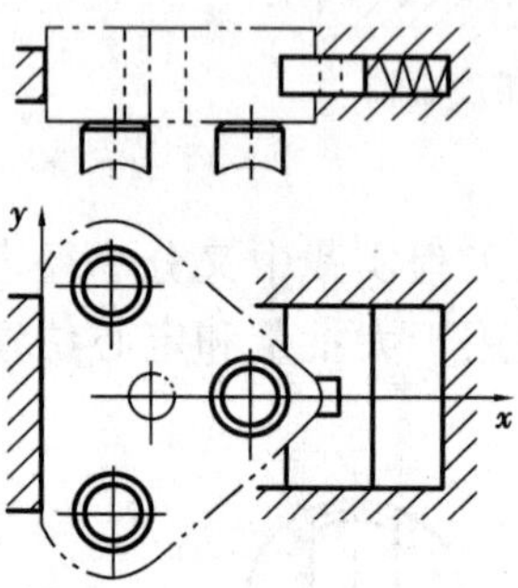

图6.21 活动V形块

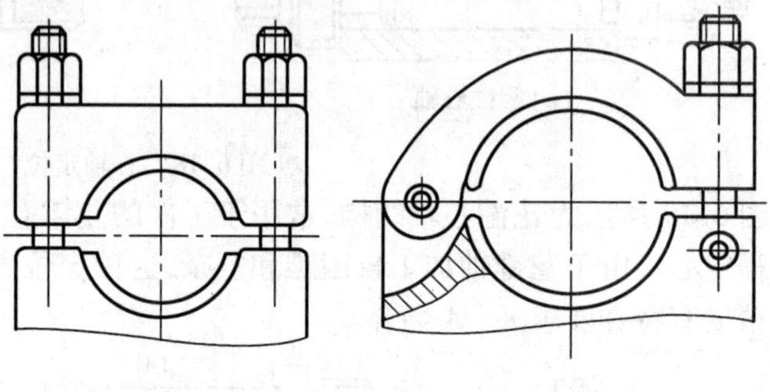

(a)拆卸式

(b)铰链式

图6.22 半圆套定位座结构

(2)半圆套定位

图6.22为半圆套定位座结构简图,下半圆起定位作用,上半圆起夹紧作用。图6.22(a)为可拆卸式,图6.22(b)为铰链式,后者装卸工件方便些。短半圆套限制工件两个自由度,长半圆套限制工件4个自由度。

(3)定位套定位

定位套定位的结构形式如图6.23所示。定位套装在夹具体上,工件以外的圆柱表面为定位基准在定位套内孔中支承外圆的表面,起定位作用。这种定位方法,一般适用于精基准定位。其特点是结构简单,但定心精度不高,当工件外圆与定位孔配合较松时,还易使工件偏斜,因而,常采用套筒内孔与端面一起定位,以减少偏斜。若工件端面较大,为避免过定位,定位孔应做短些。

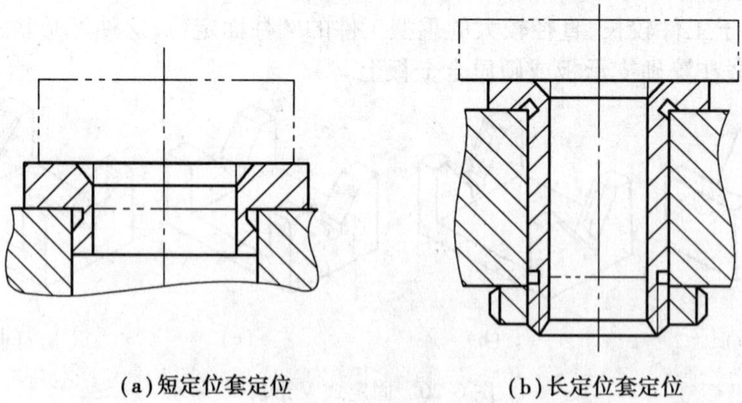

(a)短定位套定位

(b)长定位套定位

图6.23 定位套定位状态

图 6.23(a)的短定位套限制工件两个平动自由度,图 6.23(b)的长定位套限制工件两个平动两个转动共 4 个自由度。

6.3.2　组合面定位分析

在实际加工工艺中,工件往往不是采用单一表面的定位,而是以多个多种定位组合表面完成定位。常见的有平面与平面组合、平面与孔组合、平面与外圆柱面组合、平面与其他表面组合、锥面与锥面组合等。

(1)进行组合定位分析时的要点

①单个表面的定位是组合定位分析的基本单元,因此分析确定单个表面位置的哪些是限位元件是关键。

②几个定位元件组合起来定位一个工件相应的几个定位面,该组合定位元件能限制工件的自由度总数等于各个定位元件单独定位各自相应定位面时所能限制自由度的数目之和,不会因组合后而发生数量上的变化,但它们限制了哪些方向的自由度却会随不同组合情况而改变。

③组合定位中,定位元件在单独定位某定位面时,原起限制工件移动自由度的作用可能会转化成起限制工件转动自由度的作用。但一旦转化后,该定位元件就不再起原来限制工件移动自由度的作用了。

如图 6.24 所示的三个支承钉定位一平面时,就是以平面定位作为定位分析的基本单元,限制平面的 $\vec{z}$、$\widehat{x}$、$\widehat{y}$ 三个自由度,而不再进一步去探讨这三个自由度分别由哪个支承钉来限制。

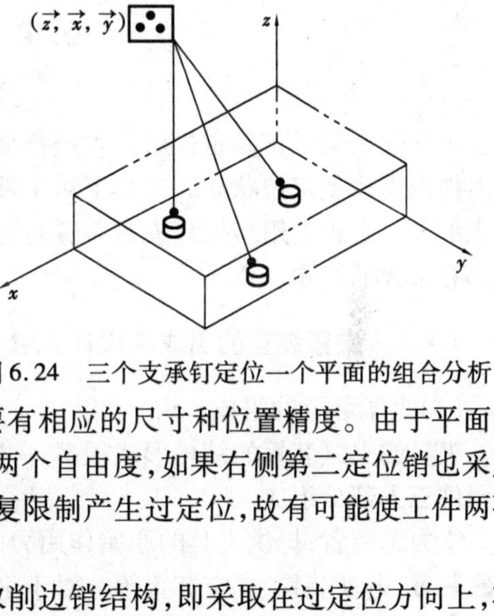

图 6.24　三个支承钉定位一个平面的组合分析

在加工箱体、杠杆、盖板和支架等工件时,工件常以两个互相平行的孔及与两孔轴线垂直的主要平面为定位基准面,往往采用一面两孔组合定位,如图 6.25 所示。定位元件采用一个平面和两个短圆柱销,工件上以一定精度的两孔及中心距为位置尺寸,夹具上两销直径和两销中心距也要有相应的尺寸和位置精度。由于平面限制 $\vec{z}$、$\widehat{x}$、$\widehat{y}$ 三个自由度,左侧第一个定位销限制 $\vec{x}$、$\vec{y}$ 两个自由度,如果右侧第二定位销也采用短圆柱销与第一个销组合,则限制 $\vec{x}$、$\widehat{z}$,因此 $\vec{x}$ 被重复限制产生过定位,故有可能使工件两孔无法套在两定位销上。

为消除这一过定位,工程上常将第二个销子采取削边销结构,即采取在过定位方向上,将第二个圆柱销削边,演化成了如图 6.26 所示的(a)、(b)、(c)三种不同截面的削边销,而不需要减小第二个销子直径,因此定位转角误差较小。但削边销的安装很有讲究,图 6.25 中的菱形销装配到夹具体上时,一定应使削边方向垂直于两销连心线方向。

(2)组合定位时过定位现象的消除方法

在应用组合定位时,若产生的过定位是不允许的话,常采用一些消除过定位的措施:

①将定位元件沿某一坐标轴移动,来消除其限制沿该坐标轴移动方向自由度的作用。

②采用自位支承结构,消除定位元件限制绕某个(或两个)坐标轴转动方向自由度的作用。

③改变定位元件的结构形式,如图 6.25 中的“一面两销”定位结构方案。

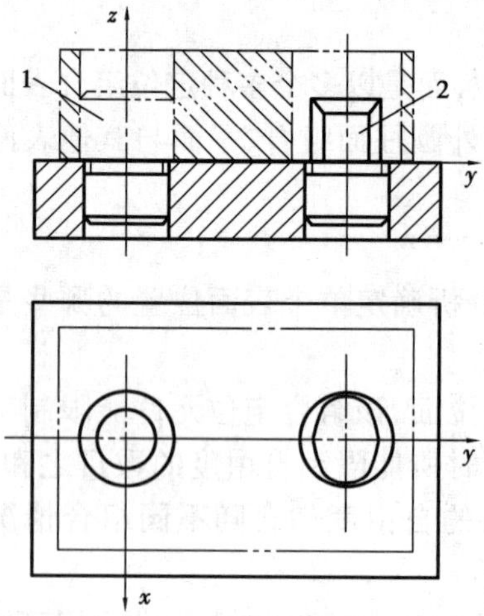

图 6.25　箱体一面两孔组合定位

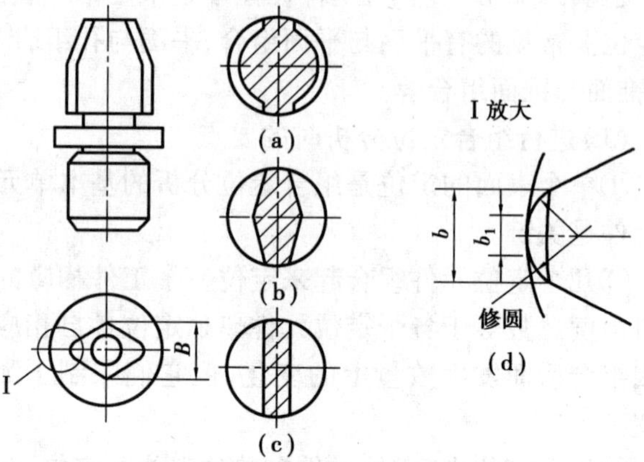

图 6.26　结构不同的削边销

6.4　工件的夹紧

工件在夹具上正确定位后必须进行夹紧,才能保证工件不会因为切削力、重力、离心力等外力作用而改变定位状态。夹具上对工件进行夹紧的装置,称为夹紧装置,它属于夹具的一个组成部分。合理选用与设计夹紧装置对充分发挥夹具的使用性能、提高效率和降低制造成本等都有很大的影响。

6.4.1　夹紧装置的组成和设计要求

(1)夹紧装置的组成

夹具的夹紧装置的结构形式很多,一般夹紧装置大体都是由力源装置、中间传力机构和夹紧元件三大部分组成。

①力源装置:提供夹具的原始作用力的动力装置,常用的力源装置有液压装置、气动装置、电磁装置、电动装置、真空装置等。对于手动夹紧的夹具来讲,力源来自人力。

②中间传力机构:将力源装置产生的力以一定的大小和方向传递给夹具的夹紧元件的中间机构。中间传力机构在传递力的过程中起着改变力的大小、方向、作用点和保持自锁的作用,通常还要起增力作用,并且夹紧完成后要能实现自锁,保证力源提供的原始力消失后,仍能可靠地夹紧工件,从安全性讲,能保持自锁对手动夹紧装置非常重要。

③夹紧元件:是夹紧装置的最终执行元件(即夹紧件),它与工件直接接触,把工件夹紧。

如图 6.27 所示的夹具,其夹紧装置就是由液压缸 6(力源装置)、压板 2(夹紧元件)和连杆 3(中间传力机构)所组成的。

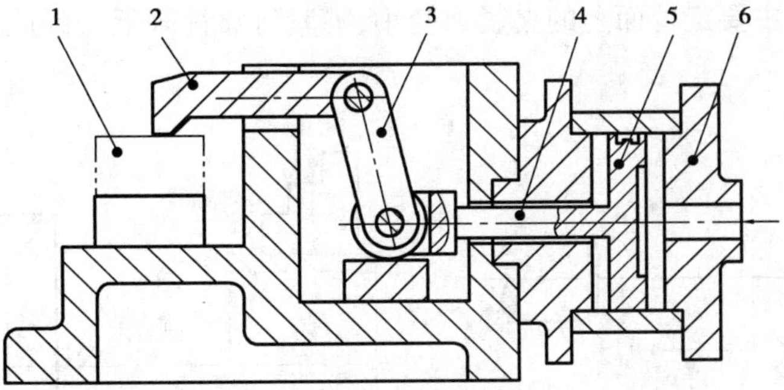

图6.27　典型夹具装置结构

1—工件;2—压板;3—连杆;4—活塞杆;5—活塞;6—液压缸

(2)夹紧装置的设计要求

夹紧装置是夹具的重要组成部分。正确合理地设计和选择夹紧装置,有利于保证工件的加工质量、提高生产率和减轻工人的劳动强度。因此对夹紧装置提出以下要求:

①工件在夹紧过程中,不能破坏工件在定位时所确定的正确位置。

②夹紧力的大小应可靠、适当,也就是要保证工件在加工过程中不产生变形和表面损伤。

③夹紧动作要准确迅速,以便提高生产效率。操作方便、省力、安全,以改善工人的劳动条件,减轻劳动强度。

④夹紧装置的结构工艺性好,在满足生产效率的前提下,结构应力求简单、紧凑,便于制造和维修,其复杂程度应与零件生产纲领相适应。

6.4.2　夹紧力的确定

夹紧力是矢量,其包括夹紧力的方向、作用点和大小三要素,它们是夹紧装置设计和选用的核心问题。在确定夹紧力时,除依据工件的结构特点、加工要求、切削力及其他外力作用于工件等情况,还必须考虑定位装置的结构形式和布置方式。

(1)夹紧力方向的确定

①夹紧力的方向应有利于工件的准确定位,而不能破坏定位,一般要求主夹紧力应垂直于第一定位基准面。

在直角支座上镗孔,如图6.28所示,要求工件镗孔与A面垂直,故应以A面为主要定位基准面,在确定夹紧力方向时,应使夹紧力朝向A面(即主要定位基准面),以保证孔与A面的垂直度。反之,若朝向B面,当工件A、B两面有垂直度误差时,就无法以主要定位基准面定位,影响实际镗孔的轴心线与A面的垂直度。

②夹紧力的方向应与工件刚度高的方向一致,以利于减少工件的变形。

工件的刚度不仅与其结构有关,而且在不同的方向上刚度是不同的。不同的受力表面也因其接触面积大小不同而变形各异,因此夹紧力的方向应使工件变形尽可能小,尤其在夹紧薄壁零件时。如图6.29所示薄壁套筒,其轴向刚度比径向好,若用卡盘径向夹紧,工件变形大,若用特制螺母改为沿轴向施加夹紧力时工件受力变形会小得多。

③夹紧力的方向应尽可能与切削力、重力和离心力等方向一致,有利于减小夹紧力。

如图6.30(a)所示,刀具切削力方向与夹紧力F_j一致,切削力作用时有助于工件状态的固定;而图6.30(b)所示,刀具切削力方向与夹紧力F_j相反,切削力抵消了一部分夹紧力的大小,使得实际作用在主要定位面上的夹紧力变小,夹紧可靠性降低。因此,图 6.30(a)方案比(b)方案更合理。

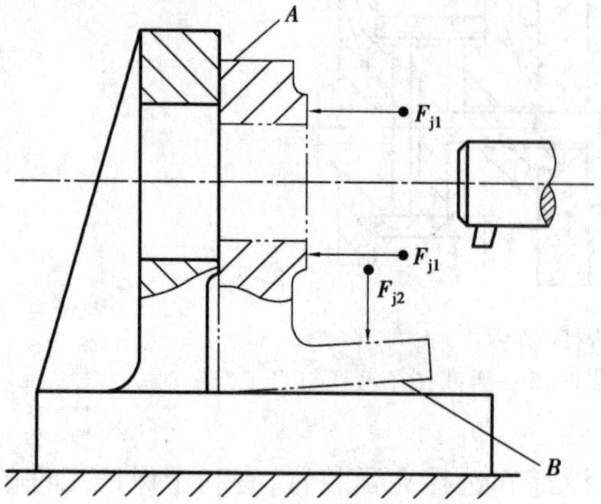

图 6.28 支座镗孔夹具

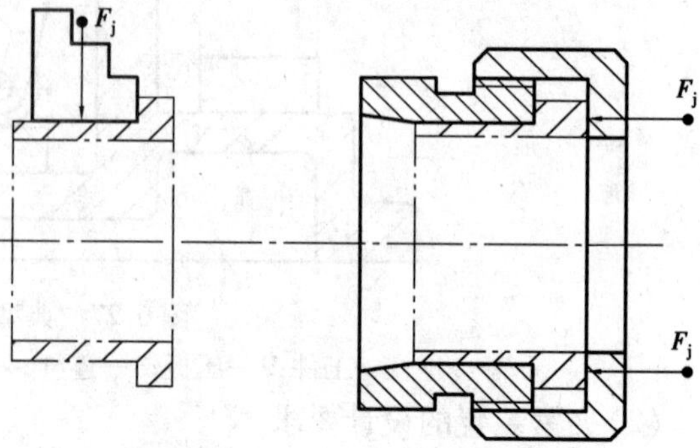

(a)三爪卡盘夹紧　　(b)端面夹紧

图 6.29　典型夹具装置结构

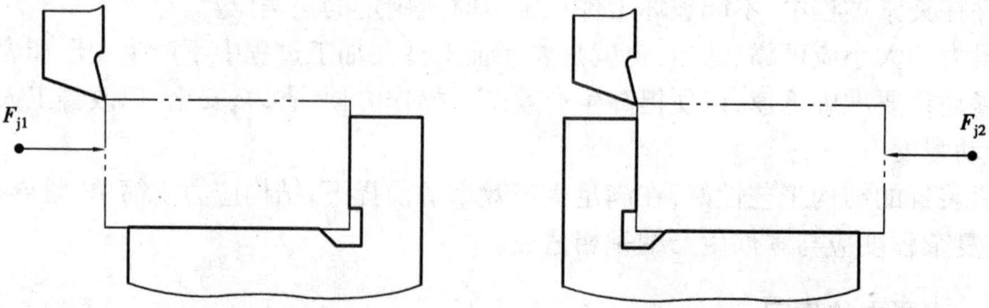

(a)夹紧力与切削力同向　　(b)夹紧力与切削力反向

图 6.30　夹紧力方向不同的效果

(2)夹紧力作用点的确定

①夹紧力的作用点应与支撑点"点对点"对应,或在支撑点确定的区域内,以免破坏定位或造成较大的夹紧变形。

如图 6.31(a)中螺钉提供的夹紧力在侧面定位点以上时,超出了支承面范围之外,会使工件倾斜或移动,而图 6.31(b)中夹紧力作用点未能实现与定位支撑点的点对点对应,造成工件在夹紧时产生变形,所以这两种情况都是不合理的。

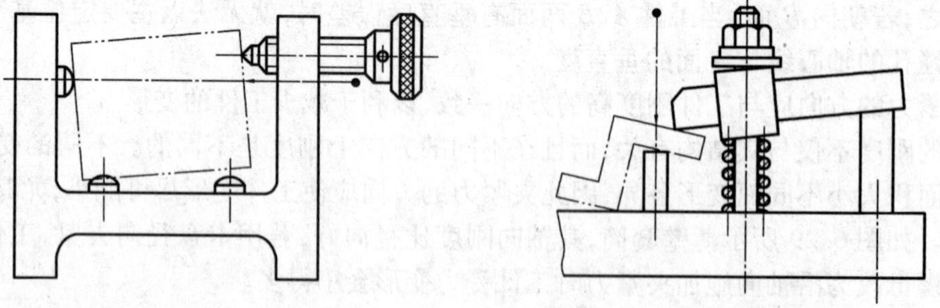

(a)螺钉压紧　　(b)压板压紧

图 6.31　夹紧机构的作用点

②夹紧力的作用点应作用在工件刚度高的部位。

对刚度较差的工件，夹紧力的作用点可由单点改成多点或圆周分布夹紧，则可避开低刚度区域，减小工件的变形，且夹紧也较可靠，如图6.32所示。

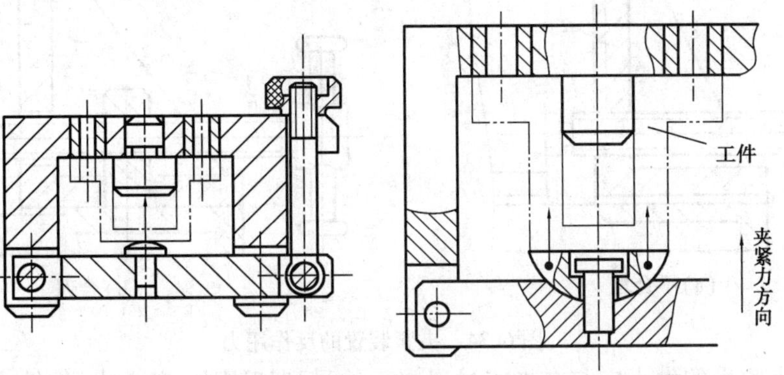

(a)工件底面产生夹紧变形　　(b)改进方案

图6.32　夹紧作用点选取与工件刚度关系

③夹紧力的作用点和支撑点尽可能靠近切削部位，以减小切削力对工件造成的翻转力矩，必要时应在工件刚性差的部位增加辅助支承并施加附加夹紧力，以提高工件切削部位的刚度和抗振性。

如图6.33所示，考虑该零件1的结构特征和功能要求，主要定位面还是零件左侧的几个平面，所以主夹紧力还是 F_J。当刀具3铣削加工工件侧面的支架时，夹具左侧的夹紧力作用点应尽量靠近被加工表面，同时在辅助支承2处给予附加夹紧力 F_J'，这样翻转力矩小，又增加了工件的刚性，既保证了定位夹紧的可靠性，又减小了工件的振动和变形。

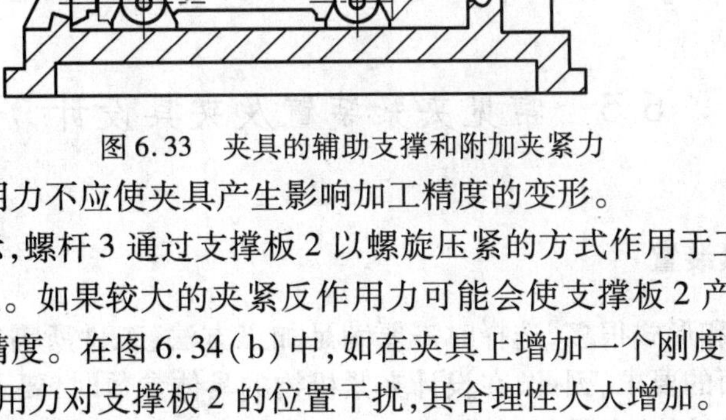

图6.33　夹具的辅助支撑和附加夹紧力

④夹紧力的反作用力不应使夹具产生影响加工精度的变形。

如图6.34(a)所示，螺杆3通过支撑板2以螺旋压紧的方式作用于工件1，刀具通过钻套4引导在工件上钻削孔。如果较大的夹紧反作用力可能会使支撑板2产生变形，导致导向位置偏差影响孔的加工精度。在图6.34(b)中，如在夹具上增加一个刚度较大的螺母与螺杆3配合使用，以避开反作用力对支撑板2的位置干扰，其合理性大大增加。

(3)夹紧力大小的确定

夹紧力的大小要适当，夹紧力太小，难以夹紧工件；夹紧力过大，将增大夹紧装置的结构尺寸，且会增大工件变形，影响加工质量。夹紧力的确定常有估算法、类比法和实验法。

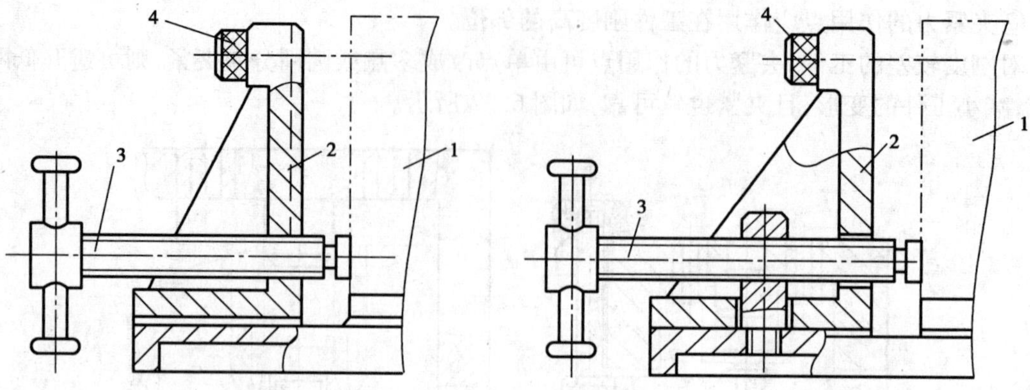

(a)不合理　(b)合理

图 6.34　夹紧装置的反作用力

理论上,夹紧力的大小应与在加工过程中工件受到切削力、离心力、惯性力及重力等的合力或产生的力矩相平衡。实际上,在加工过程中,切削力本身是变化的,夹紧力的大小还与工艺系统的刚性、夹紧装置的传递效率等有关。所以夹紧力的计算是一个很复杂的问题,一般只能在静态下进行粗略估算。

估算夹紧力的基本思路是:

①先假设工艺系统为刚性系统,切削过程处于稳定状态。

②常规情况下,只考虑切削力(矩)在力系中的影响;切削力(矩)用有关公式计算。对重型工件应考虑工件重力的影响。在工件作高速运动的场合,必须计入惯性力。

③分析对夹紧最不利的瞬时状态,按静力平衡方程式计算此状态下所需的夹紧力即为计算夹紧力。

④将计算夹紧力再乘以安全系数 K,即为实际所需的夹紧力。K 的具体数值可查阅有关手册,一般 $K=1.5\sim3$。

夹紧力计算实例可参考相关夹具设计手册。

类比法是采用与研究对象相似的、简化的、切削工艺系统条件匹配的可测量平台来确定夹紧力。这种方法得到的数据与实际研究对象相比误差较大。

实验法则是要在专门的切削工艺系统上进行,在科研实验系统中应用广泛。

6.5　常见夹紧装置及夹具设计

6.5.1　常见夹紧装置

夹紧装置的种类和形式很多,选择时需要满足加工方法、工件所需夹紧力大小、工件结构和状态、生产率等方面的要求,因此,在设计夹紧机构的具体参数时,要了解各种基本夹紧机构力源类型和大小、自锁性能、夹紧行程、扩力比等工作特点。考虑本书的篇幅,以下重点介绍斜楔、螺旋、偏心等常用的基本夹紧机构,它们都是根据斜面夹紧原理来夹紧工件的。

1)斜楔夹紧机构

图 6.35 所示为几种斜楔夹紧装置夹紧工件的实例。图 6.35(a)是工件上钻互相垂直的

两个孔(ϕ8F8 和 ϕ5F8)。工件装入后,锤击斜楔大端,夹紧工件。加工完成后,锤击小头,松开工件。

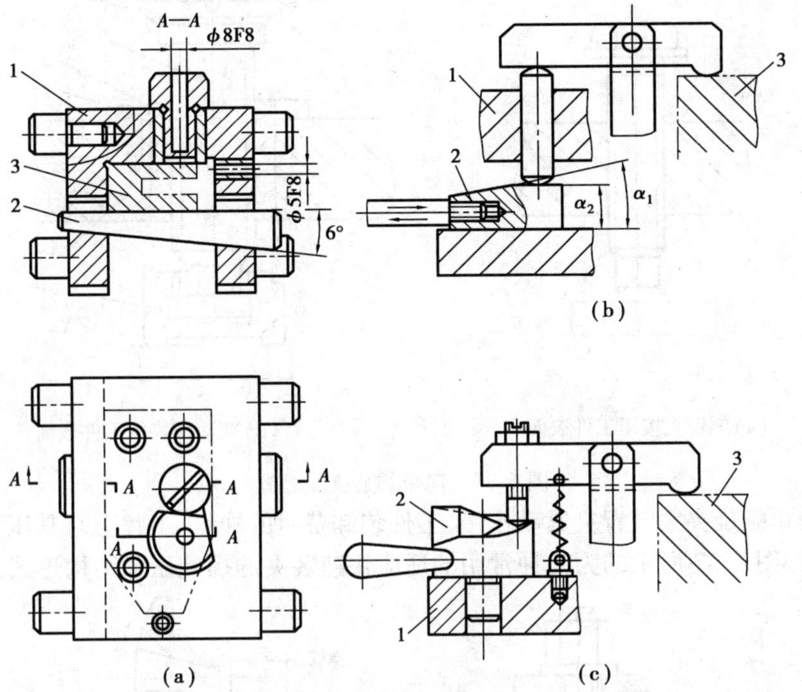

图6.35 斜楔夹紧机构

1—夹具体;2—斜楔;3—工件

斜楔夹紧机构的优点是结构简单、有一定的扩力作用,可以方便地改变力的方向。其缺点是行程比较长、夹紧力小且费时费力,夹紧效率低。所以,生产实践中单独应用的不多,一般情况下是将斜楔与其他机构联合使用。图6.35(b)是将斜楔与滑柱压板组合而成的机动夹紧装置。图6.35(c)是由端面斜楔与压板组合而成的手动夹紧装置。

当工件完成夹紧后撤除夹紧源动力后,夹紧机构能够依靠摩擦力的作用,仍能保持对工件的夹紧状态的现象称为自锁。当用斜楔手动夹紧工件时,应使斜楔具有自锁功能,即斜楔的斜面升角应小于斜楔与工件和斜楔与夹具体之间的摩擦角之代数和,如图6.35(c)所示。

2)螺旋夹紧机构

直接采用螺旋副或采用螺旋与其他元件组合的运动副实现夹紧的机构,称为螺旋夹紧机构。它是从斜楔夹紧机构转化而来的,相当于将斜楔斜面绕在圆柱体上,转动螺旋时即可夹紧工件。螺旋夹紧机构的扩力比可达80以上,螺旋线长、升角小,所以自锁性好、结构简单、制造方便、适应性强,夹紧力和夹紧行程大,是应用最广泛的一种夹紧装置。但是夹紧动作慢、操作强度大,所以在机动夹紧装置中较少应用。它一般又包括简单螺旋夹紧装置、螺旋压板夹紧装置等。

(1)简单螺旋夹紧装置

图6.36(a)所示是用螺钉直接压在工件表面上,接触面积小、压强大,螺钉转动时,可能会损伤工件已加工表面,或带动工件旋转。为克服这一缺点的方法,图6.36(b)在螺钉头部装上摆动压块5。手动转动手柄,使压紧螺钉1向下移动,通过摆动压块5将工件6夹紧。摆动压

块既可增大夹紧接触面积，又能防止压紧螺钉旋转时带动工件偏转破坏定位和损伤工件表面。

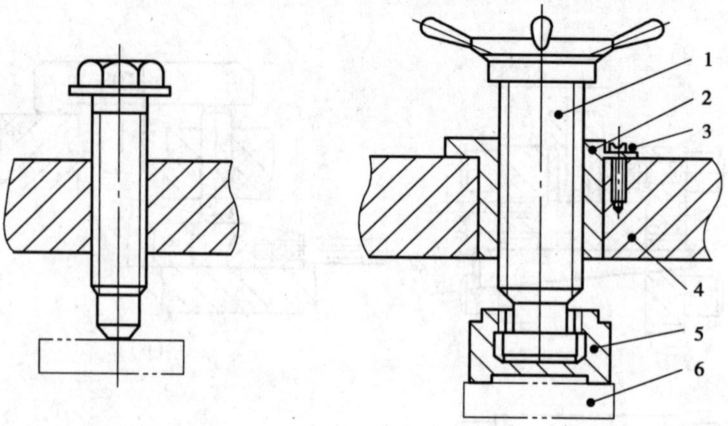

(a)螺钉直接压工件表面　　(b)摆动压块压工件表面

图6.36　简单螺旋夹紧装置

为克服简单螺旋夹紧装置夹紧动作慢、工件装卸费时的缺点，工程上对其压紧结构件进行了很多改进，如图6.37所示的为几种常用的适应快速装夹的螺旋压紧结构形式。图6.37(a)

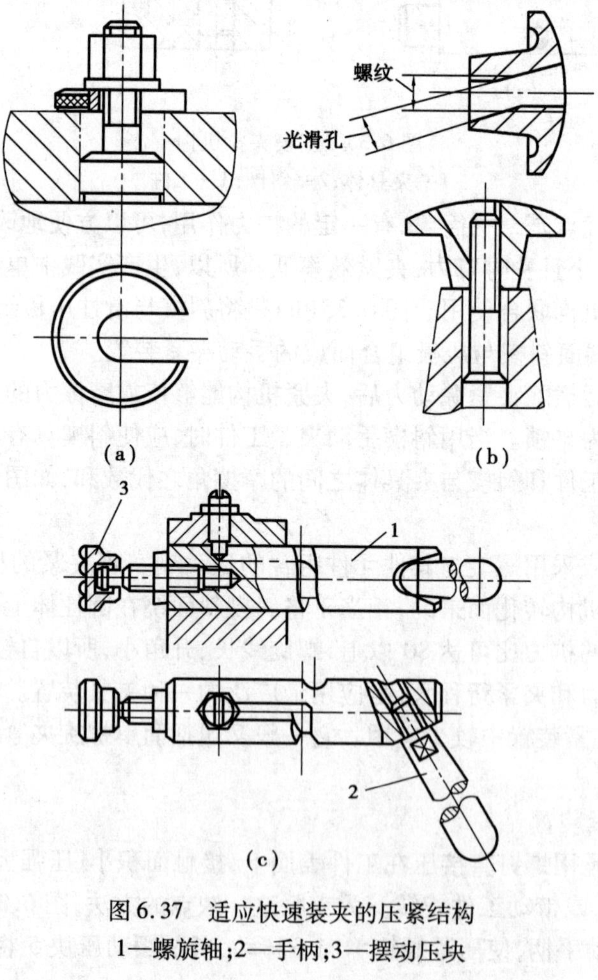

图6.37　适应快速装夹的压紧结构

1—螺旋轴；2—手柄；3—摆动压块

中使用了开口垫圈，且所用螺母的外径小于工件的内孔，当装夹时，螺母只需拧松几扣螺纹，即可抽出开口垫圈，卸掉工件。图6.37(b)中采用了结构特别的快卸螺母，卸掉工件时，将螺母旋松并向右摆动即可直接卸掉螺母，实现快速装夹。图6.37(c)中螺旋轴1上的直槽连着螺旋槽，先推动手柄2使摆动压块3的运动以平动形式迅速靠近工件，继而螺旋转动手柄2，即可夹紧工件并自锁。

(2)螺旋压板夹紧装置

螺旋压板夹紧结构形式是在螺旋夹紧装置中变化最多、应用最为广泛的。图6.38是螺旋压板夹紧装置的4种典型结构。图6.38(a)、(b)为移动式压板，图6.38(c)、(d)为回转式压板。

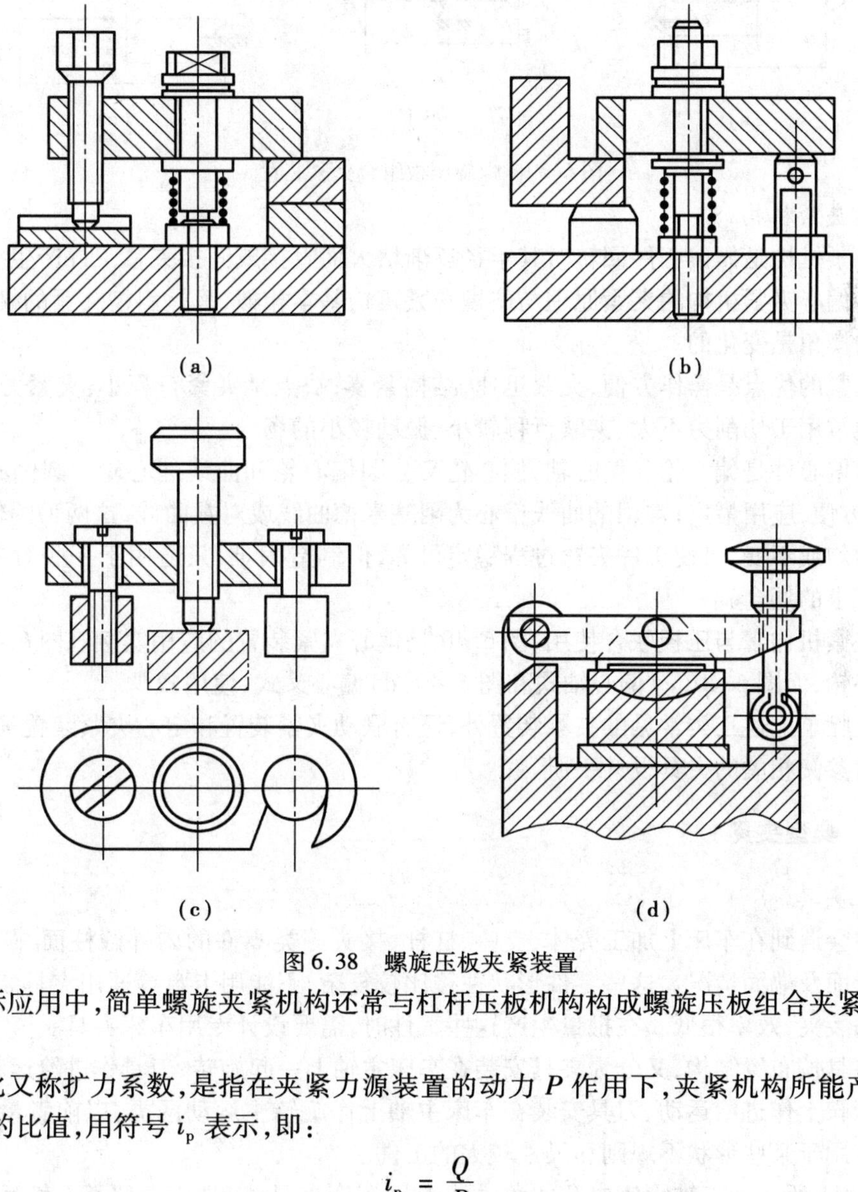

图6.38　螺旋压板夹紧装置

在实际应用中，简单螺旋夹紧机构还常与杠杆压板机构构成螺旋压板组合夹紧机构，如图6.39所示。

扩力比又称扩力系数，是指在夹紧力源装置的动力 P 作用下，夹紧机构所能产生的夹紧力 Q 与 P 的比值，用符号 i_p 表示，即：

$$i_p = \frac{Q}{P} \tag{6.1}$$

扩力比反映了夹紧机构的扩力效果。图6.39(a)的扩力比最小，图6.39(b)次之，图6.39

(c)最大。实际设计时,在满足工件结构需要的前提下,要注意合理布置杠杆的受力臂长短比例,寻求最省力、最方便的方案。

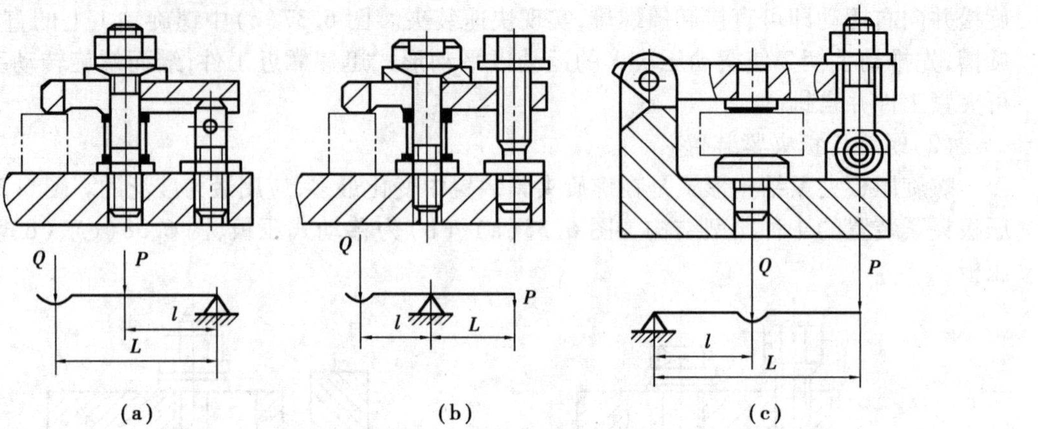

图6.39　螺旋压板组合夹紧装置

3)偏心夹紧机构

偏心夹紧机构是靠偏心件回转时其半径逐渐增大而直接或间接夹紧工件产生夹紧力来夹紧工件的。偏心夹紧机构的夹紧原理与斜楔夹紧机构基本相似,只是斜楔夹紧的楔角不变,而偏心夹紧的楔角是变化的。

偏心夹紧的优点是操作方便,夹紧迅速,结构紧凑;缺点是夹紧行程小,夹紧力小,自锁性能差。因此常用于切削力不大、夹紧行程较小、振动较小的场合。

常用的偏心件是偏心轮和偏心轴,偏心轮又分圆偏心轮和曲线偏心轮。圆偏心件的外形为圆,制造方便,应用最广;常用的曲线偏心为阿基米德曲线或对数曲线,这两种的优点是曲线升角变化均匀或不变,可使工件夹紧过程稳定可靠,但制造困难,只适用于一些对夹紧动态过程有特殊要求的场合。

偏心夹紧机构常与压板联合使用,图6.40是偏心夹紧装置的应用实例。图6.40(a)、(b)用的是偏心轮,而图6.40(c)偏心轴式和图6.40(d)偏心叉式,使用较少。

工程上除了上述三类常见的夹紧装置外,还有联动夹紧装置和定心夹紧装置等,其结构和使用场合可参阅相关的夹具设计手册。

6.5.2　典型夹具

1)车床夹具

生产中会遇到在车床上加工壳体、支座、杠杆、接头等类零件的内外圆柱面、圆锥面、螺纹等回转成形面及端面情况。这些零件形状往往比较复杂,不能用卡盘等通用夹具装夹,若使用花盘找正法装夹,效率很低。在批量生产这些工件时,需要设计专用车床夹具。

车床夹具按布置结构,又分为夹具安装在车床主轴上一起旋转、刀具作进给运动和夹具安装在车床床鞍上作进给运动、刀具安装在车床主轴上作旋转主运动两类,以前者最为常见,后者主要是应用于某些形状不规则和尺寸较大的工件。

如图6.41所示加工轴承座内孔的角铁式专用车床夹具,工件以一平面(底面)和两孔为定位基准在夹具的定位支承板3和一个圆柱销2、一个削边1限位,用两块压板夹紧工件。夹具体 4 上的孔 B 是找正的圆孔,用于在制造、安装夹具时确定或找正相关位置。

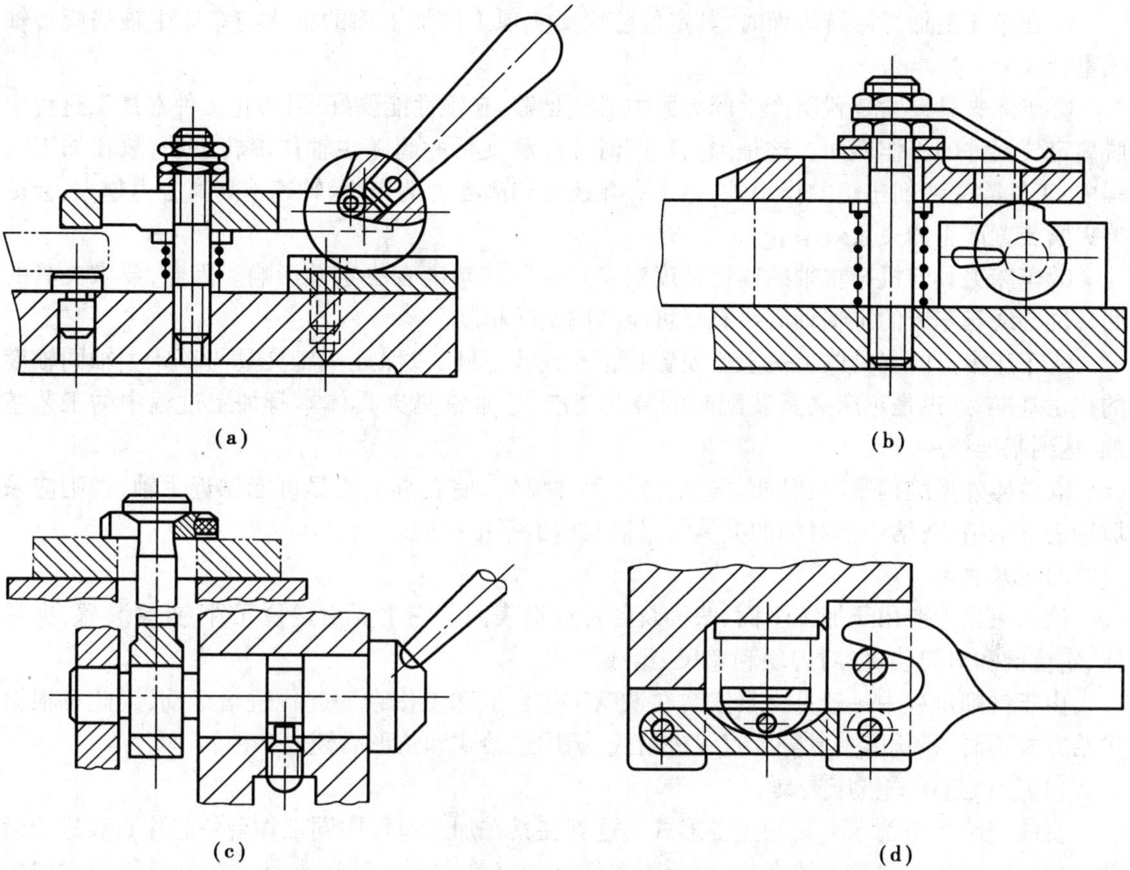

图 6.40　偏心夹紧装置

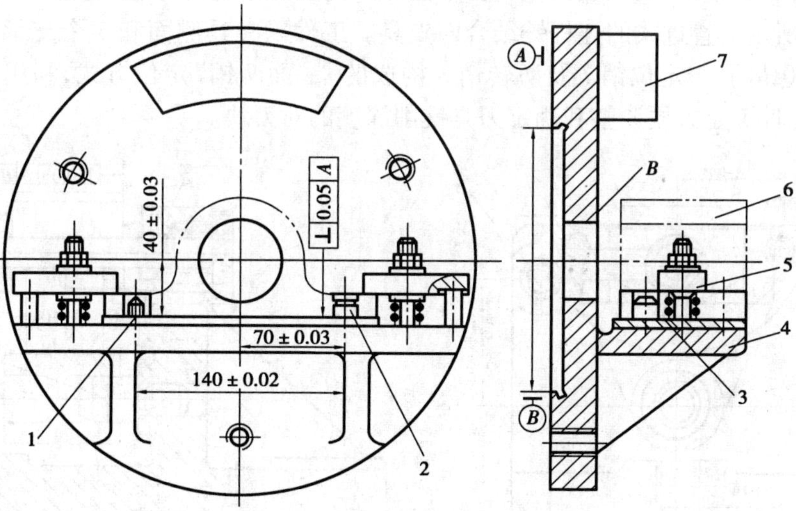

图 6.41　角铁式专用车床夹具

1—削边销;2—短圆柱销;3—支承板;4—夹具体;5—夹紧装置;

6—工件;7—配重块;B—与主轴同轴的找正孔

车床夹具设计上的考虑要点：

①在车床上加工回转表面时，其定位装置要实现工件加工面的轴线与车床主轴的旋转轴线重合。

②车床夹具夹紧装置所产生的夹紧力必须足够，自锁性能要好，以防止工件在加工过程中脱离定位元件的工作表面。这是因为车削时工件和夹具一起随主轴作旋转运动，故在加工过程中，工件除受切削扭矩的作用外，整个夹具还受到离心力的作用，转速越高离心力越大，会影响夹紧装置产生的夹紧效果。

③车床夹具与机床主轴的连接精度对夹具的回转精度有决定性影响。因此，要求夹具的回转轴心线与车床的主轴轴心线有尽可能高的回转精度。

④车床夹具的夹具体上一般应设置找正孔或找正圆，以保证车床夹具与车床主轴同轴度的找正基准，这也是车床夹具装配时的装配基准，还常常是夹具体本身加工过程中的工艺基准，达到基准统一。

⑤总体外形结构紧凑、轻便、安全，悬臂尺寸要短，使夹具重心尽可能靠近主轴，否则应采取辅助支承措施；结构不对称的夹具需采取对应的平衡措施。

2）铣床夹具

铣床夹具主要用于加工平面、凹槽及各种成形表面。它主要由定位元件、夹紧装置、夹具体、定位键和对刀装置（对刀块和塞尺）组成。

由于铣削过程中一般是夹具安装在铣床工作台上和工作台一起作进给运动，因此可根据进给方式不同，将铣床夹具分为直线进给式、圆周进给式和仿形靠模式3种。

（1）直线进给式铣床夹具

直线进给式是铣床夹具的主要形式。这类夹具在加工过程中同工作台一起作直线进给运动。按一次装夹工件数目的多少，可分为单件铣床夹具和多件铣床夹具。在批量不太大的生产中使用单件夹具较多，而在大批量的中小型零件的加工中，多件夹具则得到广泛应用。

图6.42所示为直进式的连杆铣结合面夹具。工件以夹具侧面和3个支承钉2确定的平面定位副、ϕ20H8孔与定位销7及防转销3构成的“一面两销”定位方式，利用开口垫圈5和螺母6夹紧。件1是方便调整和确定刀具铣削深度的对刀块。

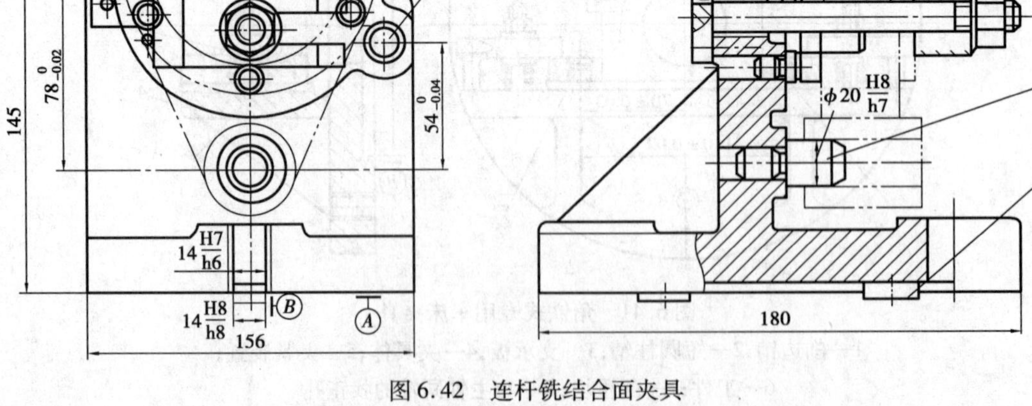

图6.42 连杆铣结合面夹具

1—对刀块；2—支承钉；3—防转销；4—夹具体；5—开口垫圈；6—螺母；7—定位销；8—定位键

(2)圆周进给式铣床夹具

圆周进给式铣床夹具多在有回转工作台的铣床上或在组合机床上使用,在通用铣床上使用时,应进行改装,如在铣床上增加一个回转工作台。

工作台的驱动可采用挂轮等机构或另加减速机。圆周进给运动是连续不断的,能在不停车的情况下装卸工件,即切削的基本时间和装卸工件的辅助时间重合,因此生产率高,适用于大批量生产中的中小型工件加工,但应特别注意工作安全和操作者的劳动强度。

(3)仿形靠模式铣床夹具

仿形靠模式铣床夹具用于机械仿形加工。靠模送进的进给运动由一个直线或圆周运动和附加仿形送进运动合成,靠模的形状、加工面的轮廓、滚子直径、铣刀直径之间遵循包络面形成的基本规律。这类铣床夹具的基本问题请参阅有关书籍。

6.5.3 夹具设计内容与设计流程

1)专用夹具设计的步骤

(1)明确设计任务,收集研究原始资料

在接到夹具设计任务书后,首先要了解零件的生产纲领和生产类型,分析零件在装配图中的关系,了解零件的作用、结构特点和技术要求;其次,要认真研究加工件的工艺规程,充分了解本工序的加工内容和加工要求,了解本工序使用的机床和刀具,研究分析夹具设计任务书上所选用的定位基准和工序尺寸。

(2)拟订夹具结构方案,绘制夹具草图

拟订夹具的结构方案时,主要考虑以下问题:

①确定工件的定位方式,设计定位装置。

②确定工件的夹紧方案,设计夹紧装置。

③对铣床夹具选择或设计对刀元件和对刀装置的确定;对钻床夹具还要考虑引导方式和设计选用引导元件。

④确定其他元件或装置的结构形式,如定位键、分度装置等。

⑤确定夹具的总体结构及夹具在机床上的安装方式。

在确定夹具结构方案的过程中,应提出几种不同的方案,画出草图,经比较分析,选取最佳方案。

(3)绘制夹具总图

夹具总图绘制比例除特殊情况外,一般均应按1:1绘制,以使所设计的夹具有良好的直观性。应选取与操作者正对,能更多看到夹具工作状态的位置作为总图的主视图。

在需要的视图位置区绘制夹具装配图可按如下顺序进行:

①首先用双点画线画出虚拟工件的主要外形轮廓和参与的定位面、加工面。

②画出定位元件和导向元件。

③按夹紧状态画出夹紧装置。

④画出其他元件或机构。

⑤最后画出夹具体,把上述各组成部分联结成一体,形成完整的夹具。在夹具装配图中,被加工件视为透明体。

(4)确定并标注有关尺寸和夹具技术要求

夹具总图上应标注轮廓尺寸,必要的装配尺寸、检验尺寸及其公差,标注主要元件、装置之间的相互位置精度要求等。当加工的技术要求较高时，一般应进行工序精度分析。

(5)绘制夹具零件图

夹具中的非标准零件都必须绘制零件图。在确定这些零件的尺寸、公差或技术要求时，应注意使其满足夹具总图的要求。

2)夹具总图技术要求的制订

(1)夹具总图上应标注的尺寸与公差

在夹具总图上标注尺寸和技术要求的目的是便于绘制零件图、装配和检验。应有选择地标注以下内容：

①夹具的外形轮廓尺寸。

②与夹具定位元件、引导元件以及夹具安装基面有关的配合尺寸、位置尺寸及公差。

③夹具定位元件与工件的配合尺寸。

④夹具引导元件与刀具的配合尺寸。

⑤夹具与机床的联结尺寸及其他主要配合尺寸。

(2)形状、位置要求

①定位元件间的位置精度要求。

②定位元件与夹具安装面之间的相互位置精度要求。

③定位元件与对刀、引导元件之间的相互位置精度要求。

④引导元件之间的相互位置精度要求。

⑤定位元件或引导元件对夹具找正基面的位置精度要求。

⑥与保证夹具装配精度有关的或与检验方法有关的特殊的技术要求。

夹具的有关尺寸公差和形位公差通常取工件相应公差的1/5 ~1/2。当工序尺寸未注公差时，夹具公差取 ± 0.1 mm(或 $\pm 10'$)，或根据具体情况确定；当加工表面未提出位置精度要求时，夹具上相应的公差一般不超过(0.02 ~0.05)/100。

在具体选用时，要结合生产类型、工件的加工精度等因素综合考虑。对于生产批量较大、夹具结构较复杂，而加工精度要求又较高的情况，夹具公差值可取得小些。这样，虽然夹具制造较困难，成本较高，但可以延长夹具的寿命，并可保证工件的加工精度，因此是经济合理的；对于批量不大的生产，则在保证加工精度的前提下，可使夹具的公差取得大些，以便制造。另外，为便于保证工件的加工精度，在确定夹具的距离尺寸偏差时，一般应采用双向对称分布，基本尺寸应为工件相应尺寸的平均值。

与工件的加工精度要求无直接联系的夹具公差如定位元件与夹具体、导向元件与衬套、镗套与镗杆的配合等，一般可根据元件在夹具中的作用凭经验或根据公差配合国家标准来确定。设计时，具体可参阅《机床夹具设计手册》等资料。

6.6 定位误差分析与计算

6.6.1 定位误差产生的原因

根据工件的技术要求，依照“六点定位”准则，可以设计出工件在加工中处于正确位置的夹具，但最终能否满足工件对工序加工精度的要求，则更取决于刀具与工件之间正确的相互位置。

1）定位误差的概念及来源

工件加工后在尺寸、形状和位置三个方面偏离理想工件的大小称为加工误差。加工过程中影响刀具与工件正确位置关系的因素很多，因此，加工误差的来源有以下三部分：

①工件在夹具中的定位误差。

②与夹具有关的加工误差（除定位误差外），如夹紧误差、夹具磨损误差、对刀调整误差、安装误差、夹具制造误差等。

③除夹具外的加工过程中误差，如机床几何精度，工艺系统的受力、受热变形，切削振动等原因引起的误差。

定位误差指工序基准在加工方向上的最大位置变动量所引起的加工误差。可见，定位误差只是工件加工误差的一部分。

通常，记工件加工尺寸允许的公差为 T、工件在夹具中的定位误差为 ΔD、工艺系统要素中除定位误差外其他因素引起的误差总和为 $\Delta\Sigma$。

显然，为了保证工件的加工质量，应满足如下关系式：

$$\Delta D + \Delta\Sigma \leqslant T \tag{6.2}$$

本章只研究定位误差对加工精度的影响，一般定位误差应控制在工件尺寸或位置允差的1/4～1/3，所以式（6.2）可写为

$$\Delta D \leqslant \frac{T}{3} \tag{6.3}$$

2）两类不同的定位误差

定位误差是由于工件在夹具上（或机床上）的定位不准确而引起的加工误差。定位误差主要有以下两大类。

（1）基准不重合误差

由于工件的工序基准与定位基准不重合而造成的加工误差称为基准不重合误差，用 ΔB 表示。

如图6.43所示，工件以底面定位铣台阶面，要求保证尺寸 a，工序基准为工件顶面，定位基准为底面，这时刀具的位置按定位面到刀具端面间的距离（调整尺寸）调整，由于一批工件中尺寸 b 的公差使工件顶面（工序基准）位置在一范围内变动，从而使加工尺寸 a 产生误差。这个误差就是基准不重合误差，基准不重合误差等于工序基准相对于定位基准在加工尺寸方向上的最大变动量。

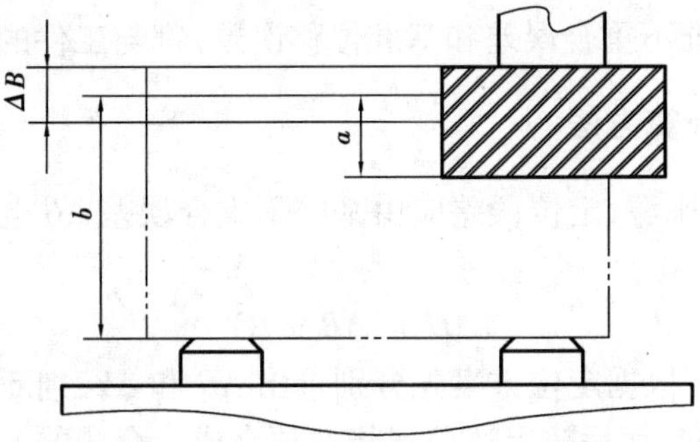

图6.43　基准不重合引起的定位误差

(2)基准位移误差

由于定位副制造不准确,使定位基准在加工尺寸方向上产生位移,导致各个工件的位置不一致而造成的加工误差,称为基准位移误差,用 ΔY 表示。

如图 6.44(a)所示为在圆柱面上铣键槽,加工尺寸为 A 和 B。图 6.44(b)是加工示意图,工件以内孔在圆柱心轴上定位,O 是心轴轴心(限位基准),O_1、O_2 是工件孔的轴心(定位基准)。轴按 $d^{0}_{-T_d}$ 制造,工件内孔的尺寸为 $D_0^{+T_D}$。对工序尺寸 A 而言,工序基准与定位基准重合,$\Delta B=0$。但由于心轴外圆和工件内孔都存在制造误差,造成定位基准与限位基准在一定范围内变化,致使加工尺寸 A 发生变化($A_{\min} \sim A_{\max}$),即基准位移误差。

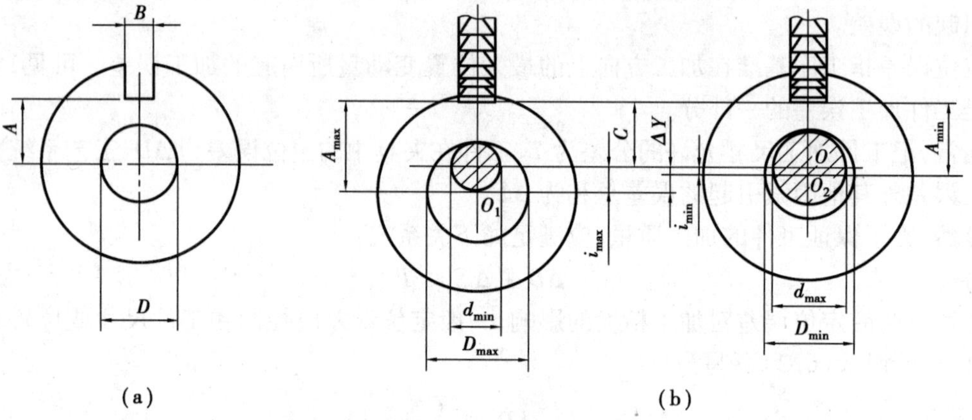

图 6.44　基准位移误差

由图 6.44 可以求出基准位移误差 ΔY

$$\Delta Y = O_1O_2 = \frac{D_{\max} - d_{\min}}{2} - \frac{D_{\min} - d_{\max}}{2} = \frac{D_{\max} - D_{\min}}{2} + \frac{d_{\max} - d_{\min}}{2}$$

所以

$$\Delta Y = \frac{T_D}{2} + \frac{T_d}{2} \tag{6.4}$$

从式(6.4)可以看出,基准位移误差是由构成定位副的定位元件和定位面制造误差造成的。

由上面的分析可知:

①定位误差只产生在按调整法加工一批工件的情况下,用试切法加工时,不存在定位误差。

②定位误差(包括基准不重合误差和基准位移误差)都与工件的定位方式有关。

6.6.2　定位误差的计算方法

根据定位误差产生的来源,定位误差应由基准不重合误差 ΔB 与基准位移误差 ΔY 组合而成。可表示为

$$\Delta D = \Delta B \pm \Delta Y \tag{6.5}$$

在分析具体对象时,可根据定位方案先分别求出 ΔB 和 ΔY,判断基准不重合误差 ΔB 与基准位移误差 ΔY 的分布方向,然后按上述公式将两项合成。合成的方法如下:

①当 $\Delta B \neq 0$,$\Delta Y = 0$ 时,$\Delta D = \Delta B$;当 $\Delta B = 0$,$\Delta Y \neq 0$ 时,$\Delta D = \Delta Y$。

②当 $\Delta B\neq0$，$\Delta Y\neq0$ 且工序基准不在定位基面上时，$\Delta D=\Delta B+\Delta Y$。

③当 $\Delta B\neq0$，$\Delta Y\neq0$ 且工序基准在定位基面上时，$\Delta D=\Delta B\pm\Delta Y$。

这种情况下，若基准位移和基准不重合引起的加工尺寸变化方向相同时，取“+”号；反之，取“-”号。这种情况只可能出现在工件以曲面作为定位基准面时，如工件以平面定位，由于一般情况下 $\Delta Y=0$，所以不存在两项误差的合成问题。

6.6.3　常见定位方式的定位误差计算

1）工件以平面定位时定位误差的计算

工件以平面定位时，由于定位副容易制造得准确，可视 $\Delta Y=0$；若工件以粗基准定位，则工序尺寸的公差值很大（通常较 ΔY 大），也可视 $\Delta Y=0$。故只计算 ΔB 即可。

【例 6.1】　按图 6.45（a）所示的定位方案铣工件上的台阶面，试分析和计算工序尺寸（20 ±0.15）mm 的定位误差，并判断这一方案是否可行。

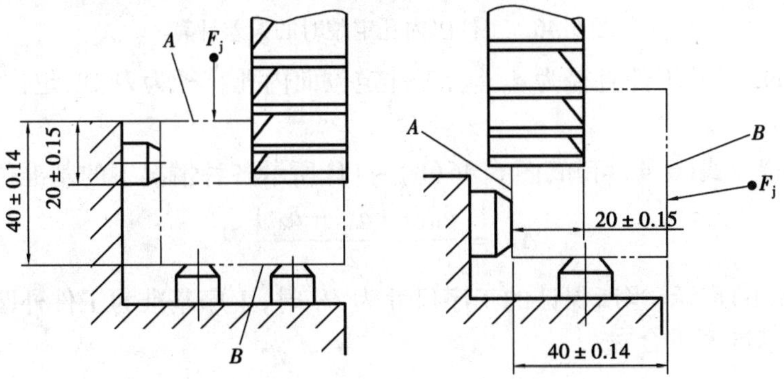

图 6.45　工件以平面定位时的误差计算

解：由于工件以 B 面为定位基准，而加工尺寸（20 ±0.15）mm 的工序基准为 A 面，两者不重合，所以存在基准不重合误差。工序基准和定位基准之间的联系尺寸是（40 ±0.14）mm，因此基准不重合误差 $\Delta B=0.28$ mm。

因为工件以平面定位尺寸不考虑定位副的制造误差，即 $\Delta Y=0$，而 $\Delta D=\Delta B$，所以

$$\Delta D=\Delta B=0.28\ \text{mm}>\left[\frac{1}{3}\times2\times0.15\right]\ \text{mm}=0.1\ \text{mm}$$

由于定位误差 $\Delta B=0.28$ mm 远大于工序尺寸公差值 0.3 mm 的 1/3，故该定位方案不能保证加工精度。若将工件转 180°，采用图 6.45（b）所示的定位方案，由于基准重合，$\Delta D=\Delta B=0$，则此方案可行。

2）工件以内孔在心轴（或圆柱销）上定位时定位误差的计算

工件以内孔作为定位基准时的定位误差，与工件内孔的制造精度、定位元件的放置形式、定位基面与限位基面的配合性质以及工序基准与定位基准是否重合等因素有关。

如图 6.46 所示，工件以内孔在水平放置的心轴上定位。对图 6.46（b）～（f）所示要保证的不同的工序尺寸（$H_1\sim H_5$）而言，采用了同一种定位方案，工件内孔中心线为定位基准，工件内孔圆柱面为定位基准面，定位心轴的外圆柱面为限位基面。所以，基准位移误差基本上是相同的，但由于被铣削面 P 的工序基准不同，造成不同情况下产生的基准不重合误差不同，相应的定位误差也就有所不同。

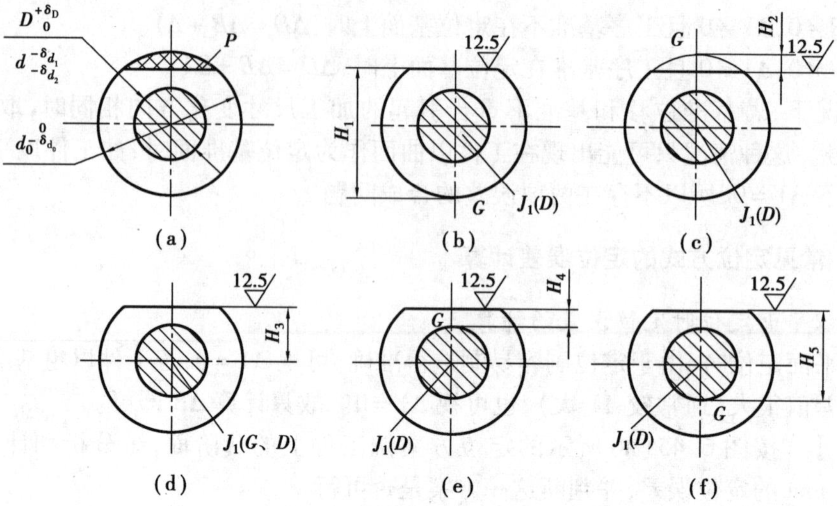

图 6.46　工件以内孔定位时的误差计算

如图 6.46(a)所示,工件直径为 $d_0{}^{0}_{-\delta_{d_0}}$,工件定位面内孔直径为 $D^{+\delta_D}_{0}$,定位元件限位心轴的直径为 $d^{-\delta_{d_1}}_{-\delta_{d_2}}$,则

①图 6.46(a)及式(6.4)可知,图 6.46(b) ~ (f)所示各种情况下的基准位移误差均为

$$\Delta Y = \frac{\delta_D + (\delta_{d_2} - \delta_{d_1})}{2}$$

②如图 6.46(b)所示,当所保证的工序尺寸为 H_1 时,工序基准为工件外圆柱面的下母线,工序基准与定位基准不重合,故

$$\Delta B = \frac{\delta_{d_0}}{2}$$

又因工序基准不在定位基准面(工件内孔圆柱面)上,所以有

$$\Delta D = \Delta B + \Delta Y = \frac{\delta_D + (\delta_{d_2} - \delta_{d_1}) + \delta_{d_0}}{2}$$

③如图 6.46(c)所示,当所保证的工序尺寸为 H_2 时,工序基准为工件外圆柱面的上母线,工序基准与定位基准不重合,故

$$\Delta B = \frac{\delta_{d_0}}{2}$$

又因工序基准不在定位基准面上,所以同样有

$$\Delta D = \Delta B + \Delta Y = \frac{\delta_D + (\delta_{d_2} - \delta_{d_1}) + \delta_{d_0}}{2}$$

④如图 6.46(d)所示,当所保证的工序尺寸为 H_3 时,工序基准与定位基准重合,故

$$\Delta B = 0$$

所以

$$\Delta D = \Delta Y = \frac{\delta_D + (\delta_{d_2} - \delta_{d_1})}{2}$$

⑤如图 6.46(e)所示,当所保证的工序尺寸为 H_4 时,工序基准与定位基准不重合,故

$$\Delta B = \frac{\delta_D}{2}$$

因工序基准在定位基准面上，所以需分析基准不重合误差与基准位移误差如何合成，如当定位基面（即工件内孔）由小变大，假设定位基准位置不变，则工序基准随着内孔的变大而向上移动，工序尺寸变小；当工件内孔由小变大后，定位基面与定位元件相脱离，这时，在重力的作用下工件向下移动，直到内孔上母线与心轴上母线相接触为止，因此定位基准与工序基准也随之向下移动，工序尺寸变大。由于两种情况下工序尺寸变化方向相反，故根据式（6.5）及"+""-"号确定方法可得

$$\Delta D = \Delta Y - \Delta B = \frac{\delta_D + (\delta_{d_2} - \delta_{d_1})}{2} - \frac{\delta_D}{2} = \frac{\delta_{d_2} - \delta_{d_1}}{2}$$

⑥如图 6.46（e）所示，当所保证的工序尺寸为 H_5 时，工序基准为工件内孔下母线，工序基准与定位基准不重合，且工序基准在定位基准面上，与上述⑤的分析方法相同。根据式（6.5）及"+""-"号确定方法可知 ΔB 与 ΔY 应相加，故

$$\Delta D = \Delta Y + \Delta B = \frac{\delta_D + (\delta_{d_2} - \delta_{d_1})}{2} + \frac{\delta_D}{2} = \frac{2\delta_D + \delta_{d_2} - \delta_{d_1}}{2}$$

应该注意：心轴水平放置与竖直放置时基准位移误差的计算方法是不一样的，前者因重力作用，工件与心轴的接触为固定边接触，即工件内孔上母线与心轴上母线接触，定位基准的位移方向总是向下，其位移量为 $X_{min}/2$（X_{min} 为孔和心轴之间的最小配合间隙）。因此，在加工前，应预先将刀具向下调低 $X_{min}/2$，这时最小配合间隙 X_{min} 不影响定位精度，基准位移误差为

$$\Delta Y = \frac{\delta_D + (\delta_{d_2} - \delta_{d_1})}{2} \tag{6.6}$$

而当心轴竖直放置时，工件内孔与心轴是任意边接触，即定位基准的位移可在任意方向。因此，工件内孔与心轴之间的最小配合间隙影响了定位精度，基准位移误差为

$$\Delta Y = D_{max} - d_{min} = \delta_D + (\delta_{d_2} - \delta_{d_1}) + X_{min} \tag{6.7}$$

凡能预知心轴与孔接触方式的定位，都能用式（6.6）或式（6.7）计算基准位移误差。当采用弹性可涨心轴为定位元件时，则定位元件与定位基准之间无相对位移，因此基准位移误差为零。

3）*工件以外圆柱面定位时定位误差的计算*

工件以外圆柱面定位时，常见的定位元件为各种定位套、支承板和 V 形块等。定位套定位和支承板定位时误差分析与前述以内孔定位相似。下面分析工件以外圆柱面在 V 形块上定位时的定位误差。

如图 6.47 所示，工件以外圆柱面在 V 形块上定位，定位基准为工件中心线，定位基准面

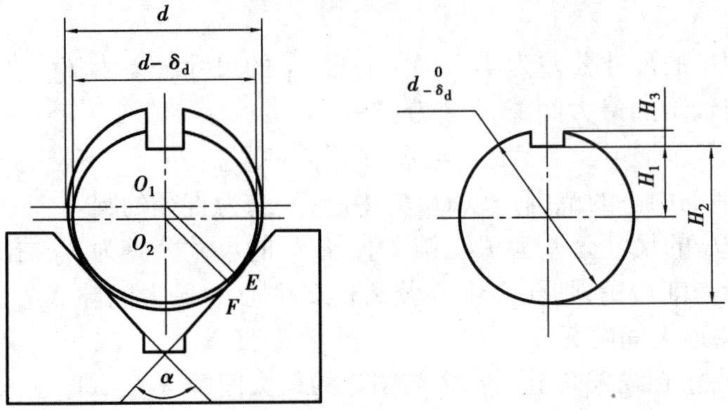

图 6.47　工件 V 形块上以外圆柱面定位的定位误差

为工件外圆柱面。当工序基准不同时，基准不重合误差是不一样的；如不考虑 V 形块的制造误差，由于 V 形块具有对称性好的特点，因此，工件在垂直于 V 形块对称面方向上的基准位移误差为零，而在 V 形块对称面方向上的基准位移误差均为

$$\Delta Y = O_1O_2 = \frac{d}{2\sin(\alpha/2)} - \frac{d-\delta_d}{2\sin(\alpha/2)} = \frac{\delta_d}{2\sin(\alpha/2)} \tag{6.8}$$

①当工序尺寸为 H_1 时，设计基准为中心线，定位基准和工艺基准重合，故

$$\Delta B = 0$$

所以

$$\Delta D = \Delta Y = \frac{\delta_d}{2\sin(\alpha/2)} \tag{6.9}$$

②当工序尺寸为 H_2 时，工序基准（设计基准）为外圆下母线，工序基准与定位基准不重合，故

$$\Delta B = \delta_{d_0}/2 \tag{6.10}$$

因工序基准在定位基准面上，需要分析 ΔB、ΔY 应如何合成。当定位基准面直径由小变大时，先暂时假设定位基准位置不变，则工序基准随定位基准面的直径变大而向下移动，工序尺寸变大；但实际上，当定位基准面的直径由小变大后，工件要在 V 形块上定位，就需向上移动，定位基准（即工件中心）及工序基准也随之向上移动，因此尺寸变小，所以式(6.5)中符号取“－”号，即

$$\Delta D = \Delta Y - \Delta B = O_1O_2 = \frac{\delta_d}{2\sin(\alpha/2)} - \frac{\delta_d}{2} = \frac{\delta_d}{2}\left(\frac{1}{\sin(\alpha/2)} - 1\right) \tag{6.11}$$

③当工序尺寸为 H_3 时，设计基准为上母线，同样可知，式(6.5)中应取“＋”号，故

$$\Delta D = \Delta Y + \Delta B = O_1O_2 = \frac{\delta_d}{2\sin(\alpha/2)} + \frac{\delta_d}{2} = \frac{\delta_d}{2}\left(\frac{1}{\sin(\alpha/2)} + 1\right) \tag{6.12}$$

注意：当上述定位用的外圆柱面直径的上偏差不为零时，上述各式中的 δ_d 应改为外圆直径的公差 T_d。

4）当工件以一面两孔定位时定位误差的计算

工件以一面两孔定位时，夹具上的两个销一个是圆柱销，另一个是菱形销。基准不重合误差计算与前面介绍的情况相同，即为定位尺寸公差值在工序尺寸方向上的投影。而基准位移误差的计算相对复杂一些，必须注意各定位元件对定位误差的综合影响。基准位移误差包括平面内任意方向移动的基准位移误差和转动的基准位移误差（简称“转角误差”）。下面以图 6.48 为例说明。

①当孔 1 直径 D_1 的尺寸公差为 T_{D_1}、销 1 直径 d_1 的尺寸公差为 T_{d_1}、孔 1 与销 1 的最小间隙为 $X_{1\min}$ 时，孔 1 与销 1 的最大间隙 $X_{1\max}$ 为：

$$X_{1\max} = T_{D_1} + T_{d_1} + X_{1\min} \tag{6.13}$$

孔 1 中心偏离销 1 中心的范围是以 O_1 为中心、$X_{1\max}$ 为直径的圆。

②当孔 2 直径 D_2 的尺寸公差为 T_{D_2}、销 2 直径 d_2 的尺寸公差为 T_{d_2}、孔 2 与销 2 的最小间隙为 $X_{2\min}$ 时，因为销为削边销，则孔 2 中心偏离销 2 中心的最大间隙 $X_{2\max}$ 是在两孔连心线方向上是孔 1 与销 1 的最大间隙 $X_{1\max}$。

③在垂直于两孔连心线方向上是孔 2 与销 2 的最大间隙 $X_{2\max}$，即

$$X_{2\max} = T_{D_2} + T_{d_2} + X_{2\min} \tag{6.14}$$

所以，孔 2 中心偏离销 2 中心的范围近似一个椭圆，则孔 1 和孔 2 中心的位移误差将引起

工件的下述两种基准位移误差：

①两孔连心线方向的基准位移误差 ΔY_1，即定位基准在两孔连心线方向上的最大可能位移量

$$\Delta Y_1 = X_{1\max} = T_{D_1} + T_{d_1} + X_{1\min} \tag{6.15}$$

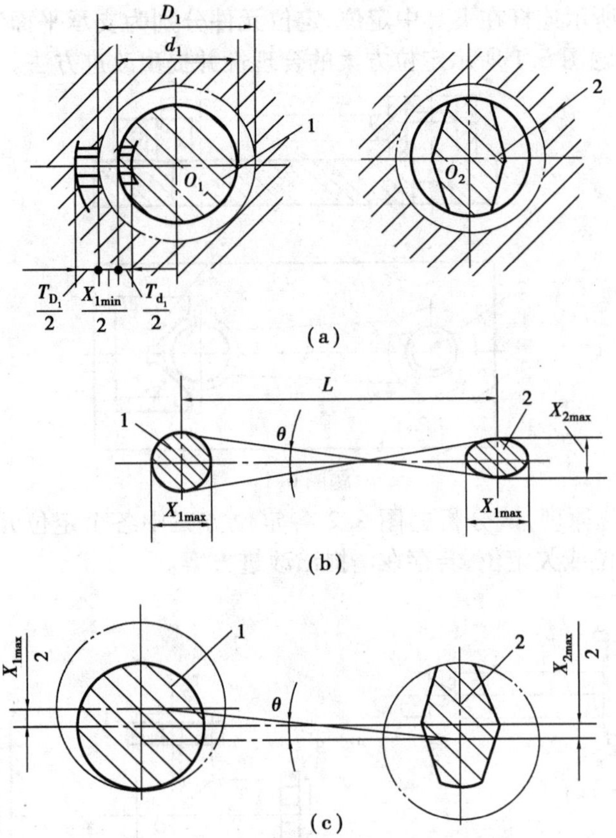

(a)　(b)　(c)

图 6.48　一面两孔时的定位误差

1—圆柱销 1、孔 1；2—菱形销 2、孔 2

②转角位移误差 ΔY_2。

$$\Delta Y_2 = \pm\theta \tag{6.16}$$

其中

$$\tan\theta = \frac{X_{1\max} + X_{2\max}}{2L} = \frac{T_{D_1} + T_{d_1} + X_{1\min} + T_{D_2} + T_{d_2} + X_{2\min}}{2L}$$

式中　L——工件上两孔中心距的基本尺寸，即夹具上两定位销中心距的基本尺寸。

思考与习题

6.1 为什么夹具具有扩大机床工艺范围的作用？试举三个实例说明。

6.2 何谓组合夹具、成组夹具、通用可调夹具？三者之间有何关系？

6.3 什么是完全定位、不完全定位、过定位和欠定位？

6.4 为什么说六点定位原理只能解决工件自由度的消除问题，即解决“定与不定”的问题？

6.5 工件装夹在夹具中，凡是有 6 个定位支承点，即为完全定位，凡是超过 6 个定位支承点就是过定位，不超过 6 个定位支承点，就不会出现过定位。这种说法对吗？为什么？

6.6 不完全定位和过定位是否均不允许存在？为什么？

6.7 如题图 6.1 所示连杆在夹具中定位，定位元件分别为支承平面 1、短圆柱销 2 和固定短 V 形块 3。试分析题图 6.1 所示定位方案的合理性并提出改进方法。

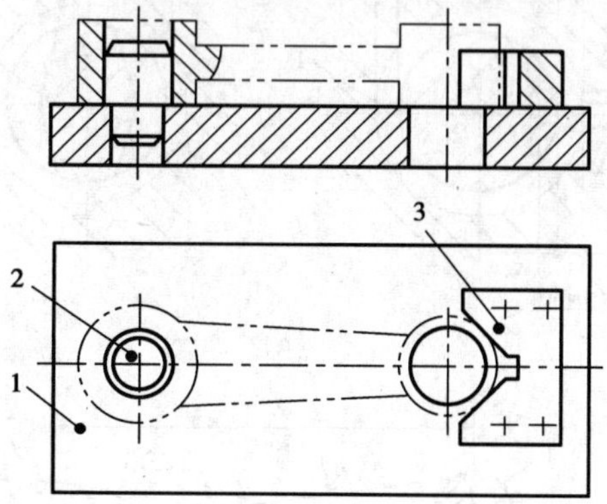

题图 6.1

6.8 根据六点定位原理，试分析题图 6.2 各定位方案中各个定位元件所消除的自由度。并判断是否存在过定位或欠定位，若存在请提出改进方案。

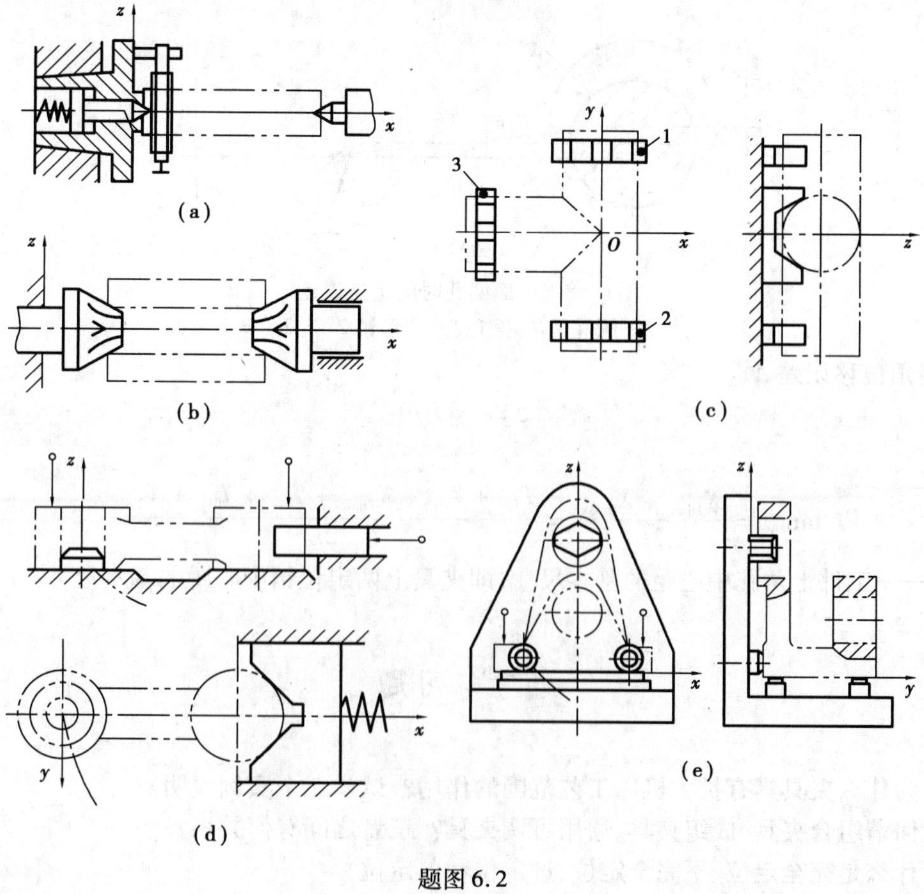

题图 6.2

6.9 机床夹具由哪几部分组成？各有何作用？

6.10 试分析比较固定支承、可调支承、自位支承和辅助支承的作用和应用范围。

6.11 什么是定位误差？其实质是什么？

6.12 试述基准不重合误差、基准位置误差的概念和产生的原因。

6.13 如题图 6.3 所示，(a)为工件铣槽工序简图，(b)为工件定位简图。试计算加工尺寸 $90_{-0.15}^{0}$ mm 的定位误差。

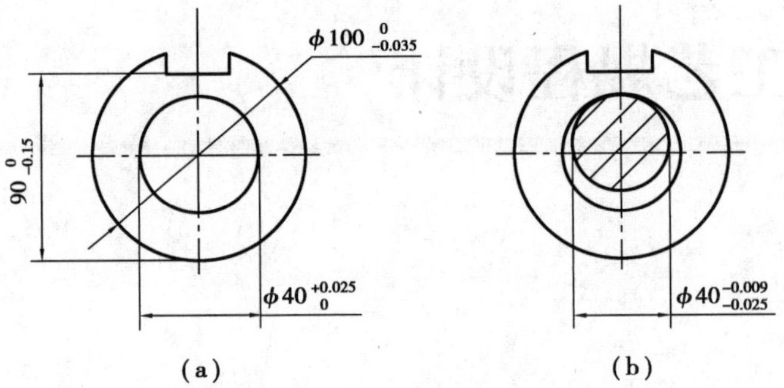

题图 6.3

6.14 工件尺寸及工序要求如题图 6.4(a)所示，欲加工键槽并保证工序尺寸 $45^{0}_{-0.2}$ mm 及对内孔中心的对称度 0.05 mm，试分别计算习题图 5.2(b)—(e)所示各种定位方案的定位误差。

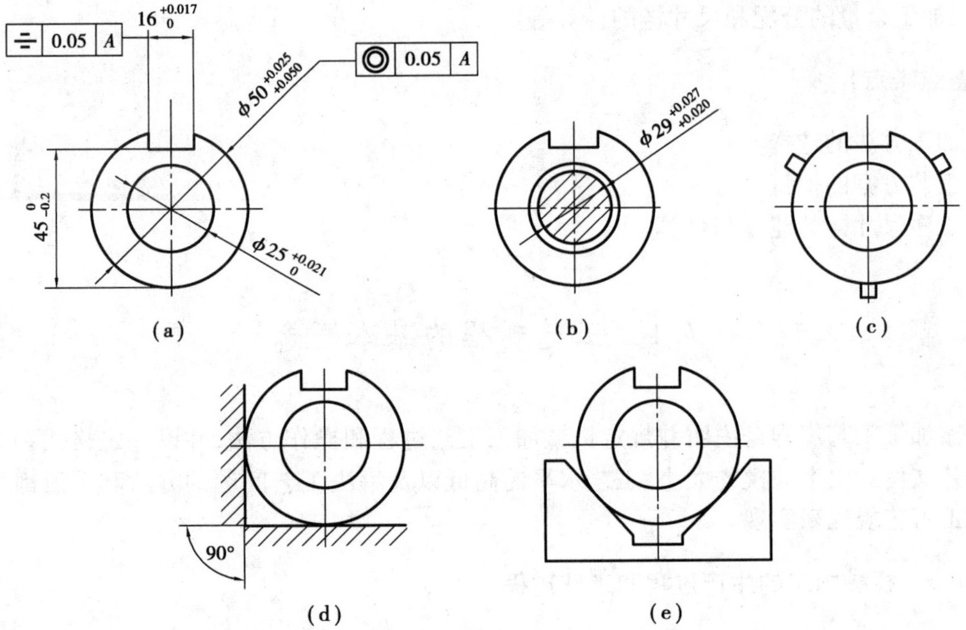

题图 6.4

第7章

机械加工工艺规程设计

【教学目标】

本章介绍机械加工工艺规程的基础知识和基本术语，按照制订零件机械加工工艺规程的步骤，介绍零件的工艺性分析、毛坯的选择、工艺方案的拟订、加工余量的确定、工序尺寸的计算等内容。

通过本章的学习，能初步理解和掌握零件机械加工方法的选择、工艺规程的制订、工序如何安排、加工余量的分配和尺寸链的计算等。

【重点难点】

- 加工方法的选择
- 工艺方案的拟订
- 工序尺寸链的建立与计算

7.1 工艺规程的基本概念

机械加工工艺规程是说明并规定机械加工工艺过程和操作方法，并以一定格式和要求记载的工艺文件。生产规模的大小、工艺水平的高低以及解决工艺问题的方法和手段都要通过机械加工工艺规程来实现。

7.1.1 机械加工的生产过程和工艺过程

(1)生产过程

机械生产一般都是从其他工厂取得制造机械所需要的原材料或半成品开始。我们从原材料(或半成品)进厂一直到把成品制造出来的有关劳动过程的总和统称为工厂的生产过程，它主要包括：生产技术准备(产品开发设计、工艺设计、专用工艺装备设计、有关生产资料和生产组织的准备)；原材料的运输保管；原材料制成毛坯；零件的各种加工；零件的热处理及表面处理；装配与调试；检验、试车、油漆、包装等。

工厂的生产过程又可按车间分为若干车间的生产过程。现代生产通常按专业化来组织，这样使工厂的生产过程变得更简单，有利于提高产品质量，提高劳动生产率和降低成本。

(2)工艺过程

在生产过程中凡属直接改变生产对象的尺寸、形状、物理化学性能以及相对位置关系的过程，统称为工艺过程；其他生产过程则称为辅助过程。工艺过程又可分为铸造、锻造、冲压、焊接、机械加工、热处理、装配等工艺过程。本书重点讲述机械加工工艺过程。

一个有明确技术和质量要求的零件，可以采用几种不同的工艺过程来加工，但其中总有一种工艺过程在给定的条件下是最合理的，人们把工艺过程的有关内容用文件的形式固定下来，用以指导生产，这个文件称为工艺规程。经审定、批准的工艺规程是指导生产的重要文件，工人必须严格遵守。当然，工艺规程也不是一成不变的，随着生产条件的改变和技术的进步，通常会有新的、更为合理的工艺规程来代替原来相对不合理的规程。但是工艺规程的修订或更改必须经过充分的工艺试验验证，并按照企业的相关规定履行审查、批准手续。

7.1.2　机械加工工艺规程的设计内容

机械加工工艺规程是连接产品设计和制造过程的桥梁，是企业组织生产活动和进行生产管理的重要依据。

1)工艺规程的作用

(1)工艺规程是工厂进行生产准备工作的主要依据

产品在投入生产之前要做大量的生产准备工作，包括原材料和毛坯的供应、机床的配备和调整、专用工艺装备的设计制造、核算生产成本以及配备人员等，所有这些工作都要根据工艺规程进行。

(2)工艺规程是企业组织生产的指导性技术文档

工厂管理人员根据工艺规程规定的要求，编制生产作业计划，组织工人进行生产，并按照工艺规程的要求验收产品。

(3)工艺规程是新建和扩建机械制造厂(或车间)的重要基本资料

新建和扩建工厂(或车间)须根据工艺规程确定机床和其他辅助设备的种类、型号规格和数量，厂房面积，设备布置，生产工人的工种、等级及数量等。

此外，先进的工艺规程还起着交流和推广先进制造技术的作用。典型工艺规程可以缩短工厂摸索和试制的过程。

2)工艺规程的设计原则

工艺规程设计必须遵循以下原则：

①制订的工艺规程应能保证零件加工质量，可靠地达到设计图纸规定的各项技术要求。

②在保证加工质量的基础上，使工艺过程有较高的生产效率和较低的成本。

③了解国内外本行业工艺技术的发展水平，积极采用先进的工艺技术和工艺装备。

④尽量减轻工人的劳动强度，保证安全生产，创造良好和文明的劳动条件。

⑤在一定的生产条件下，可能会出现几种能保证零件技术要求的工艺方案，此时应通过核算或相互对比，选择经济上最合理的方案，并要注重减少能源和原材料消耗，符合环境保护要求，实现绿色制造。

3)工艺规程设计所需原始资料

设计工艺规程必须具备以下原始资料：

①产品装配图、零件图。

②产品验收质量标准。

③产品的年生产纲领。

④毛坯材料与毛坯生产条件。

⑤制造厂的生产条件，包括机床设备和工艺装备的规格、性能和当前的技术状态，工人的技术水平，工厂自制工艺装备的能力以及工厂供电、供气的能力等有关资料。

⑥工艺规程设计、工艺装备设计所参考的设计手册和有关标准。

⑦国内外有关制造技术资料等。

4）工艺规程设计的步骤

①确定零件的生产纲领和生产类型，分析研究产品的装配图和零件图，进行零件的结构工艺性分析。

②确定毛坯，包括选择毛坯类型及其制造方法，确定毛坯尺寸。

③拟订工艺过程，包括划分工艺过程的组成、选择定位基准、选择零件表面的加工方法、安排加工顺序和组合工序等。

④工序设计，包括选择机床和确定工、夹、量等工艺装备，确定加工余量，计算工序尺寸及其公差，确定切削用量及计算工时定额等。

⑤进行技术经济分析，选择最佳方案。

⑥填写工艺文件。

5）工艺文件的类型

在零件机械加工工艺规程确定之后，应按相关技术标准和行业规范将有关内容填入各种不同的卡片，以便贯彻执行。这些卡片总称为工艺文件。常见的工艺文件有下列几种。

(1)机械加工工艺过程卡片

工艺过程卡是简要说明零件整个工艺过程的一种卡片，见表7.1，其中包括工艺过程的工序名称和序号、实施车间和工段及各工序时间定额等内容。它反映了加工过程的全貌，是制订其他工艺文件的基础，可以作为生产管理使用。在单件小批量生产中，通常过程卡随产品流转用以直接指导生产，而不再编制更为详细的工艺文件。

表7.1　机械加工工艺过程卡片

<table>
<tr><td rowspan="4">（工厂名）</td><td rowspan="4">机械加工工艺过程卡片</td><td colspan="2">产品名称及型号</td><td></td><td colspan="3">零件名称</td><td colspan="4">零件图号</td><td colspan="3"></td></tr>
<tr><td rowspan="3">材料</td><td>名称</td><td></td><td rowspan="2">毛坯</td><td colspan="2">种类</td><td></td><td colspan="2" rowspan="2">零件质量/kg</td><td>毛重</td><td colspan="2"></td><td>第　页</td></tr>
<tr><td>牌号</td><td></td><td colspan="2">尺寸</td><td></td><td>净重</td><td colspan="2"></td><td>共　页</td></tr>
<tr><td>性能</td><td></td><td colspan="3">每料件数</td><td></td><td colspan="2">每台件数</td><td></td><td colspan="2">每批件数</td><td></td></tr>
<tr><td rowspan="2">工序号</td><td colspan="4" rowspan="2">工序内容</td><td colspan="2" rowspan="2">加工车间</td><td colspan="2" rowspan="2">设备名称及编号</td><td colspan="3">工艺装备及编号</td><td rowspan="2">技术等级</td><td colspan="2">时间定额/min</td></tr>
<tr><td>夹具</td><td>刀具</td><td>量具</td><td>单件</td><td>准备—终结</td></tr>
<tr><td></td><td colspan="4"></td><td colspan="2"></td><td colspan="2"></td><td></td><td></td><td></td><td></td><td></td><td></td></tr>
<tr><td rowspan="3">更改内容</td><td colspan="14"></td></tr>
<tr><td colspan="14"></td></tr>
<tr><td colspan="14"></td></tr>
<tr><td>编制</td><td></td><td colspan="2">抄写</td><td></td><td colspan="3">校对</td><td colspan="2"></td><td colspan="2">审核</td><td></td><td>批准</td><td></td></tr>
</table>

(2)机械加工工序卡片

机械加工工序卡片又称工序卡,见表 7.2,它用来具体指导工人的操作。工序卡详细说明了该工序的工艺过程并附有工序简图。工序卡用于大批量生产的每一个工序和重要零件的成批生产中的重要工序。

表 7.2　机械加工工序卡片

<table>
<tr><td rowspan="2">(工厂名)</td><td rowspan="2">机械加工
工序卡片</td><td>产品名称及型号</td><td>零件名称</td><td>零件图号</td><td>工序名称</td><td>工序号</td><td>第　页</td></tr>
<tr><td></td><td></td><td></td><td></td><td></td><td>共　页</td></tr>
<tr><td colspan="3" rowspan="11">(画工序简图处)</td><td colspan="2">车间</td><td>工段</td><td>材料名称</td><td>材料牌号</td><td>力学性能</td></tr>
<tr><td colspan="2"></td><td></td><td></td><td></td><td></td></tr>
<tr><td colspan="2">同时加工件数</td><td>每料件数</td><td>技术等级</td><td>单件时间
/min</td><td>准备—终结
时间/min</td></tr>
<tr><td colspan="2"></td><td></td><td></td><td></td><td></td></tr>
<tr><td colspan="2">设备名称</td><td>设备编号</td><td>夹具名称</td><td>夹具编号</td><td>切削液</td></tr>
<tr><td colspan="2"></td><td></td><td></td><td></td><td></td></tr>
<tr><td rowspan="5">更改内容</td><td colspan="5"></td></tr>
<tr><td colspan="5"></td></tr>
<tr><td colspan="5"></td></tr>
<tr><td colspan="5"></td></tr>
<tr><td colspan="5"></td></tr>
</table>

<table>
<tr><td rowspan="2">工步号</td><td rowspan="2">工步内容</td><td colspan="3">计算数据/mm</td><td rowspan="2">走刀次数</td><td colspan="4">切削用量</td><td colspan="3">工时定额/min</td><td colspan="5">刀具、量具及辅助</td></tr>
<tr><td>直径或长度</td><td>进给长度</td><td>单边余量</td><td>背吃刀量/mm</td><td>进给量/(mm · r^{-1})或(mm · min^{-1})</td><td>切削速度/(r · min^{-1})或双行程数/min</td><td>切削速度/(m · min^{-1})</td><td>基本时间</td><td>辅助时间</td><td>服务时间</td><td>工步号</td><td>名称</td><td>规格</td><td>编号</td><td>数量</td></tr>
<tr><td></td><td></td><td></td><td></td><td></td><td></td><td></td><td></td><td></td><td></td><td></td><td></td><td></td><td></td><td></td><td></td><td></td><td></td></tr>
<tr><td></td><td></td><td></td><td></td><td></td><td></td><td></td><td></td><td></td><td></td><td></td><td></td><td></td><td></td><td></td><td></td><td></td><td></td></tr>
<tr><td></td><td></td><td></td><td></td><td></td><td></td><td></td><td></td><td></td><td></td><td></td><td></td><td></td><td></td><td></td><td></td><td></td><td></td></tr>
</table>

编制		抄写		校对		审核		批准	

(3)机械加工工艺卡片

机械加工工艺卡片又称工艺卡。以工序为单位说明工艺过程,比较详细规定了该零件每一工序及其工位和工步的工作内容,见表 7.3。复杂工序可绘有工序简图,注明工序尺寸及公差等。

工艺卡片的详细程度介于工艺过程卡和工序卡片之间。工艺卡用来指导生产和管理加工过程,广泛用于成批生产或重要零件的小批生产。

表 7.3　机械加工工艺卡片

<table>
<tr><td rowspan="3">（工厂名）</td><td rowspan="3">机械加工工艺卡片</td><td colspan="2">产品名称及型号</td><td></td><td colspan="2">零件名称</td><td></td><td>零件图号</td><td colspan="3"></td></tr>
<tr><td rowspan="2">材料</td><td>名称</td><td></td><td rowspan="2">毛坯</td><td>种类</td><td></td><td rowspan="2">零件质量/kg</td><td>毛重</td><td></td><td>第　页</td></tr>
<tr><td>牌号</td><td></td><td>尺寸</td><td></td><td>净重</td><td></td><td>共　页</td></tr>
<tr><td colspan="3"></td><td>性能</td><td></td><td colspan="2">每料件数</td><td></td><td>每台件数</td><td></td><td>每批件数</td><td></td></tr>
</table>

<table>
<tr><td rowspan="2">工序</td><td rowspan="2">安装</td><td rowspan="2">工步</td><td rowspan="2">工序内容</td><td rowspan="2">同时加工零件数</td><td colspan="4">切削用量</td><td rowspan="2">设备名称及编号</td><td colspan="3">工艺装备名称及编号</td><td rowspan="2">技术等级</td><td colspan="2">工时定额/min</td></tr>
<tr><td>背吃刀量/mm</td><td>切削速度/(m · min⁻¹)</td><td>切削速度/(r · min⁻¹)或双行程数/min</td><td>进给量/(mm · r⁻¹)或/(mm · min⁻¹)</td><td>夹具</td><td>刀具</td><td>量具</td><td>单件</td><td>准备—终结</td></tr>
<tr><td></td><td></td><td></td><td></td><td></td><td></td><td></td><td></td><td></td><td></td><td></td><td></td><td></td><td></td><td></td><td></td></tr>
<tr><td colspan="3" rowspan="3">更改内容</td><td colspan="13"></td></tr>
<tr><td colspan="13"></td></tr>
<tr><td colspan="13"></td></tr>
</table>

编制		抄写		校对		审核		批准	

7.1.3　机械加工工艺过程的组成

一个零件的加工工艺过程往往比较复杂，根据它的技术要求和特点，在不同的生产条件下，通常采用不同的加工方法和设备，通过一系列的加工步骤，才能使毛坯变为零件。为便于分析描述这些过程，需要对这一系列加工步骤组成的不同单元形式给予科学定义。

(1)工序

一个工人或一组工人，在一个工作地对同一工件或同时对几个工件所连续完成的那一部分工艺过程，称为工序。

工序是工艺过程的基本组成部分，也是制订生产计划和进行成本核算的基本单元。其中，工作地、工人、零件种类和连续作业是构成工序的 4 个要素，通常只要其中任一要素发生变化，即构成新的工序。零件毛坯依次通过这些工序，就被加工成达到图样规定要求的零件。

机械零件的机械加工工艺过程由若干工序组成，而每一个工序又可细分为安装、工位、工步和走刀。

如图 7.1 所示的阶梯轴，设毛坯为锻件，各表面都需进行加工，且精度和表面粗糙度要求不高。若用一般机床加工，则根据其生产规模和车间条件的不同，应采用不同的加工方案。表 7.4 的加工方案适于单件小批量生产时采用；表 7.5 的加工方案适于大批量生产时采用（表中均未列出检验和热处理工序）。可见：

①同一个零件常常因为加工数量的多少而由不同的工艺组成。

②工序是制订劳动定额、配备工人、安排计划及成本核算的基本单元。

③在一个工序内可以采用不同刀具及切削用量来加工不同的表面。

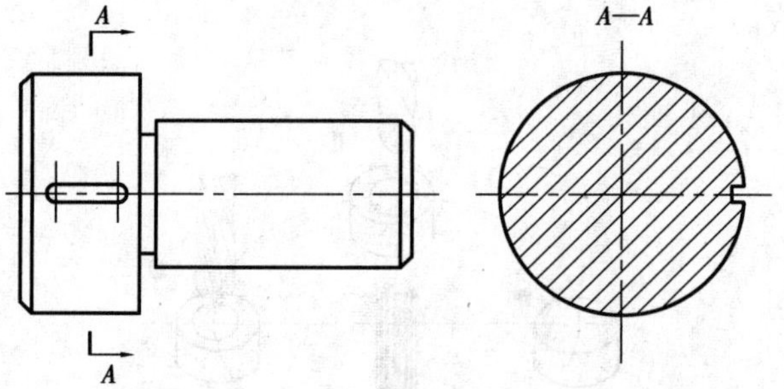

图7.1　阶梯轴

表7.4　阶梯轴单件小批量生产的工艺过程

工序号	工序内容	设备
1	车一端面,钻中心孔①;调头,车另一端面,钻中心孔;车大外圆及倒角;调头,车小外圆、切槽及倒角	车床
2	铣键槽、去毛刺	铣床

注:①中心孔为加工需要。

表7.5　阶梯轴大批量生产的工艺过程

工序号	工序内容	设备
1	铣两端面,钻两端中心孔①	铣端面钻中心孔机床
2	车大外圆及倒角	车床Ⅰ
3	车小外圆、切槽及倒角	车床Ⅱ
4	铣键槽	专用铣床
5	去毛刺	钳工台

注:①中心孔为加工需要。

在实际加工中,对每道工序都应该有一个简单的用来表示这道工序所要达到的加工要求的工序简图。工序简图除了表达本工序要达到的加工精度外还要反映本工序工件的安装情况。

(2)安装

在一道工序中,工件可能被装夹一次或多次,才能完成加工。工件每经一次装夹后所完成的那部分工序内容称为安装。表7.4的工序1,是由三次安装组成的,而表7.5的每道工序都是一次安装。

工件在加工中,应尽量减少装夹的次数,因为每一次装夹,都需要装夹时间,降低效率,还会产生装夹误差。

(3)工位

在同一工序中,有时为了减少由于多次装夹而带来的误差及时间损失,往往采用移动夹具、转位工作台或转位夹具。在工件的一次安装中,工件相对于机床(或刀具)每次所占据的那个确切位置叫工位。如图7.2所示，在钻床上可以将工件的钻、扩、铰三种加工方法在一个回转工作台上一次完成。

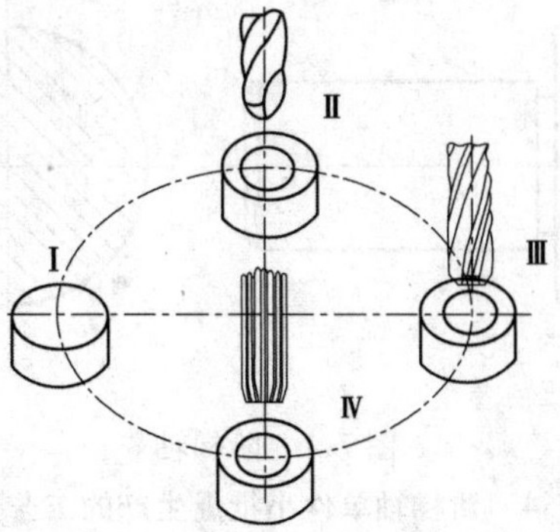

图7.2　钻床的多工位工序

工位Ⅰ—装卸工件；工位Ⅱ—钻孔；工位Ⅲ—扩孔；工位Ⅳ—铰孔

如图7.3所示，在转塔车床的可转位刀架及四方刀架作用下可完成回转零件的车、钻、扩、切槽、铰孔、倒角等多个加工内容。

采用多工位加工，可以提高生产率和保证被加工表面间的相互位置精度。

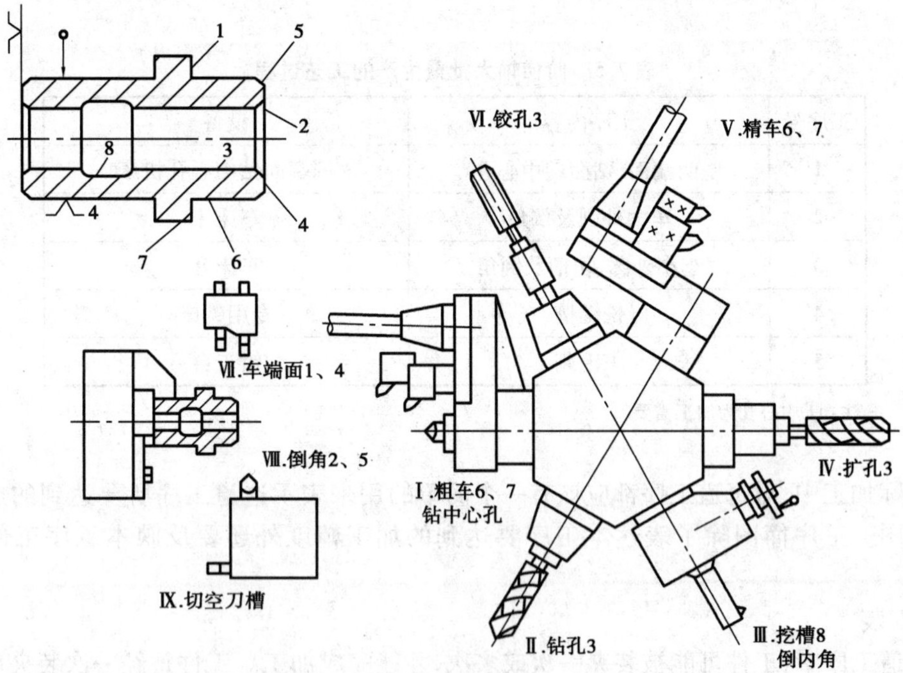

图7.3　转塔车床的多工位工序

(4)工步

工步是在加工表面、切削刀具和切削用量(仅指机床主轴转速和进给量)都不变的情况下所完成的那一部分工艺过程。一个工序(或一次安装或一个工位)中可能需要加工若干个表面；也可能只加工一个表面，但却要用若干把不同的刀具轮流加工；或只用一把刀具但却要在加工表面上切多次，而每次切削所选用的切削用量不全相同。上述三个要素中(指加工表面、切削刀具和切削用量）只要有一个要素改变了，就不能认为是同一个工步。

为了提高生产效率，机械加工中有时用几把刀具同时加工几个表面，这也被看作是一个工步，称为复合工步，如图7.4所示。

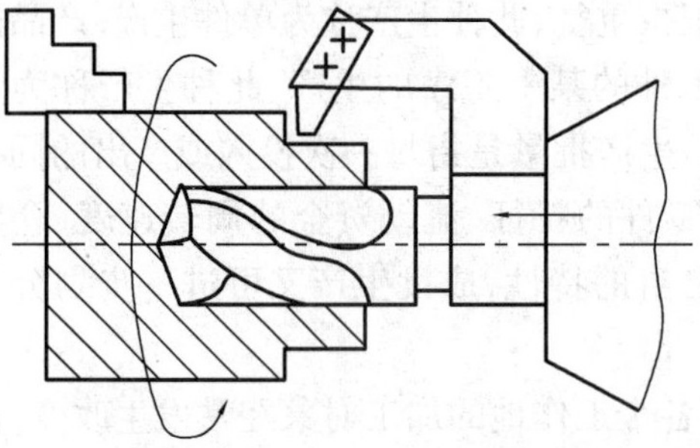

图7.4　加工外圆与内孔的复合工步

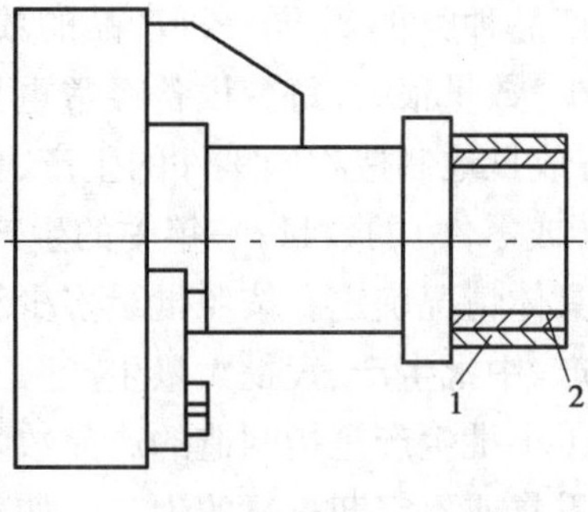

图7.5　车外圆走刀示意

（5）走刀

有些工步由于余量太大，或由于其他原因，需要同一刀具在相同转速和进给量下（背吃刀量可能略有不同）对同一表面进行多次切削。这时，刀具对工件的每一次切削称为一次走刀，如图7.5所示为车外圆的两次走刀。

综上分析可知，工艺过程的组成是很复杂的。一个产品的工艺过程由许多工序组成，一个工序可能有几次安装，一个安装可能有几个工位，一个工位可能有几个工步，如此等等。

7.1.4　产品的生产纲领和生产类型

机械产品的制造过程是一个复杂过程，需要经过一系列的加工过程和装配过程才能完成。尽管各种机械产品的结构、精度要求等相差很大，但它们的制造工艺存在着许多共同的特征，这些共同的特征取决于产品的生产纲领和生产类型。

（1）生产纲领

生产纲领是企业根据市场需求和自身的生产能力决定的在计划期内应当生产产品的产量和进度计划。计划期常定为一年，所以生产纲领也常称为年产量。

从市场的角度看，产品的生产纲领取决于市场对该产品的需求、企业在市场上所能占有的份额以及该产品在市场上的销售和产品的生命周期。

零件的生产纲领是根据产品的生产纲领、零件在该产品中的数量，并考虑备品和废品的数量而确定的，可按下式计算

$$N = Qn(1 + \alpha + \beta) \tag{7.1}$$

式中　N——零件的年产量，件/年；

Q——产品的年产量，台/年；

n——每台产品中，该零件的数量，件/台；

α——备品率，%；

β——废品率，%。

（2）生产类型

生产类型（生产组织管理类型的简称）是企业（或车间、工段、班组、工作地）生产专业化程

度的分类。划分生产类型的根据是加工零件的生产纲领和零件本身的特性(轻重、大小、结构复杂程度、精密程度等)。通常将零件的生产类型划分为单件生产、大量生产和成批生产三种。

产品种类很多,同一种产品的数量不多,生产很少重复,此种生产称为单件生产;产品的品种较少,数量很大,每台设备经常重复地进行某一工件的某一工序的生产,此种生产称为大量生产;成批地制造相同零件的生产,称为成批生产。生产批量是指每一次投入或产出的同一种产品(或零件)的数量;一年中的生产批数,须根据零件的特征、流动资金的周转速度、仓库容量等具体情况确定。按照批量多少和被加工零件自身的特性,成批生产又可进一步划分为小批生产、中批生产、大批大量生产。

①小批生产是指制造的产品数量不多,生产中各个工作地的加工对象经常发生改变,而且很少重复或不定期重复的生产。如新产品的试制、专用设备的制造等。在小批生产时,其生产组织的特点是要能适应产品品种的灵活多变。

②中批生产是指产品以一定的生产批量成批地投入生产,并按一定的时间间隔周期性地重复生产。如机床、机车、电机和纺织机械的制造等。在中批生产中采用通用设备和专业设备相结合,以保证其生产组织满足一定的灵活性和生产率的要求。

③大批大量生产是指产品的产量很大,大多数工作地按照一定的生产节拍(在流水生产中,相继完成两件制品之间的时间间隔)长期进行某种零件的某一工序的重复加工。如标准件、汽车、拖拉机、自行车、缝纫机和手表的制造等。在大批大量生产时,广泛采用自动化专用设备,按工艺顺序进行自动线或流水线方式组织生产,生产组织形式的灵活性较差。

生产类型的具体划分可根据生产纲领和零件的特征或工作地每月担负的工序数确定。表7.6给出了各种生产类型的划分。

表7.6　各种生产类型的划分

生产类型	生产纲领/(台·年$^{-1}$)或/(件·年$^{-1}$)			工作地担负的/(工序数·月$^{-1}$)
	小型机械或轻型零件	中小型机械或中型零件	重型机械或重型零件	
单件生产	≤100	≤10	≤5	不作规定
小批生产	101~500	11~150	6~100	20~40
中批生产	501~5 000	151~500	101~300	10~20
大批生产	5 001~50 000	501~5 000	301~1 000	1~10
大量生产	>50 000	>5 000	>1 000	1

注:小型机械、中型机械和重型机械可分别以缝纫机、机床和轧钢机为代表。

根据上述划分生产类型的方法可以发现,同一企业或车间可能同时存在几种生产类型的生产。判断企业或车间的生产类型,应根据企业或车间中占主导地位的工艺过程的性质确定。表7.7给出了不同生产类型的工艺特征。

表 7.7　不同生产类型的工艺特征

工艺特征	生产类型		
	小批生产	中批生产	大批大量生产
零件的互换性	用修配法，钳工修配，缺乏互换性	大部分具有互换性。装配精度要求高时，灵活运用分组装配法和调整法，同时还保留某些修配法	具有广泛的互换性。少数装配精度较高处，采用分组装配法和调整法
毛坯的制造方法与加工余量	木模手工造型或自由锻造。毛坯精度低，加工余量大	部分采用金属模铸造或模锻。毛坯精度和加工余量中等	广泛采用金属模造型、模锻或其他高效方法。毛坯精度高，加工余量小
机床设备及其布置形式	通用机床。按机床类别采用机群式布置	部分通用机床。按工件类别分工段排列设备	广泛采用高效专用机床及自动机床。按流水线和自动线排列设备
工艺装备	大多采用通用夹具、标准附件、通用刀具和万能量具，靠划线和试切法达到精度要求	广泛采用夹具，部分靠找正装夹达到精度要求。较多采用专用刀具和量具	广泛采用专用高效夹具、复合刀具、专用量具或自动检验装置。靠调整法达到精度要求
对工人技术要求	需技术水平较高的工人	需一定技术水平的工人	对调整工的技术水平要求高，对操作工人的技术水平要求较低
工艺文件	有工艺过程卡，关键工序要有工序卡	有工艺过程卡，关键零件要有工序卡	有工艺过程卡和工序卡，关键工序要有调整卡和检验卡
成本	较高	中等	较低

7.2　机械加工工艺规程的制订

7.2.1　零件的结构工艺性分析和技术要求分析

零件图是制订机械加工工艺规程最主要的原始资料。在制订工艺规程时，首先必须对零件图进行认真分析。为了更深刻理解零件结构上的特征和技术要求，通常还需要研究产品的总装配图、部件装配图以及验收标准，从中了解零件的功用和相关零件的配合，以及主要技术要求制订的依据等。

(1)零件的结构工艺性分析

零件的结构工艺性是指所设计的零件在能满足使用要求的前提下制造的可行性和经济性。它包括零件的整个工艺过程的工艺性，涉及的面很广，具有综合性。在不同的生产类型和生产条件下，同样的结构，制造的可能性和经济性都可能不同，因此必须根据具体的生产类型和现有的生产条件，全面、具体、综合地分析其结构工艺性。表 7.8 列出了一些机械加工零件结构工艺性对比的例子，供参考。

表 7.8　零件结构工艺性分析示例

序号	零件结构			
		工艺性不好	工艺性好	
1	车螺纹时，螺纹不易清根，且工人操作紧张，易打刀	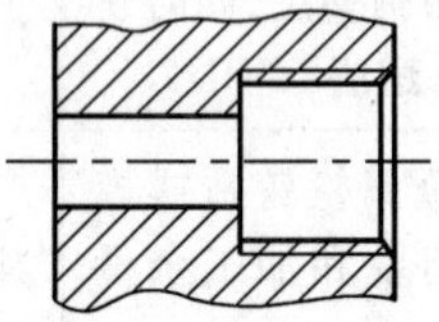	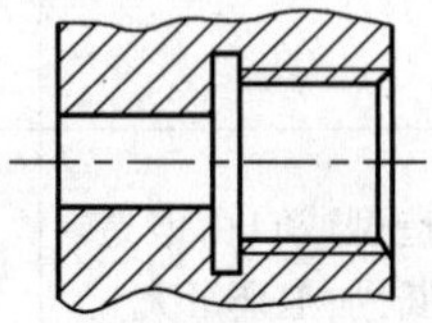	留有退刀槽，可使螺纹清根，工人操作相对容易，可避免打刀
2	插键槽时，底部无退刀空间，易打刀	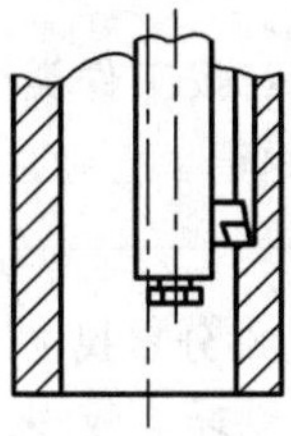	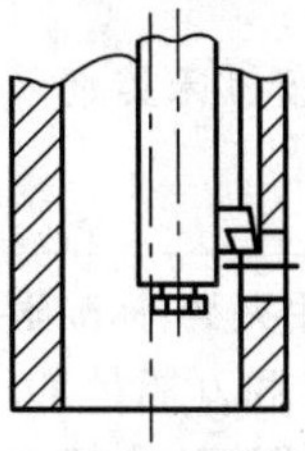	留出退刀空间，可避免打刀
3	插齿无退刀空间，小齿轮无法加工	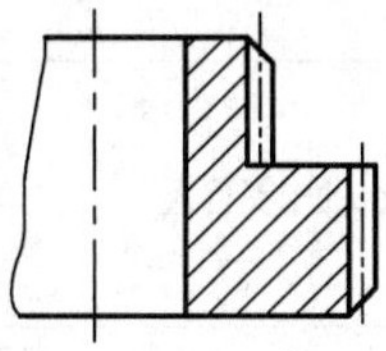	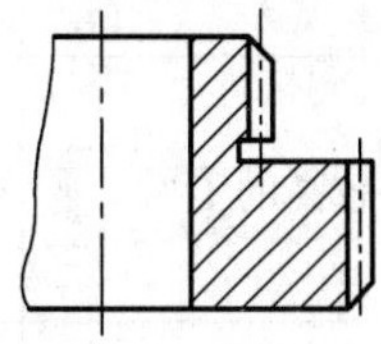	留出退刀空间，小齿轮可以插齿加工
4	两端轴颈需磨削加工，因砂轮圆角而不能清根	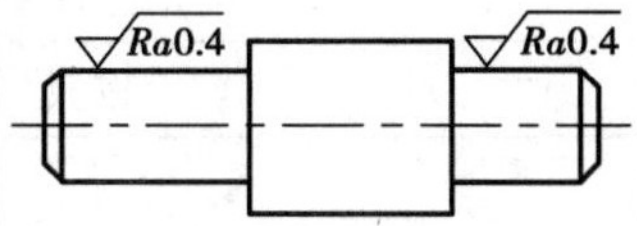	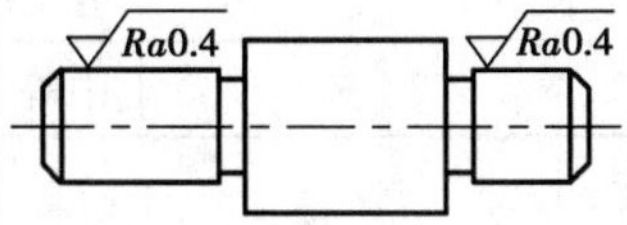	留有退刀槽，磨削时可以清根
5	孔距箱壁太近：①需加长钻头才能加工；②钻头在圆角处容易引偏	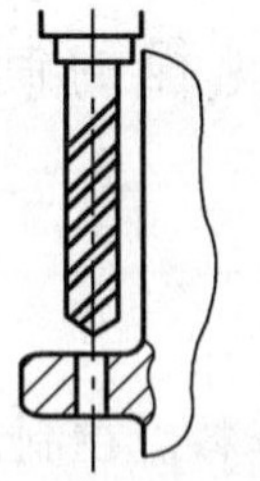	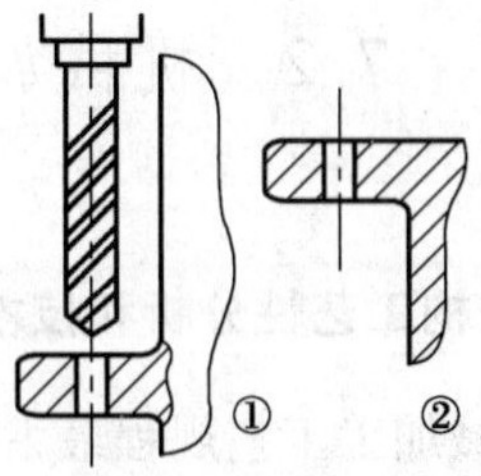	①加长箱耳，不需加长钻头即可加工；②如结构上允许，可将箱耳设计在某一端，不需加长箱耳
6	锥面磨削加工时易碰伤圆柱面，且不能清根	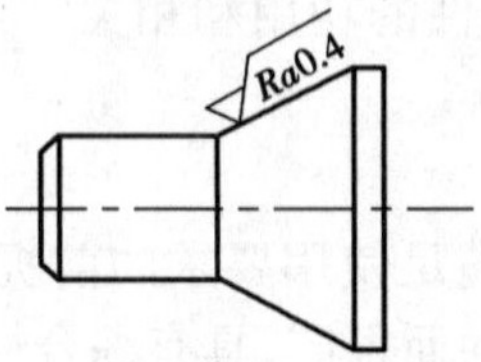	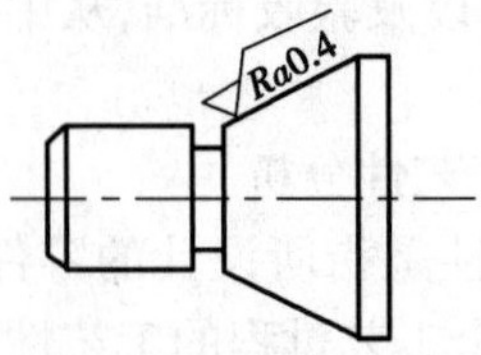	留出砂轮越程空间，可方便对锥面进行磨削加工

续表

序号	零件结构			
	工艺性不好		工艺性好	
7	斜面钻孔，钻头易引偏	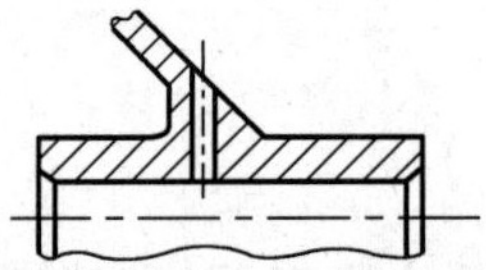	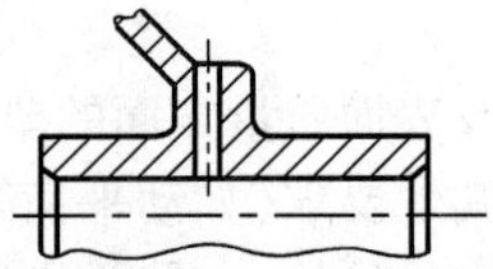	只要结构允许，留出平台，钻头不易偏斜
8	孔壁出口处有台阶面，钻孔时钻头易引偏，易折断	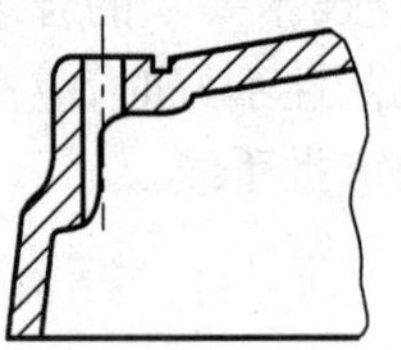	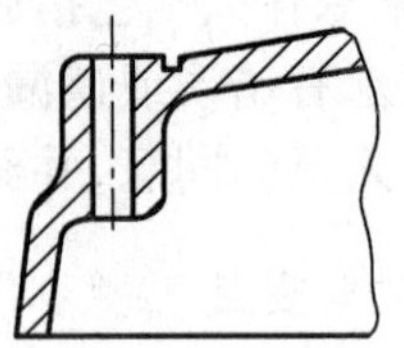	只要结构允许，内壁出口处做成平面，钻孔位置容易保证
9	钻孔过深，加工量大，钻头损耗大，且钻头易偏斜	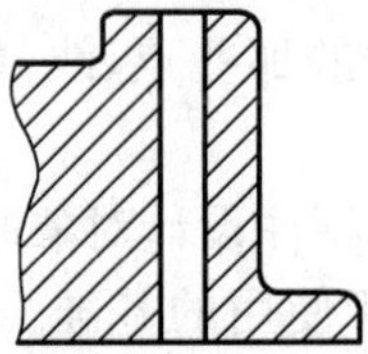	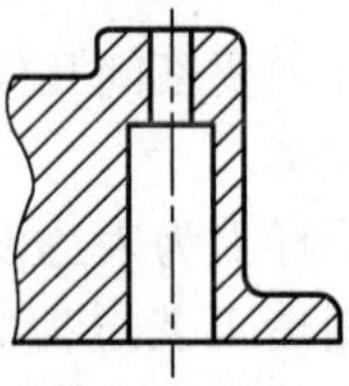	钻孔一端留空刀，减小钻孔工作量
10	加工面高度不同，需两次调整加工，影响加工效率	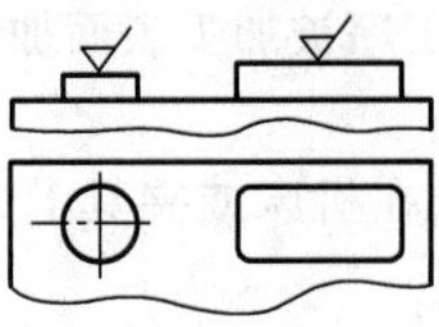	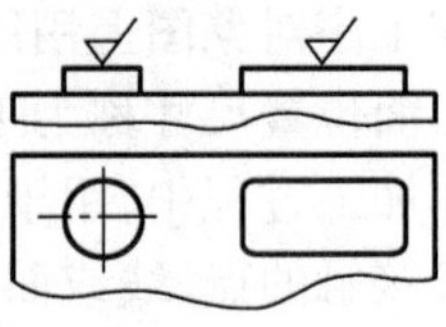	加工面在同一高度，一次调整可完成两个平面的加工
11	三个退刀槽宽度不一致，需使用三把不同尺寸的刀具进行加工	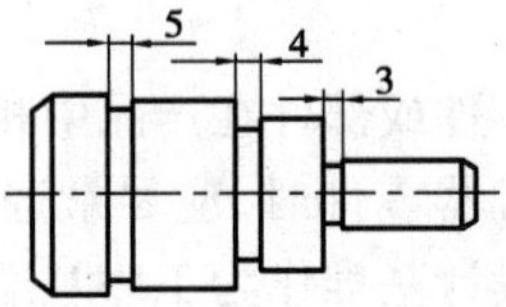	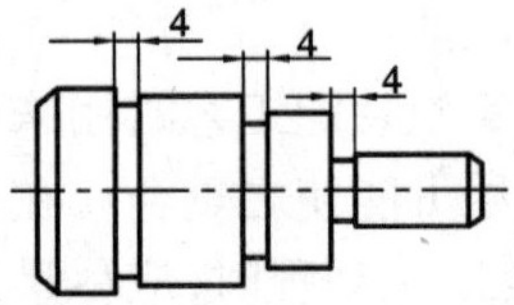	退刀槽宽度尺寸相同，使用一把刀具即可加工
12	键槽方向不一致，需两次装夹才能完成加工	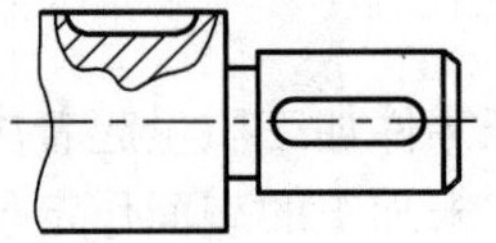	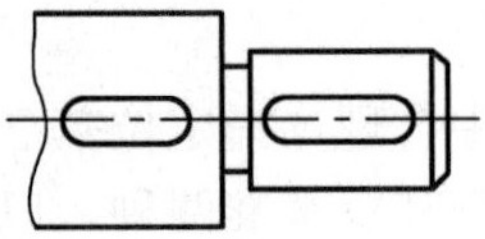	键槽方向一致，一次装夹即可完成加工
13	加工面大，加工时间长，平面度要求不易保证	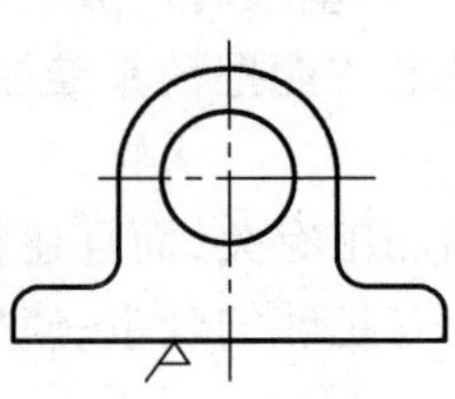	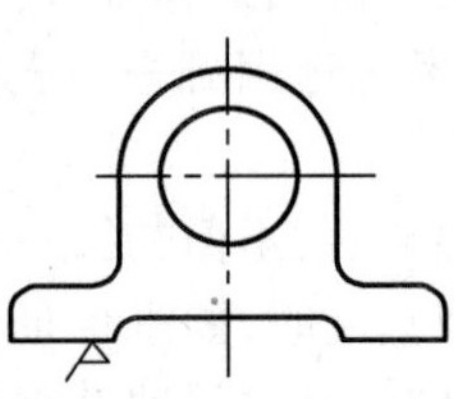	加工面减小，加工时间短，平面度要求容易保证

(2)零件的技术要求分析

零件的技术要求通常包括以下5个方面：

①加工表面的尺寸精度。

②形状精度。

③相互位置精度。

④表面粗糙度以及表面质量方面的要求。

⑤热处理要求及其他要求(如动平衡等)。

分析零件技术要求的目的：一是要找出零件的主要表面(即精度要求较高的面)，决定主要表面的加工方法，应采取什么工艺措施；二是检查技术要求的合理性。如发现零件图样上的视图、尺寸标注、技术要求有错误或遗漏，或结构工艺性不好时，应提出修改意见。但修改时必须征得产品零件的设计人员的同意，并经过一定的审批手续。

7.2.2 工件的定位与安装

1)基准的概念与分类

用来确定生产对象几何要素间几何关系所依据的那些点、线、面，称为基准。基准可分为设计基准和工艺基准两大类。

设计基准是指设计图样上为表达设计者意图的标注设计对象的尺寸所依据的基准。

工艺基准是指机械制造工艺过程的各阶段中所使用的基准。工艺基准又可分为工序基准、定位基准、测量基准和装配基准等。

①工序基准是指在工序对象图上用以标注本工序被加工表面加工后的尺寸、形状、位置的基准。其所标注的加工面位置尺寸称为工序尺寸。

②定位基准是指在加工过程中，用于确定工件在机床或夹具上的位置的基准。它是工件上与夹具定位元件直接接触的点、线或面。

③测量基准是指工件在加工中或加工后，用于测量已加工表面的尺寸和形位误差及各表面之间位置精度的基准。

④装配基准是指实施装配工艺时用来确定零件或部件在产品中相对位置所依据的基准。

上述各种基准应尽可能使之重合。在设计机器零件时，应尽量选用装配基准作为设计基准；在编制零件的加工工艺规程时，应尽量选用设计基准作为工序基准；在加工及测量工作时，应尽量选用工序基准作为定位基准及测量基准，以消除由基准不重合引起的误差。

2)定位基准的选择

在零件加工过程中合理选择定位基准对保证零件加工质量起着决定性的作用。

定位基准分粗基准和精基准两种。以毛坯上未加工的表面作定位基准的为粗基准。经过机械加工的表面作定位基准的为精基准。在选择定位基准时一般是先根据零件的加工要求选择精基准，然后再逆推考虑选用哪一组表面作粗基准才能把精基准加工出来。

(1)粗基准的选择

粗基准选择得正确与否，不但与第一道工序的加工有关，而且还将对该工件加工的全过程产生重大影响。选择粗基准时，要求保证各加工面有足够的余量，使加工面与不加工面间的位置符合图样要求，并特别注意要尽快获得精基准面。

①应尽量选择不加工表面为粗基准。工件的不加工表面一般有较高的形状精度与表面质量，这样可保证不加工表面与加工表面之间的相对位置要求，如图 7.6 所示。

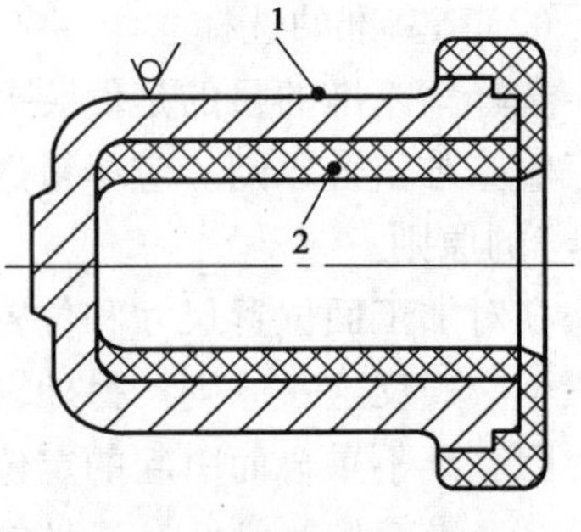

图 7.6　零件加工实例
1—不加工表面；2—加工余量

②粗基准的选择应合理分配加工余量。这样可以保证各加工表面都有足够的加工余量，并且使工件上各加工表面总的金属切除量最小；对某些重要的表面，尽量使其加工余量均匀，对导轨面要求加工余量尽可能小一些，以便能获得硬度和耐磨性更好的表面。图 7.7(a)所示的以导轨面为基准的工序组合比图 7.7(b)所示的方案为更合理。

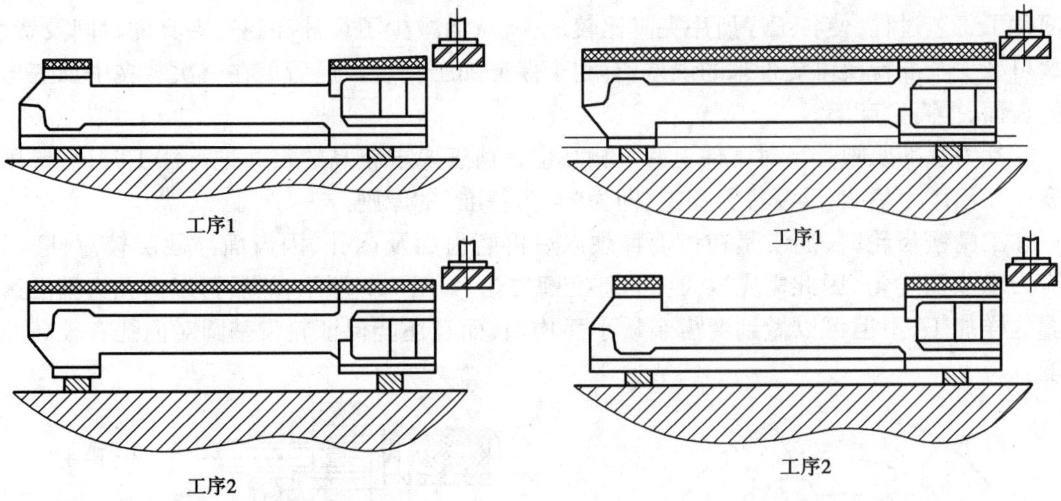

(a) 以导轨面为粗基准　　(b) 以床身底面为粗基准

图 7.7　磨削机床床身粗基准选择的方案比较

③粗基准要便于装夹。为使工件定位稳定，夹紧可靠，要求所选用尽量平整，没有浇口、冒口或飞边等其他表面缺陷，并有足够的支承面积的表面作为粗基准。

④同一尺寸方向上的粗基准表面只能使用一次。因为毛坯面粗糙且精度低，定位精度不高，若重复使用，在两次装夹中会使加工表面产生较大的位置误差。如图 7.8 所示，如果均以不加工表面 B 作为粗基准调头装夹车削轴的两端外圆 A、C，则无法保证外圆 A、C 的同轴度要求。

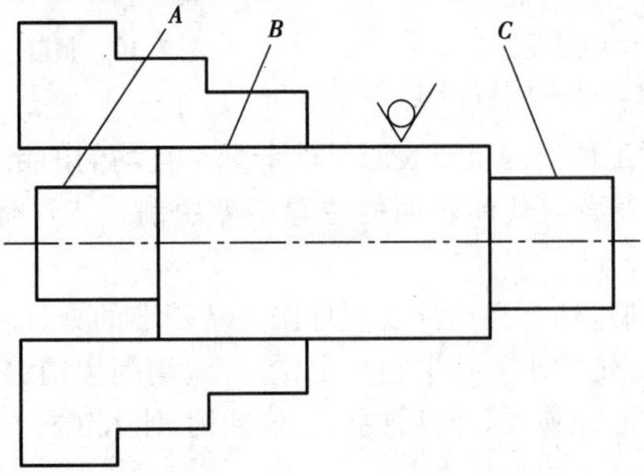

图 7.8　粗基准不得重复使用

(2)精基准的选择

选择精基准的目的是使装夹方便正确可靠,以保证加工精度。一般遵循如下原则:

①基准重合原则。应尽量选择零件上的设计基准作为工序加工的定位基准,即为"基准重合"的原则。

在对加工面位置尺寸和位置关系有决定性影响的工序中,特别是当位置公差要求较严时,一般不应违反这一原则。另外,在最后精加工时,为保证精度,更应该注意这个原则,这样可以避免因基准不重合而引起的定位误差。

②基准统一原则。在工件的加工过程中尽可能地采用统一的一组定位基准加工工件上尽可能多的表面,即为"基准统一"的原则。

采用基准统一原则,首先可以保证所加工的各个表面之间具有正确的相对位置关系。其次简化了工艺过程,使各工序所用夹具比较统一,从而减少了设计和制造夹具的时间及费用。再次可减少基准转换可能带来的误差,有利于保证加工精度。最后可在一次装夹中加工出较多的表面,提高生产率。

③互为基准原则。当对工件上两个相互位置精度要求较高的表面进行加工时,需要用两个表面互相作为基准,反复进行加工,即为"互为基准"的原则。

加工精密齿轮时,通常是在齿面粹硬以后再磨齿面及内孔,因齿面淬硬层较薄,磨削余量应力求小而均匀,因此需先以齿面为基准磨内孔,如图 7.9 所示,然后再以内孔为基准磨齿面。这样加工,不但可以做到磨齿余量小而均匀,而且还能保证轮齿基圆对内孔有较高的同轴度。

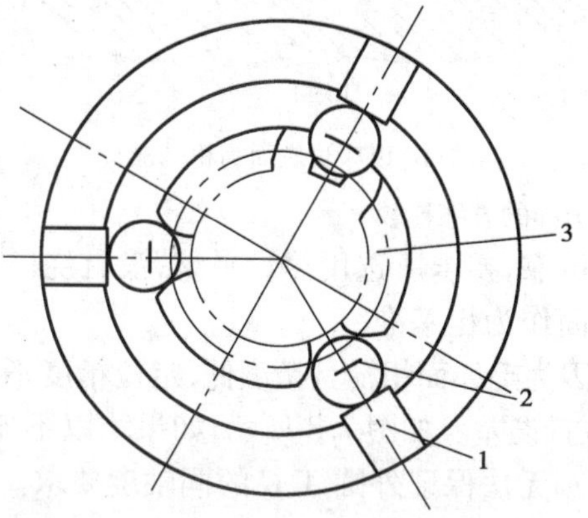

图 7.9　以齿面定位加工孔

1—螺旋卡盘夹具;2—定位钢球;3—工件(齿轮)

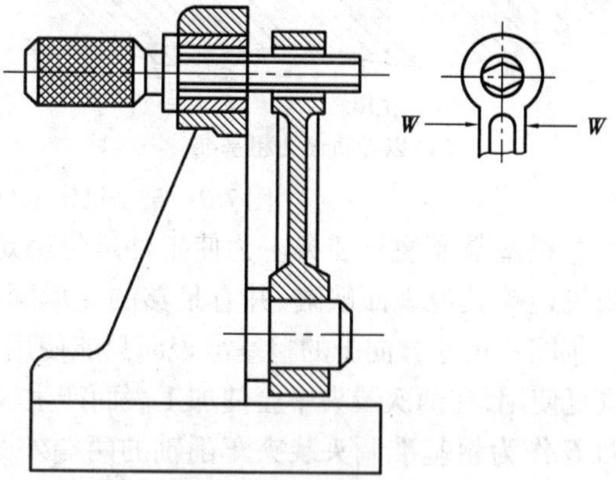

图 7.10　精基准镗削连杆小头孔

④自为基准原则。对工件上的重要表面要求余量小且均匀的精加工,应尽量选择加工表面本身作为精基准,但该表面与其他表面的位置精度由前道工序保证,即为"自为基准"的原则。

如图 7.10 所示为镗削连杆小头孔时以本身作为精基准的夹具。工件除以大孔中心和端面为定位基准外,还以被加工的小头孔中心为定位基准,用削边销定位。定位以后,在小头两侧用浮动平衡夹紧装置在原处夹紧。然后拔出定位插销,伸入镗杆对小头进行加工。

如图 7.11 所示为在导轨磨床上磨削机床床身导轨表面的加工示意图。被加工工件(床身)1 通过楔铁 2 支承在工作台上,纵向移动工作台时,轻压在被加工导轨面上的百分表指针,能给出被加工导轨面相对于机床导轨的平行度值,根据此读数,操作工人调整工件 1 底部的 4 个楔铁 2,直至工作台带动工件纵向移动时百分表指针基本不动为止,然后将工件 1 夹紧在工作台上进行磨削。这也是一个以被加工表面自为基准的加工实例。

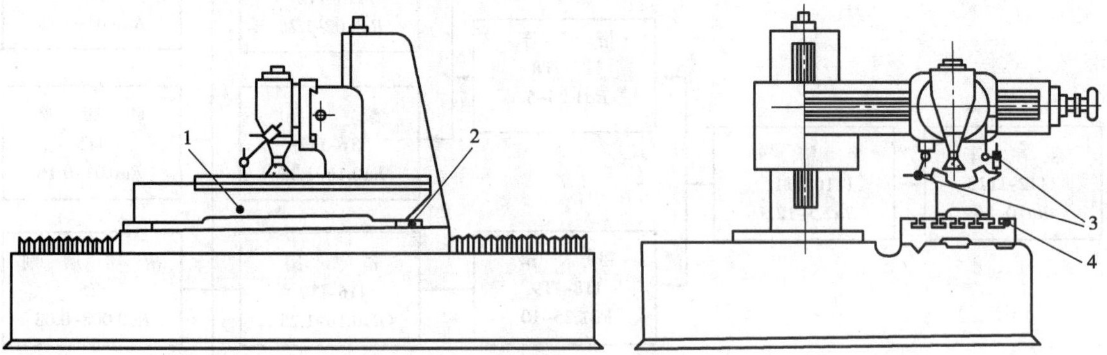

图 7.11　导轨磨床上磨削机床床身导轨表面

1—工件(床身);2—楔铁;3—百分表;4—磨床工作台

⑤工件定位准确、夹紧可靠、操作方便的原则。精基准应能保证工件定位准确、稳定、夹紧可靠。精基准应该是精度较高、表面粗糙度值较小、支撑面积较大的表面。当用夹具装夹时,选择的精基准表面还应使夹具结构简单、操作方便。

7.2.3　表面加工方法的选择

机器零件的结构形状虽然多种多样,但它们都是由一些最基本的几何表面(外圆、孔、平面等)组成的,机器零件的加工过程实际就是获得这些几何表面的过程。同一种表面可以选用各种不同的加工方法加工,但每种加工方法的加工质量、加工时间和所花费的费用却是各不相同的。工程技术人员的任务,就是要根据具体加工条件(生产类型、设备状况、工人的技术水平等)选用最适当的加工方法,加工出满足图样要求的机器零件。

具有一定技术要求的加工表面,一般都不是只通过一次加工就能达到图样要求的,对于精密零件的主要表面,往往要通过多次加工才能逐步达到加工质量要求。

在选择加工方法时,一般总是根据零件主要表面的技术要求和工厂具体条件,先选定该表面最终工序的加工方法,然后再逐一选定该表面各有关前导工序的加工方法。主要表面的加工方案和加工方法选定之后,再选定次要表面的加工方案和加工方法。通常要求如下:

①加工方法的经济精度和表面粗糙度要与零件加工表面的技术要求相适应。

②加工方法要与零件材料的切削加工性相适应。

③加工方法要与零件的结构形状相适应。

④加工方法要与零件的生产类型相适应。

⑤加工方法要与工厂(或车间)的现有生产条件相适应。

图 7.12—图 7.14 分别给出了外圆、内孔和平面的典型加工工艺路线图。

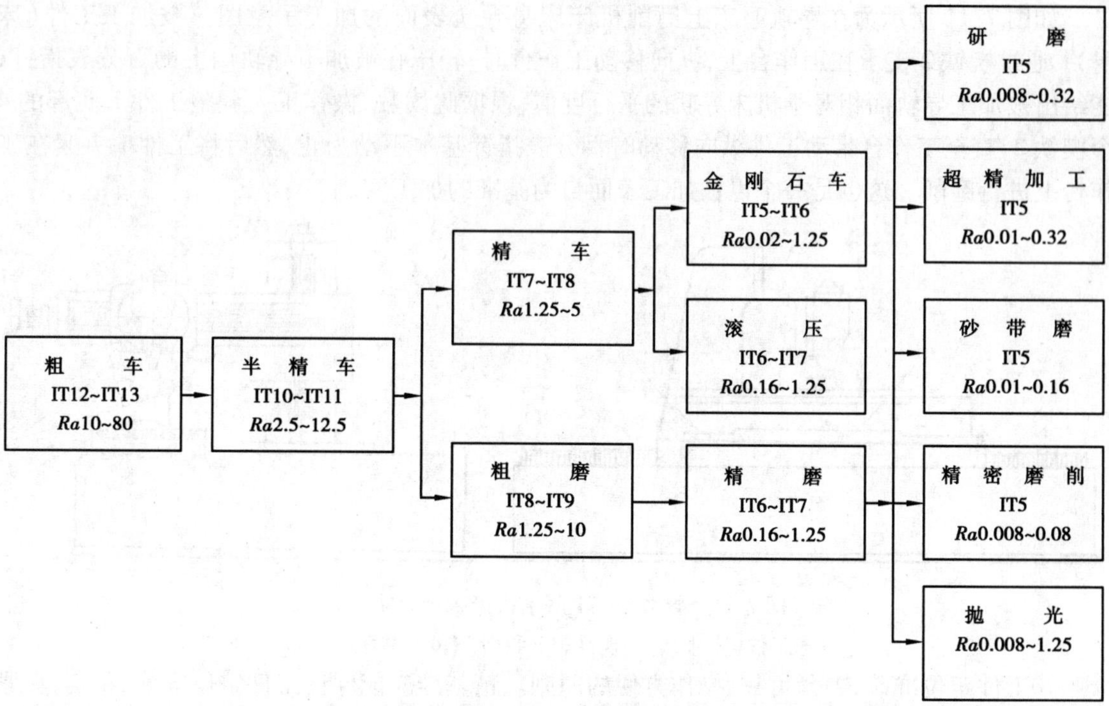

图 7.12 外圆典型加工路线

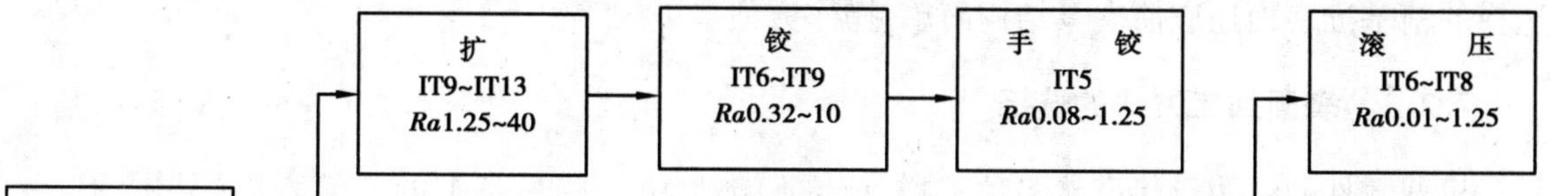

图 7.13 内孔典型加工路线

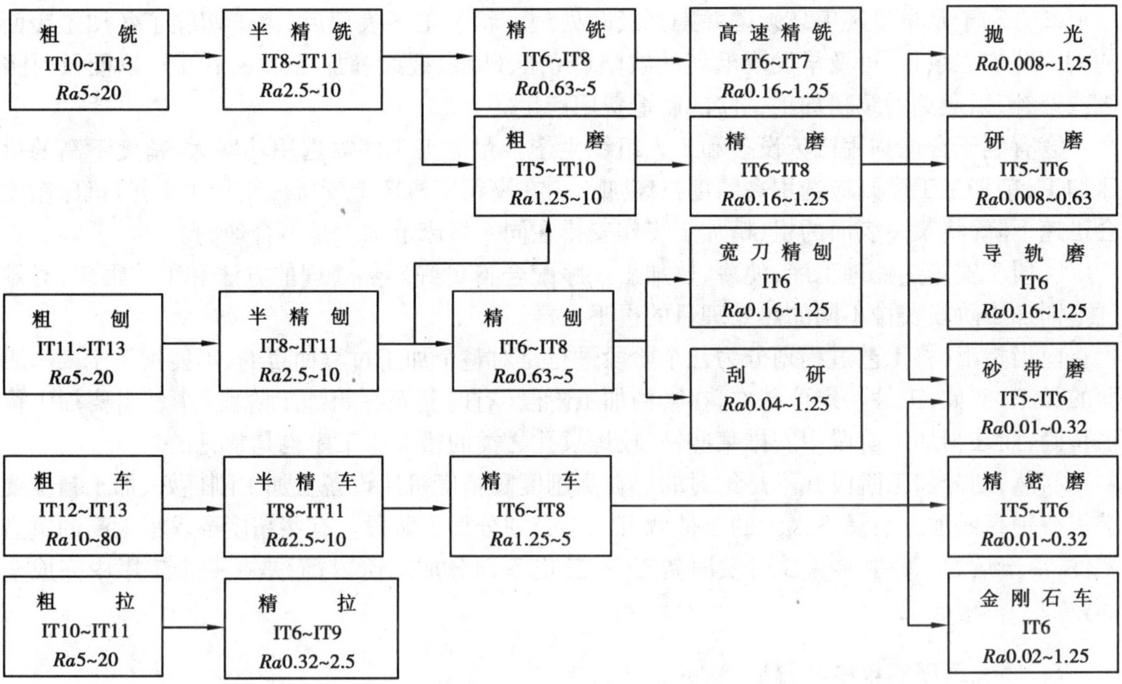

图 7.14　平面典型加工路线

7.2.4　加工阶段的划分

当零件的加工质量要求较高时，一般都要经过粗加工、半精加工和精加工等阶段。如果零件的加工精度要求特别高、表面粗糙度要求特别小时，还要安排精整和光整加工阶段。

(1)各个加工阶段的主要任务

①粗加工阶段：以效率为优先，工序目的是高效地切除加工表面上的大部分余量，使毛坯在形状和尺寸上接近成品零件。

②半精加工阶段：切除粗加工后留下的误差，使被加工工件达到一定精度，为精加工作准备，并完成一些次要表面的加工，例如，钻孔、攻螺纹、铣键槽等。

③精加工阶段：保证各主要表面达到零件图规定的加工质量要求。

④精整和光整加工阶段：对精度要求很高(IT5 以上)、表面粗糙度值要求很小($Ra<0.2\ \mu m$)的表面，尚需安排精整和光整加工阶段，其主要任务是减小表面粗糙度和进一步提高尺寸精度和形状精度，但一般没有提高表面间位置精度的作用。

(2)划分加工阶段的主要目的

①保证零件加工质量。粗加工阶段要切除加工表面上的大部分余量，切削力和切削热量都比较大，装夹工件所需夹紧力亦较大，被加工工件会产生较大的受力变形和受热变形；此外，粗加工阶段从工件上切除大部分余量后，残存在工件中的内应力要重新分布，也会使工件产生变形。如果加工过程不划分阶段，把各个表面的粗、精加工工序混在一起交错进行，那么安排在工艺过程前期通过精加工工序获得的加工精度势必会被后续的粗加工工序所破坏，这是不合理的。加工过程划分为几个阶段以后，粗加工阶段产生的加工误差，可以通过半精加工和精加工阶段逐步予以修正，这样安排，零件的加工质量容易得到保证。

②有利于及早发现毛坯缺陷并得到及时处理。粗加工各表面后,由于切除了各加工表面的大部分加工余量,可及早发现毛坯的缺陷(气孔、砂眼、裂纹和加工余量不够),以便及时报废或修补,以避免后续精加工工序的制造费用产生。

③有利于合理利用机床设备和工人组织生产。粗加工工序需选用功率大、精度不高的机床加工,精加工工序则应选用高精度机床加工。在高精度机床上安排做粗加工工作,机床精度会迅速下降,将某一表面的粗、精加工工作安排在同一机床上加工是不合理的。

④便于安排热处理工序,使冷、热加工工序配合得更好。热处理的方法和工艺很多,对零件不同加工阶段安排不同的热处理目的也不一样。

应当指出,将工艺过程划分为几个阶段进行是对整个加工过程而言的,不能拘泥于某一表面的加工,例如,工件的定位基准,在半精加工阶段(有时甚至在粗加工阶段)中就需要加工得很精确;而在精加工阶段中安排某些钻、攻螺纹孔之类的粗加工工序也是常见的。

当然,划分加工阶段并不是绝对的。在高刚度高精度机床设备上加工刚性好、加工精度要求不特别高或加工余量不太大的工件就可以不必划分加工阶段。有些精度要求不太高的重型零件,由于运送工件和装夹工件费时费工,一般也不划分加工阶段,而是在一个工序中完成全部粗加工和精加工工作。

7.2.5 工序的集中与分散

确定加工方法之后,就要按零件加工的生产类型和工厂(车间)具体条件确定工艺过程的工序数。确定零件加工过程工序数有两种截然不同的原则:一种是工序集中原则,另一种是工序分散原则。

(1)工序集中

按工序集中原则组织工艺过程,就是使每个工序所包括的加工内容尽量多些,组成一个集中工序;最大限度的工序集中,就是在一个工序内完成工件所有表面的加工。

按工序分散原则组织工艺过程,就是使每个工序所包括的加工内容尽量少些;最大限度的工序分散就是使每个工序只包括一个简单工步。

按工序集中原则组织工艺过程的特点:

①工件装夹次数减少,在一次安装中加工多个表面,易于保证相互位置精度。

②有利于采用自动化程度较高的高效专用机床和工艺装备,可以大大提高生产率。

③所用机器设备的数量少,减少了生产的占地面积和操作工人数。

④工序数目减少,缩短了工艺路线,便于生产计划管理工作。

⑤加工时间减少,减少了运输路线,缩短了加工周期。

⑥专用机床和工艺装备成本高,机床结构通常较为复杂,其调整、维修费时费事,生产准备工作量大,转换新产品比较费时。

(2)工序分散

按工序分散原则组织工艺过程的特点:

①设备及工艺装备比较简单,调整和维修方便,生产准备工作量少,生产工人技术水平要求不高也便于掌握操作技术,容易适应产品更换。

②有利于选择合理的切削用量,又易于平衡工序时间。

③设备数量多,占地面积大,工人数量要求多。

④工序数目较多,工艺路线长,生产周期长。

(3)工序集中与分散的选用

按工序集中原则和工序分散原则组织工艺过程各有特点,生产上都有应用。在实际组织安排工序时,要考虑以下基本原则:

①对于大批大量生产。使用专用机床和工艺装备组成的传统的流水线、自动线生产多采用工序分散的原则组织生产;使用多刀、多轴自动机床、加工中心,可采用工序集中的原则组织生产。

②对于多品种、中小批量生产,为便于转换和管理,多采用工序集中的原则。

③对于单件、小批生产,如果使用通用设备组织生产,可采用工序分散的原则;如果采用数控机床、加工中心、柔性制造单元等,可采用工序集中的原则。

④零件尺寸、质量较大,不易运输和安装的,应采用工序集中的原则。

7.2.6　工序顺序的安排

(1)机械加工工序的安排

机械加工工序先后顺序的安排,一般应遵循以下几个原则。

①基准先行。作为其他表面加工的精基准一般安排在工艺过程一开始就进行加工。例如,箱体零件一般是以主要孔为粗基准来加工平面,再以平面为精基准来加工孔系;轴类零件一般是以外圆为粗基准来加工中心孔,再以中心孔为精基准来加工外圆、端面等。

②先主后次。零件的主要工作表面(一般是指加工精度和表面质量要求较高的表面)、装配基面应先加工,便于及早发现毛坯中可能出现的缺陷。螺孔、键槽、光孔等可穿插进行,但一般应放在主要表面加工到一定精度之后、最终精度加工之前进行。

③先粗后精。一个零件的切削加工过程,总是先进行粗加工,再进行半精加工,最后是精加工和光整加工。这有利于加工误差和表面缺陷层的逐步消除,从而逐步提高零件的加工精度与表面质量。

④先面后孔。对于箱体、支架类零件,将零件上轮廓尺寸远比其他表面尺寸大的平面作为定位基准面稳定可靠,故一般先加工这些平面以作精基准,供加工孔和其他表面时使用。此外,在加工过的平面上钻孔比在毛坯面上钻孔不易产生孔轴线的偏斜,较易保证孔距尺寸。

(2)热处理及表面处理工序的安排

为改善工件材料切削性能安排的热处理工序,例如退火、正火、调质等,应在切削加工之前进行。

为消除工件内应力安排的热处理工序,例如人工时效、退火等,最好安排在粗加工阶段之后进行;为了减少机械加工车间与热处理车间之间的运输工作量,对加工精度要求不高的工件也可安排在粗加工之前进行。

对机床床身、立柱等结构较为复杂的铸件,在粗加工前后均须安排时效处理工序(人工时效或自然时效),使材料组织稳定,日后不再有较大的变形产生。所谓人工时效,就是将铸件以 50 ~ 100 ℃/h 的速度加热到 500 ~ 550 ℃,保温 3 ~ 5 h,然后以 20 ~ 50 ℃/h 的速度随炉冷却。所谓自然时效,就是将铸件在露天放置几个月到几年时间,让铸件在自然界经受日晒雨淋的“锤炼”,使材料组织内部应力松弛并逐渐趋于稳定。

为改善工件材料力学性能的热处理工序,例如淬火、渗碳淬火等,一般都安排在半精加工和精加工之间进行,这是因为淬火处理后尤其是渗碳淬火后工件会有较大的变形产生,为修正渗碳、淬火处理产生的变形,热处理后需要安排精加工工序。在淬火处理进行之前,需将铣槽、钻孔、攻螺纹、去毛刺等次要表面的加工进行完毕。当工件需要作渗碳淬火处理时,由于渗碳过程工件会有较大的变形产生,常将渗碳过程放在次要表面加工之前进行,这样可以减少次要表面与淬硬表面间的位置误差。

为提高工件表面耐磨性、耐蚀性安排的热处理工序,以及以装饰为目的而安排的热处理工序,例如镀铬、镀锌、发蓝等,一般都安排在工艺过程最后阶段进行。

(3)其他工序的安排

为保证零件制造质量,防止产生废品,需在下列场合安排检验工序:

①粗加工全部结束之后。

②送往外车间加工的前后。

③工时较长工序和重要工序的前后。

④最终加工之后。

除安排几何尺寸检验工序之外,有的零件还要安排探伤、密封、称重、平衡等检验工序。

零件表层或内腔的毛刺对机器装配质量影响甚大,切削加工之后,应安排去毛刺工序。

零件在进入装配之前,一般都应安排清洗工序。工件内孔、箱体内腔易存留切屑;研磨、珩磨等光整加工工序之后,微小磨粒易附着在工件表面上,要注意清洗。

在用磁力夹紧的工序之后,要安排去磁工序,不让带有剩磁的工件进入装配线。

7.2.7 机床设备与工艺装备的选择

正确选择机床设备是一件很重要的工作,它不但直接影响工件的加工质量,而且还影响工件的加工效率和制造成本。所选机床设备的尺寸规格应与工件的形体尺寸相适应,机床精度等级应与本工序加工要求相适应,电动机功率应与本工序加工所需功率相适应,机床设备的自动化程度和生产效率应与工件生产类型相适应。

选用机床设备应立足于国内,必须进口的机床设备,须经充分论证,严格履行审批手续。

如果工件尺寸太大(或太小)或工件的加工精度要求过高,没有现成的机床设备可供选择时,可以考虑采用自制专用机床。可根据工序加工要求提出专用机床设计任务书,机床设计任务书应附有与该工序加工有关的一切必要的数据资料,包括工序尺寸、公差及技术条件,工件的装夹方式,该工序加工所用切削用量、工时定额、切削力、切削功率以及机床的总体布置形式等。

工艺装备的选择将直接影响工件的加工精度、生产效率和制造成本,应根据不同情况适当选择。在中小批生产条件下,应首先考虑选用通用工艺装备(包括夹具、刀具、量具和辅具);在大批大量生产中,可根据加工要求设计制造专用工艺装备。使用数控机床加工,机时费用高,为充分发挥数控机床的作用,宜选用机械夹固式不重磨刀具和耐磨性特别好的刀具,例如,硬质合金涂层刀具、立方氮化硼刀具和人造金刚石刀具等,以减少更换刀具和预调刀具的时间。数控加工所用刀具寿命至少应保证能将一个工件加工完。

机床设备和工艺装备的选择不仅要考虑设备投资的当前效益,还要考虑产品改型及转产的可能性,应使其具有更大的柔性。

7.3　加工余量的计算

毛坯尺寸与零件尺寸越接近,毛坯的精度越高,加工余量就越小,虽然加工成本低,但毛坯的制造成本高。零件的加工精度越高,加工的次数越多,加工余量就越大。因此,加工余量的大小不仅与零件的精度有关,还要考虑毛坯的制造方法。

7.3.1　加工余量的计算

用去除材料方法制造机器零件时,一般都要从毛坯上切除一层层材料之后才能制得符合图样规定要求的零件。加工余量是指加工过程中,从加工表面切除的金属层厚度。加工余量可分为工序加工余量和总余量。

(1)工序加工余量

工序加工余量是指某一表面在某一工序中所切去的材料层厚度,它取决于同一表面相邻工序尺寸之差,也称基本余量,单边加工余量如图7.15所示。

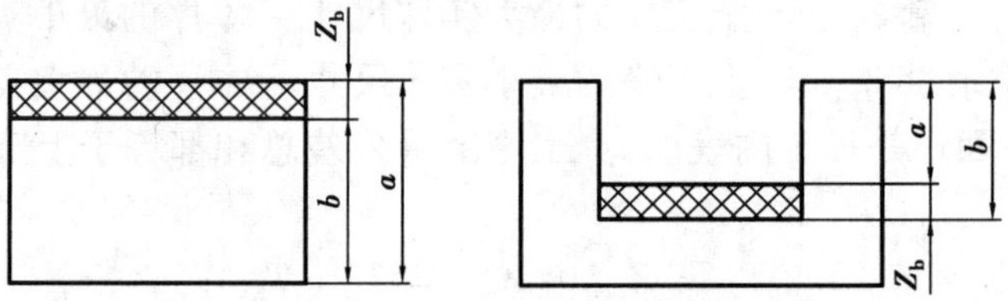

(a)外表面　　(b)内表面

图7.15　单边加工余量

对于外表面,见图7.15(a)有

$$Z_b = a - b \tag{7.2}$$

对于内表面,见图7.15(b)有

$$Z_b = b - a \tag{7.3}$$

式中　Z_b——本工序加工余量;

a——前工序基本尺寸;

b——本工序基本尺寸。

工序余量有单边余量和双边余量之分。通常平面加工属于单边余量,回转面(外圆、内孔等)和某些对称平面(键槽等)加工属于双边余量,双边余量各边余量等于工序余量的一半,如图7.16所示。

对轴:

$$Z_b = a - b \tag{7.4}$$

对孔:

$$Z_b = b - a \tag{7.5}$$

(2)总余量

总余量是指零件从毛坯变为成品的整个加工过程中某一表面切除材料层的总厚度,即零件上同一表面毛坯尺寸与零件尺寸之差,即

$$Z_s = Z_1 + Z_2 + \cdots + Z_i + \cdots + Z_n \tag{7.6}$$

式中　Z_s——总余量;

Z_i——第 i 道工序加工余量；

n——总工序数。

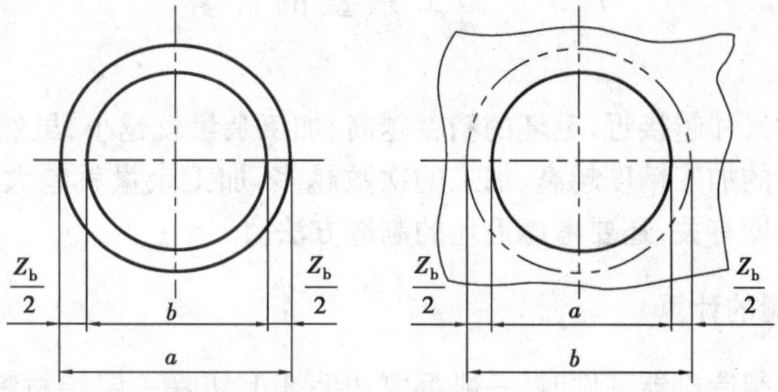

图 7.16　双边加工余量

在毛坯制造及各道工序的加工中，加工误差是不可避免的，因此毛坯尺寸、工序尺寸都有一个变动范围，即实际尺寸可在最大与最小极限尺寸之间变化，因而加工余量也产生了最大工序余量和最小工序余量。按零件的入体准则：

工序最大余量 $Z_{\max}$ = 上工序的最大实体尺寸 - 本序的最小实体尺寸

工序最小余量 $Z_{\min}$ = 上工序的最小实体尺寸 - 本序的最大实体尺寸

无论是加工外表面还是加工内表面，本工序余量公差总和都等于上工序和本工序两工序尺寸公差之和，即

$$T_Z = Z_{\max} - Z_{\min} = T_a + T_b \tag{7.7}$$

7.3.2　影响加工余量大小的因素

加工余量主要取决于前一工序加工面（或毛坯面）的状态。为了保证本工序的加工精度，需将前一工序加工面（或毛坯面）的缺陷部分去除。因此，最小加工余量应包括以下内容：

①上一工序产生的表面粗糙度 Ra 及缺陷层 T_a。

如图 7.17 所示，零件随着加工工艺过程的进行，其精度、表面粗糙度及质量都将逐步提高。后续工序的任务就是要切除上一工序留下的误差、缺陷层，不断减少表面粗糙度值，因此上一工序留下的表面粗糙度值及缺陷层是本工序中必须要切除的部分。

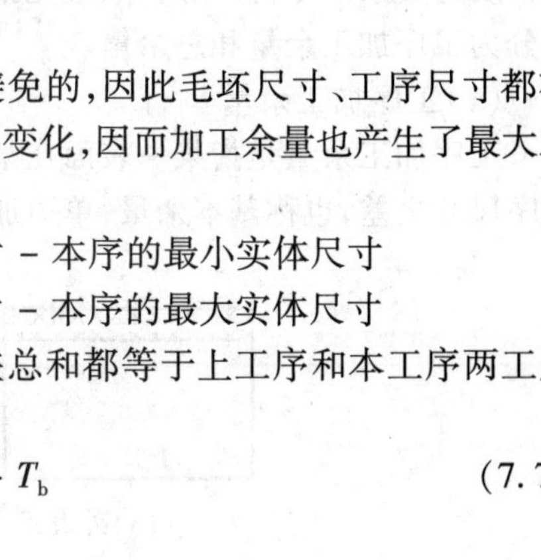

图 7.17　表面粗糙度与缺陷层

②上一工序留下的尺寸公差和各表面间相互位置的空间形位误差 ρ_a。

③本工序的安装误差 ε_b：包括定位误差和夹紧误差，这项误差直接影响被加工面相对切削刀具的位置，因此也应包含在最小余量之中。

7.3.3　确定加工余量的方法

(1)查表法

查取有关的工艺手册，如《金属机械加工工艺人员手册》等，查得的值是基本余量，基本余

量等于最小余量与上一工序尺寸公差之和，即基本余量中包含了上一工序尺寸公差，应用时需加以注意。

还需注意，各种铸件、锻件的总余量已由有关国家标准给出，并由热加工工艺人员在毛坯图上标定。对圆棒料毛坯在选用标准直径的同时，总余量也就确定了。因此用查表法确定加工余量时，粗加工工序余量一般应由总余量减去后续各半精加工和精加工的工序余量之和求得。查表法在实际生产中比较实用，各工厂应用最多。

(2)经验法

由工艺人员根据经验估计各种加工方法的余量值。

为了防止工序余量不够而产生废品，所估余量一般偏大，所以此法常用于单件小批生产。对毛坯总余量必须保证切除毛坯制造时的缺陷。如铸造毛坯时有氧化层、脱碳层、高低不平、气泡和裂纹等。铸铁毛坯顶面缺陷为1～6 mm，底面和侧面为1～2 mm；铸钢件缺陷比铸铁件深1～2 mm；碳钢锻件缺陷为0.5～1 mm。其次是机械加工和热处理时所造成的误差。在估算余量时，必须考虑上述因素。

(3)计算法

采用计算法确定加工余量比较准确，但需掌握必要的统计资料，否则较难进行，目前应用很少，有时在大批量生产中应用。

7.4　工艺尺寸链

7.4.1　尺寸链特性

(1)定义

在零件的加工或测量过程中，以及在机器的设计或装配过程中，经常遇到一些互相联系的尺寸组合。这种互相联系的、按一定顺序首尾相接排列成封闭的尺寸组，称为尺寸链。其中，由单个零件在工艺过程中的有关尺寸所组成的尺寸链称为工艺尺寸链，在机器的设计和装配过程中，由有关的零(部)件上的有关尺寸所组成的尺寸链，称为装配尺寸链。

如图7.18所示，在机床上加工套筒工件时，面3以面1为测量基准，工序尺寸为A_1；面2以面3为测量基准，工序尺寸为A_2。在面2、面3加工后，设计尺寸A_0间接得到保证，这时A_0

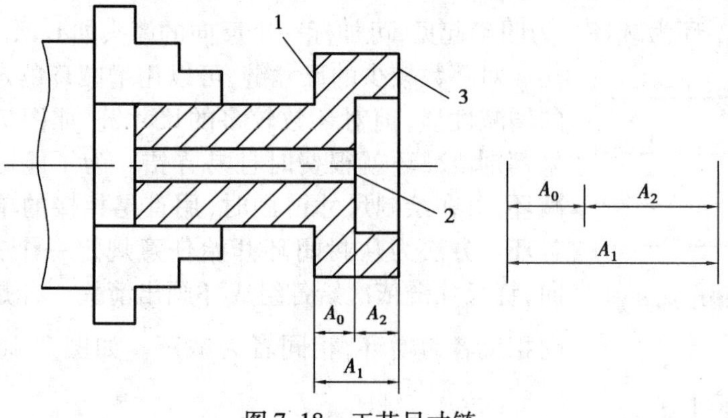

图7.18　工艺尺寸链

的精度就取决于 A_1 和 A_2 的精度,三者构成一封闭尺寸组合,即工艺尺寸链。工艺尺寸链的类型很多,本节只讨论平面线性尺寸链。

图 7.19 所示是孔与轴的装配图,在尺寸 A_2 孔中装入尺寸 A_1 的轴形成间隙(或过盈)A_0。间隙(或过盈)A_0 是尺寸 A_1 和 A_2 的装配结果,三者也构成一个封闭组合,即装配尺寸链。

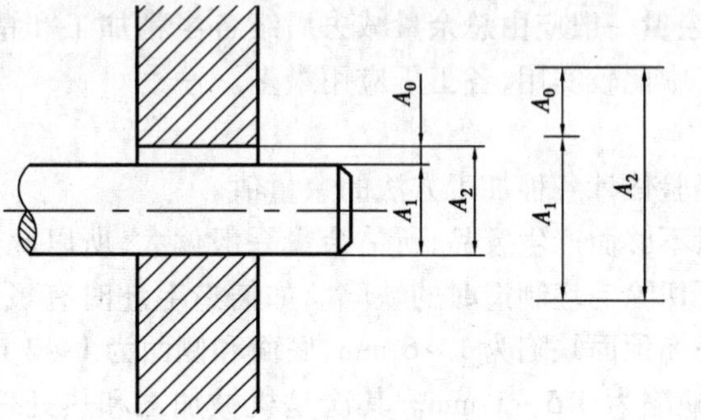

图 7.19　装配尺寸链

(2)尺寸链特征

根据以上尺寸链定义可知,尺寸链有以下两个特征:

①封闭性。尺寸链中,必须由一系列互相关联的尺寸排列成封闭的形式。其中,应包含一个间接保证的尺寸和若干个对此有影响的直接保证的尺寸。

②关联性。尺寸链中,间接保证的尺寸,其大小和变化(精度)受直接保证的尺寸精度所支配,它们具有特定的函数关系,并且间接保证的尺寸精度必然低于直接保证的尺寸精度。

(3)尺寸链的组成

组成尺寸链中各尺寸称为尺寸链的环。图 7.18、图 7.19 的 A_1、A_2、A_0 都是尺寸链中的环。这些环按对尺寸链的影响又可分为以下两种:

①封闭环。尺寸链中最终或间接获得的尺寸称为封闭环。图 7.18 和图 7.19 中的 A_0 尺寸为封闭环。显然,在一个尺寸链中有且只有一个封闭环。

②组成环。尺寸链中除封闭环外其他的尺寸均为组成环。图 7.18 和图 7.19 中的 A_1 和 A_2 是组成环。组成环又可按对封闭环的影响性质分为以下两类:

a. 增环——当其余组成环不变,而这个环增大使封闭环也增大者,例如图 7.18 中的 A_1 环、图 7.19 中的 A_2 环为增环。为明确起见,可加标一个箭头如 $\vec{A}_1$、$\vec{A}_2$。

b. 减环——当其余组成环不变,而这个环增大使封闭环反而减小者,例如图 7.18 中 A_2 环、图 7.19 中的 A_1 环为减环。为明确起见,可加标一个反向的箭头如 $\overleftarrow{A}_2$、$\overleftarrow{A}_1$。

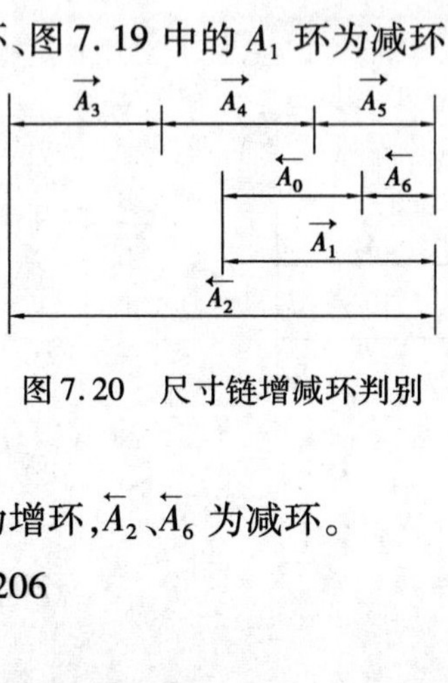

图 7.20　尺寸链增减环判别

对环数较少的尺寸链,可以用增减环的定义来判别组成环的增减性质,但对环数较多的尺寸链,如图 7.20 所示,用定义来判别增减环就很费时且易弄错。为了能迅速准确地判别增减环,可在绘制尺寸链图时,用首尾相接的单向箭头顺序表示各环。方法为从封闭环开始任意规定一个方向,然后沿此方向,绕尺寸链依次给各组成环画出箭头。凡是与封闭环箭头方向相反者为增环,相同者为减环。如图 7.20 中,$\vec{A}_1$、$\vec{A}_3$、$\vec{A}_4$、$\vec{A}_5$ 为增环,$\overleftarrow{A}_2$、$\overleftarrow{A}_6$ 为减环。

7.4.2　尺寸链的计算分类

根据已知条件的差异和计算目的的不同,尺寸链的计算形式主要有下面三类。

①正计算:如已知组成环的尺寸与极限偏差,求封闭环的尺寸与极限偏差。此类计算较简单,主要用于验证设计的正确性。

②反计算:如已知封闭环的尺寸与极限偏差,求组成环的尺寸与极限偏差。此类计算复杂,由于封闭环只有一个,而组成环有 $n-1$ 个,故需要对各组成环进行公差值的分配,主要用于设计。

③中间计算:如已知封闭环与一些组成环的尺寸和极限偏差,求某一组成环的尺寸和极限偏差。此类计算用于基准换算时工序尺寸及极限偏差的确定等工艺设计中。

尺寸链的计算方法有以下两种:

①极值法:又叫极大极小法,是利用增减环均处在最大极限尺寸或最小极限尺寸的情况下,求解封闭环的极限尺寸。

②概率法:应用概率和统计原理进行尺寸链计算的一种方法。

目前生产中一般采用极值法,概率法主要用于生产批量大的自动化及半自动化生产,以及环数较多的装配过程。

7.4.3　尺寸链的基本计算公式

极值法求解尺寸链常用的 6 个基本公式。

尺寸链简图如图 7.21 所示。

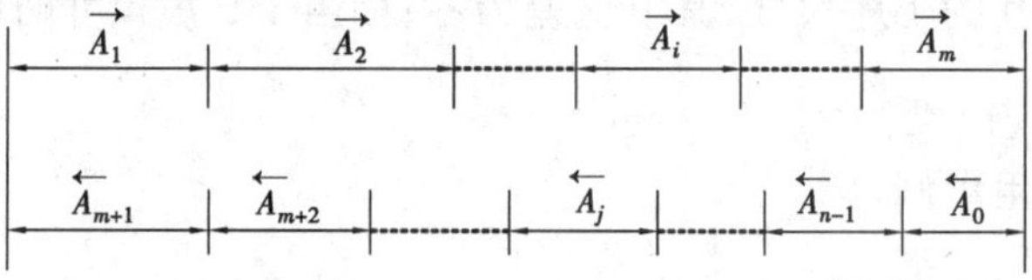

图 7.21　尺寸链简图

按增减环判别法判别:$\overrightarrow{A}_1,\overrightarrow{A}_2,\cdots,\overrightarrow{A}_m$ 为增环,$\overleftarrow{A}_{m+1},\overleftarrow{A}_{m+2},\cdots,\overleftarrow{A}_{n-1}$ 为减环。

计算公式如下:

①封闭环的基本尺寸 A_0 等于所有增环的基本尺寸之和减去所有减环的基本尺寸之和,即

$$A_0 = \sum_{i=1}^{m} \overrightarrow{A}_i - \sum_{j=m+1}^{n-1} \overleftarrow{A}_j \tag{7.8}$$

②封闭环的最大极限尺寸 $A_{0\max}$ 等于所有增环的最大极限尺寸之和减去所有减环的最小极限尺寸之和,即

$$A_{0\max} = \sum_{i=1}^{m} \overrightarrow{A}_{i\max} - \sum_{j=m+1}^{n-1} \overleftarrow{A}_{j\min} \tag{7.9}$$

③闭环的最小极限尺寸 $A_{0\min}$ 等于所有增环的最小极限尺寸之和减去所有减环的最大极限尺寸之和,即

$$A_{0\min} = \sum_{i=1}^{m} \overrightarrow{A}_{i\min} - \sum_{j=m+1}^{n-1} \overleftarrow{A}_{j\max} \tag{7.10}$$

④封闭环的上偏差 ES_{A0} 等于所有增环的上偏差之和减去所有减环的下偏差之和,即

$$ES_{A_0} = \sum_{i=1}^{m} ES_{\vec{A}_i} - \sum_{j=m+1}^{n-1} EI_{\overleftarrow{A}_j} \tag{7.11}$$

⑤封闭环的下偏差 EI_{A_0} 等于所有增环的下偏差之和减去所有减环的上偏差之和,即

$$EI_{A_0} = \sum_{i=1}^{m} EI_{\vec{A}_i} - \sum_{j=m+1}^{n-1} ES_{\overleftarrow{A}_j} \tag{7.12}$$

⑥封闭环的尺寸公差 T_{A_0} 等于所有组成环的尺寸公差之和,即

$$T_{A_0} = \sum_{i=1}^{n-1} T_{A_i} \tag{7.13}$$

由式(7.13)可知,封闭环的尺寸公差大于任何一个组成环的尺寸公差,因此在零件图上,一般是最不重要的环作为封闭环,但是零件图上的封闭环并不一定在加工过程中也是封闭环。在工艺过程中,封闭环是加工到最后自然形成的尺寸,两者应分清。当封闭环尺寸公差确定之后,组成环的环数越多,则每一组成环的尺寸公差越小,使加工困难,因此在装配中应尽量减少尺寸链的环数。这一原则称为"最短尺寸链原则"。

采用极值法解尺寸链可以用上述6个基本公式进行求解,在实际应用中化成竖式计算更为方便。方法是:第一行注明环、基本尺寸、上偏差、下偏差。第二行起填写增环、减环的基本尺寸,上下偏差,凡是增环的上下偏差,对应填写;凡是减环的上下偏差应对调位置,且在基本尺寸、上下偏差前加"负"号,最后一行对应填入封闭环尺寸及偏差,最后可求出竖式中各列增减环值的代数和等于封闭环的对应值即可。这种竖式对增环、减环的处理可归纳成口诀——"增环:上下偏差照抄;减环:上下偏差对调变号"。

计算结果按"入体方向"分布。工序尺寸公差带应单向分布,凡是相当于轴的工序尺寸,其上偏差为零;相当于孔的工序尺寸,其下偏差为零;相当于长度尺寸时,可按基轴制也可按基孔制分布。

7.4.4 尺寸链应用举例

(1)基准不重合尺寸的换算

在零件加工中,当加工表面的定位基准与设计基准不重合时,或者测量基准与设计基准不重合时,就要进行尺寸换算。

【例7.1】 套筒零件,如图7.22所示,根据设计要求,标注图7.22(a)所示的轴向尺寸 $15_{-0.35}^{\ 0}$ 和 $60_{-0.15}^{\ 0}$,对大孔深度没有明确的精度要求,只要上述两个尺寸加工合格,大孔深度就符合要求。因此,零件图上这个未标注的深度尺寸,就是零件设计时的封闭环 A_0。连接有关的标注尺寸绘成尺寸链如图7.22(b)所示,其中 $\vec{A}_1 = 60_{-0.15}^{\ 0}$ 为增环,$\overleftarrow{A}_2 = 15_{-0.35}^{\ 0}$ 为减环。用上面公式来计算封闭环 A_0,得

$$A_0 = \vec{A}_1 - \overleftarrow{A}_2 = 60 - 15 = 45$$

$$ES_{A_0} = ES_{\vec{A}_1} - EI_{\overleftarrow{A}_2} = 0 - (-0.35) = +0.35$$

$$EI_{A_0} = EI_{\vec{A}_1} - ES_{\overleftarrow{A}_2} = -0.15 - 0 = -0.15$$

$$T_{A_0} = T_{\vec{A}_1} + T_{\overleftarrow{A}_2} = 0.35 + 0.15 = 0.50$$

所以当大孔深度为尺寸链的封闭环时,其基本尺寸及上下偏差为 $45_{-0.15}^{+0.35}$。

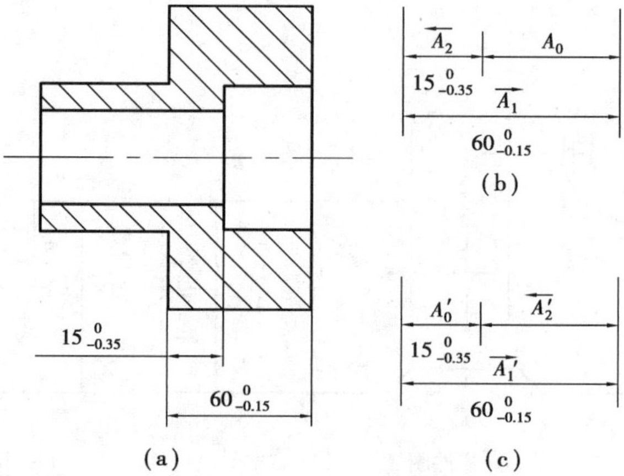

图 7.22　零件的两种尺寸链

表 7.9 为竖式计算(1),计算结果同样是 $A_0 = 45^{+0.35}_{-0.15}$。为明确起见,所求数值用方框框起来。

表 7.9　竖式计算(1)

环	基本尺寸	上偏差	下偏差
增环$\overrightarrow{A}_1$	+60	0	-0.15
减环$\overleftarrow{A}_2$	-15	+0.35	0
封闭环 A_0	$\boxed{+45}$	$\boxed{+0.35}$	$\boxed{-0.15}$

套筒在具体加工时,所构成的尺寸链有所不同,如图 7.22(c)所示。因为 $15^{\ 0}_{-0.35}$尺寸不能直接测量得到,必须通过测量大孔孔深来间接保证。这时 $15^{\ 0}_{-0.35}$就成为间接保证的尺寸链中的封闭环 A'_0,其中$\overrightarrow{A}'_1 = 60^{\ 0}_{-0.15}$仍为增环,$\overleftarrow{A}'_2$(大孔深度)成为减环,制订工艺规程时,为了间接保证尺寸 $A'_0 = 15^{\ 0}_{-0.35}$就得进行尺寸链计算,以确定大孔深度$\overleftarrow{A}'_2$的制造公差。这就是测量基准不重合引起的尺寸换算。表 7.10 为竖式计算(2),结果为$\overleftarrow{A}'_2 = 45^{+0.20}_{\ 0}$。此处注意$\overleftarrow{A}'_2$为减环,写上下偏差时要对调变号。

表 7.10　竖式计算(2)

环	基本尺寸	上偏差	下偏差
增环$\overrightarrow{A}'_1$	+60	0	-0.15
减环$\overleftarrow{A}'_2$	$\boxed{-45}$	$\boxed{0}$	$\boxed{-0.20}$
封闭环 A'_0	+15	0	-0.35

【例 7.2】　轴承座零件,如图 7.23 所示,镗孔前,表面 A、B、C 已经过加工,镗孔时,为使工件装夹方便,选择表面 A 为定位基准,并按工序尺寸 A_3 进行加工。为了保证镗孔后间接获得的设计尺寸 A_0 符合图样规定的要求,必须将 A_3 的加工误差控制在一定范围内。

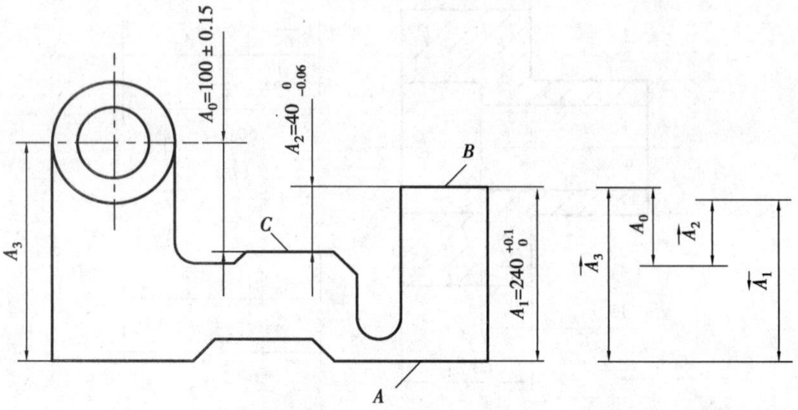

(a)零件图　　(b)尺寸链图

图 7.23　定位基准与设计基准不重合的尺寸换算

设计尺寸 A_0 是本工序加工中需要保证的尺寸,但不能直接得到,因此是封闭环。它的尺寸大小和精度受前工序尺寸 A_1 和 A_2,以及本工序的工序尺寸 A_3 的大小及精度的影响。由此连接 A_0、A_1、A_2、A_3 成封闭图形,构成尺寸链。在此尺寸链中,$\vec{A}_2$ 与$\vec{A}_3$ 为增环,$\overleftarrow{A}_1$ 为减环。

按式(7.8)计算本工序尺寸 A_3 的基本尺寸,因为

$$A_0 = \vec{A}_2 + \vec{A}_3 - \overleftarrow{A}_1$$

所以

$$\vec{A}_3 = A_0 + \overleftarrow{A}_1 - \vec{A}_2 = 100 \text{ mm} + 240 \text{ mm} - 40 \text{ mm} = 300 \text{ mm}$$

按式(7.11)计算 A_3 的上偏差,因为

$$ES_{A_0} = \sum_{i=1}^{m} ES_{\vec{A}_i} - \sum_{j=m+1}^{n-1} EI_{\overleftarrow{A}_j}$$
$$= ES_{\vec{A}_2} + ES_{\vec{A}_3} - EI_{\overleftarrow{A}_1}$$

所以

$$ES_{\vec{A}_3} = ES_{A_0} + EI_{\overleftarrow{A}_1} - ES_{\vec{A}_2} = 0.15 \text{ mm} + 0 \text{ mm} - 0 \text{ mm} = 0.15 \text{ mm}$$

按式(7.12)计算 A_3 的下偏差

$$EI_{\vec{A}_3} = EI_{A_0} + ES_{\overleftarrow{A}_1} - EI_{\vec{A}_2} = -0.15 \text{ mm} + 0.10 \text{ mm} - (-0.06) \text{ mm} = 0.01 \text{ mm}$$

得镗孔的工序尺寸为

$$A_3 = 300^{+0.15}_{+0.01} \text{ mm}$$

按表 7.11 竖式计算(3)得出相同结果。

表 7.11　竖式计算(3)

环	基本尺寸	上偏差	下偏差
A_2	40	0	-0.06
A_3	300	+0.15	+0.01
A_1	-240	0	-0.1
A_0	100	+0.15	-0.15

(2)需要继续加工表面标注的工序尺寸的计算

在工件的加工过程中,有些加工表面的测量基准或定位基准是尚待加工的表面。当加工这些基面时,同时要保证两个设计尺寸的精度要求,为此要进行工序尺寸计算。

【例7.3】 齿轮键槽孔,如图7.24所示,设计要求为:孔径 $\phi 40^{+0.05}_{0}$ mm,键槽深度尺寸为 $43.6^{+0.34}_{0}$ mm,其加工顺序为:工序Ⅰ,镗内孔至 $\phi 39.6^{+0.1}_{0}$ mm;工序Ⅱ,插键槽至尺寸 A;工序Ⅲ,热处理;工序Ⅳ,磨内孔至 $\phi 40^{+0.05}_{0}$ mm,试确定插槽的工序尺寸 A。

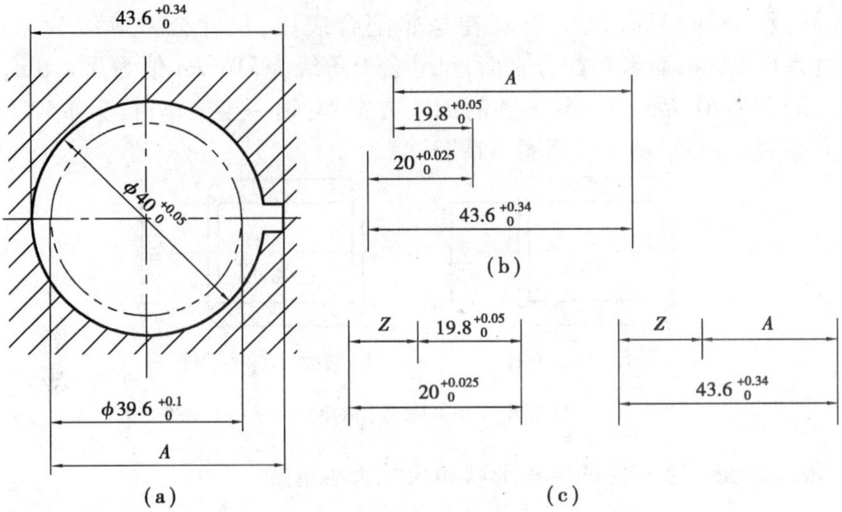

图7.24　内孔及键槽的工序尺寸的计算

解:先列出尺寸链图,如图7.24(b)所示。注意,当有直径尺寸时,一般应考虑用半径尺寸来画尺寸链。因最后工序是直接保证 $\phi 40^{+0.05}_{0}$ mm,间接保证 $43.6^{+0.34}_{0}$ mm,故 $43.6^{+0.34}_{0}$ mm为封闭环,尺寸 A 和 $20^{+0.025}_{0}$ mm为增环,$19.8^{+0.05}_{0}$ mm为减环。利用竖式计算(4)(表7.12)可得到 $A=43.4^{+0.315}_{+0.050}$ mm,再按入体原则标注得:$A=43.45^{+0.265}_{0}$ mm。

表7.12　竖式计算(4)

基本尺寸	上偏差	下偏差
43.4	+0.315	+0.050
20	+0.025	0
-19.8	0	-0.050
43.6	+0.34	0

另外,尺寸链还可以画成图7.24(c)的形式,引进了半径余量 Z,图7.24(c)左图中 Z 是封闭环,右图中的 Z 则认为是已经获得,而 $43.6^{+0.34}_{0}$ mm是封闭环,其解算结果与图7.24(b)尺寸链相同。

7.5　典型零件表面工艺方案

每一种零件表面的加工方案不是唯一的,而是随零件的结构形状、材料、精度、批量以及具体的生产条件等因素而异。

7.5.1 根据表面的尺寸精度和表面粗糙度 Ra 值选择

表面的加工方案在很大程度上取决于表面本身的尺寸精度和粗糙度 Ra 值。对于精度较高、Ra 值较小的表面，一般不能一次加工到规定的尺寸，而要划分加工阶段逐步进行，以消除或减小粗加工时因切削力和切削热等因素引起的变形，从而稳定零件的加工精度。

图 7.25(a)为隔套，(b)为衬套，其上均有 $\phi40$ 的内圆。二者虽同属轴套，都套装在轴上，且零件的材料、数量都相同，但由于前者是非配合表面，尺寸公差等级为未注公差尺寸(IT14)，Ra 值为 6.3 μm；后者是配合表面，尺寸公差等级为 IT6，Ra 值为 0.4 μm，致使二者加工方案不同。隔套 $\phi40$，$Ra6.3$ μm 内圆的加工方案为：钻→半精车；衬套 $\phi40H6$，$Ra0.4$ μm 内圆的加工方案为：钻→半精车→粗磨→精磨。

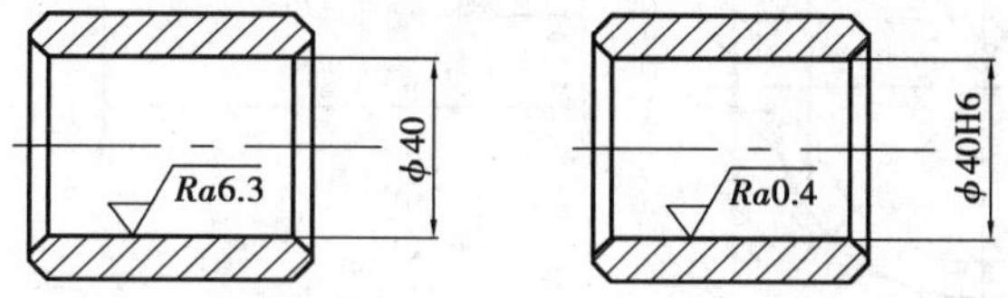

(a)隔套 HT200 2件　　(b)衬套 HT200 2件

图 7.25 隔套和衬套

7.5.2 根据表面所在零件的结构形状和尺寸大小选择

零件的结构形状和尺寸大小对表面加工方案的选择有很大的影响。这是因为有些加工方法的采用，常常受到零件某些结构形状和尺寸大小的限制，有时甚至需要选用不同类型的机床和装夹方法。

图 7.26(a)为双联齿轮，图(b)为齿轮轴，其上均有一个模数 2、齿数 32、精度 8GM 的齿轮，且零件的材料和数量相同，但由于零件的结构形状不同，致使二者齿形的加工方案完全不同。双联齿轮由于两齿轮相距很近，加工小齿轮时只能采用插齿，而齿轮轴由于零件轴向尺寸较长，不宜插齿，最好选用滚齿。

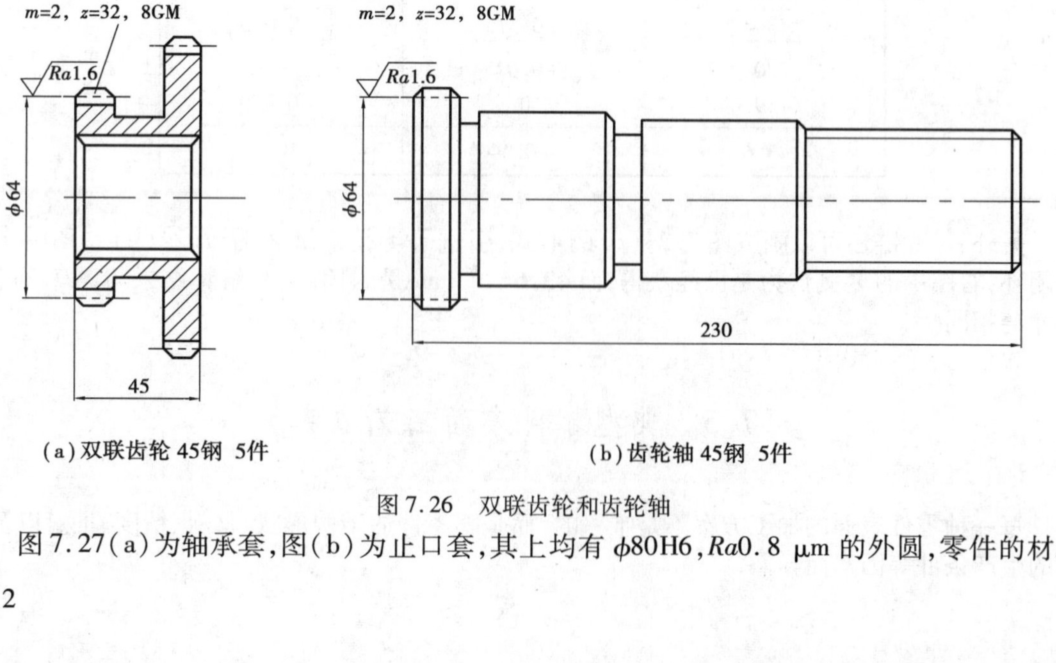

(a)双联齿轮 45钢 5件　　(b)齿轮轴 45钢 5件

图 7.26 双联齿轮和齿轮轴

图 7.27(a)为轴承套，图(b)为止口套，其上均有 $\phi80H6$，$Ra0.8$ μm 的外圆，零件的材料

和数量也相同。如果仅从尺寸公差等级(IT6)、Ra 值(0.8 μm)来看,二者外圆均可采用车、磨方案,但后者外圆只有 5 mm 长,无法磨削,只能靠车削达到。因此,轴承套 ϕ80H6,Ra0.8 μm 外圆的加工方案为:粗车→半精车→粗磨→精磨;止口套 ϕ80H6,Ra0.8 μm 外圆的加工方案为:粗车→半精车→精车。

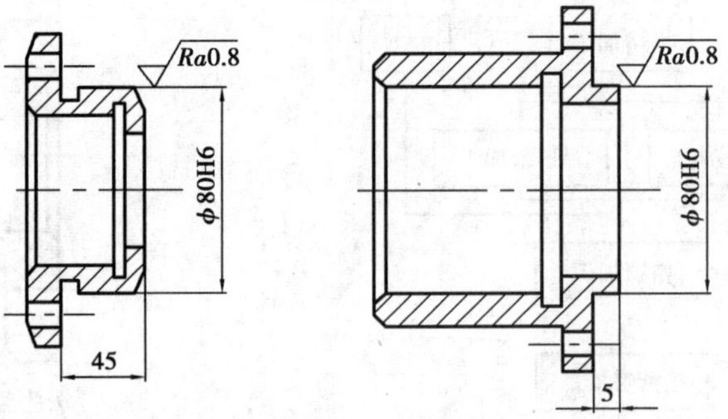

(a)轴承套 40Cr 10件　　(b)止口套 40Cr 10件

图 7.27　轴承套和止口套

图 7.28(a)为带槽滑块,图(b)为弹簧锥套,图(c)为冲击试件,材料均为 45 钢。现拟加工这三种零件上的直槽、开口和窄缝。由于三者宽度尺寸差别很大,应选用不同的加工方案。图 7.28(a)宽度为 20 mm,可选用铣直槽和刨直槽的方法加工;图 7.28(b)宽度为 4 mm,可选用锯片铣刀铣削;图 7.28(c)宽度仅为 0.2 mm,前面选用的加工方法均不能采用,而应选用线切割的方法。

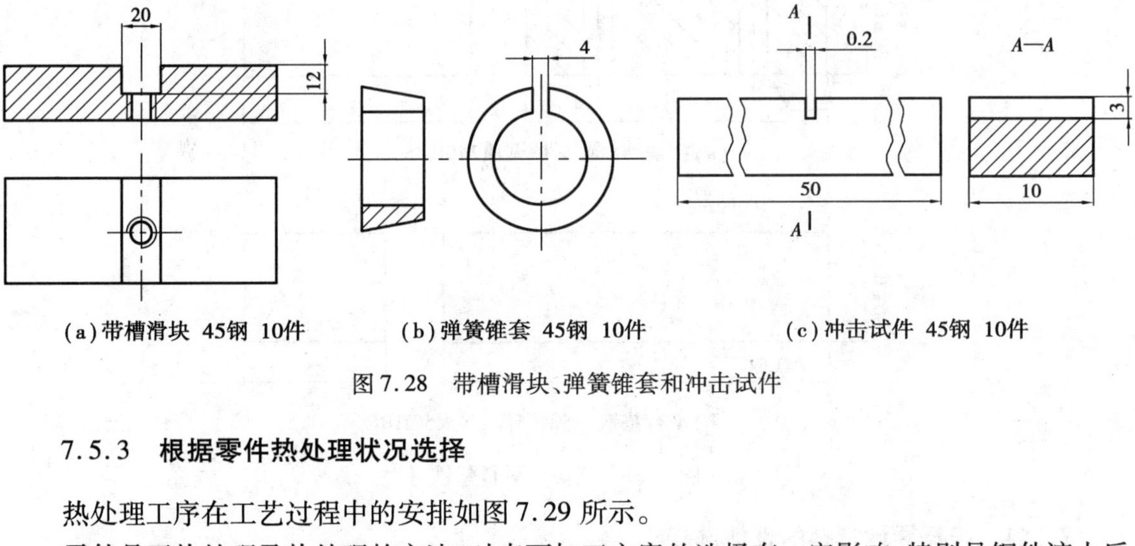

(a)带槽滑块 45钢 10件　　(b)弹簧锥套 45钢 10件　　(c)冲击试件 45钢 10件

图 7.28　带槽滑块、弹簧锥套和冲击试件

7.5.3　根据零件热处理状况选择

热处理工序在工艺过程中的安排如图 7.29 所示。

零件是否热处理及热处理的方法,对表面加工方案的选择有一定影响,特别是钢件淬火后硬度较高,用刀具切削较为困难,淬火后大都采用磨料切削加工。而且对绝大多数零件来说,热处理一般不能作为工艺过程的最后工序,其后还应安排相应的加工,以便去除热处理带来的变形和氧化皮,从而提高精度和减小表面粗糙度 Ra 值。

图 7.30 为法兰盘零件,现拟加工上面的 ϕ30H7,Ra1.6 μm 的内圆,当不要求淬火处理时,其加工方案为:钻→半精车→精车;当要求淬火处理(淬火 50HRC)时,其加工方案为:钻→半精车→淬火→磨。

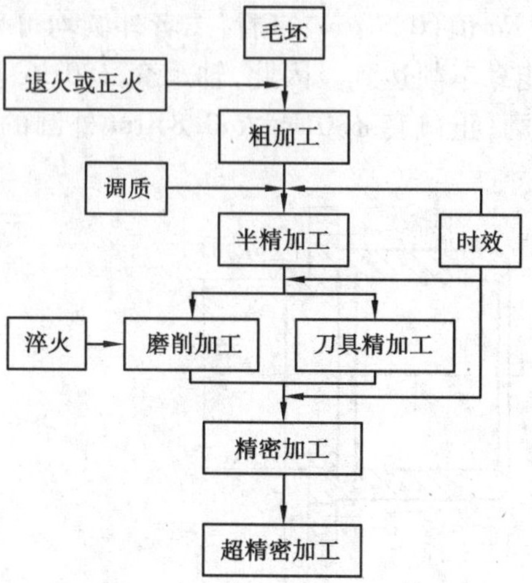

图 7.29　热处理工序在工艺过程中的安排

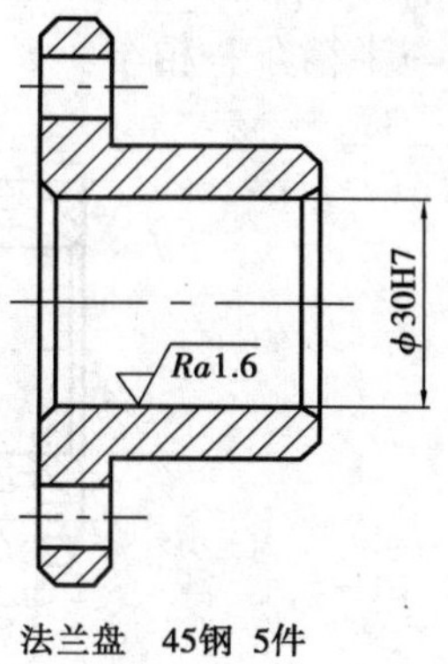

图 7.30　法兰盘零件

图 7.31(a)为挡块,图(b)为平行垫铁,现拟加工它们上面的 A、B 平面。由于挡块要求调质处理,其加工方案为:粗铣(或粗刨)→调质→半精铣(或半精刨)→精铣(或精刨);而平行垫铁要求淬火处理,淬火后就不能铣削或刨削了,必须采用磨削加工,其加工方案为:粗铣(或粗刨)→半精铣(或半精刨)→淬火→磨削。

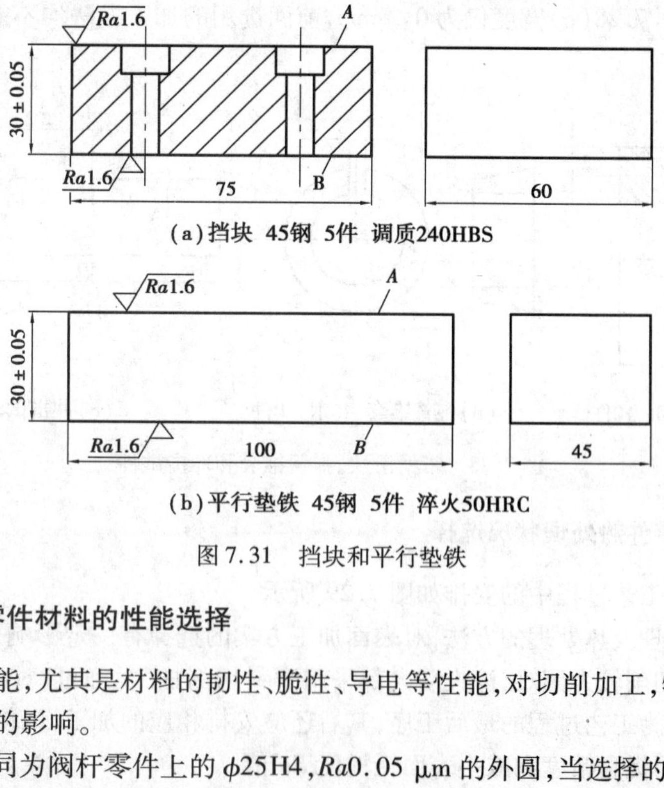

图 7.31　挡块和平行垫铁

7.5.4　根据零件材料的性能选择

零件材料的性能,尤其是材料的韧性、脆性、导电等性能,对切削加工,特别是对特种加工方法的选择有较大的影响。

在图 7.32 中,同为阀杆零件上的 ϕ25H4,Ra0.05 μm 的外圆,当选择的材料为 45 钢时,其加工方案为:粗车→半精车→粗磨→精磨→研磨;当选择的材料为有色金属青铜,塑性较大,磨削时其屑末易堵塞砂轮,不宜磨削,常用精车代替磨削,其加工方案为:粗车→半精车→精车→研磨。

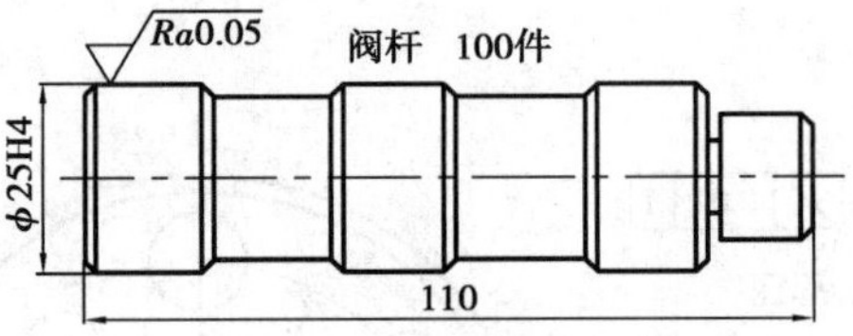

图 7.32　阀杆

加工图 7.33 所示的三种零件上的 ϕ0.15 mm 小孔，由于三种零件材料性能截然不同，应选用完全不同的加工方法。图 7.33(a)为导电材料，可选用电火花穿孔加工；图 7.33(b)为不导电材料，而且又硬又脆，可选用超声波穿孔加工；图 7.33(c)为不导电材料，且具有一定韧性，可选用激光打孔。

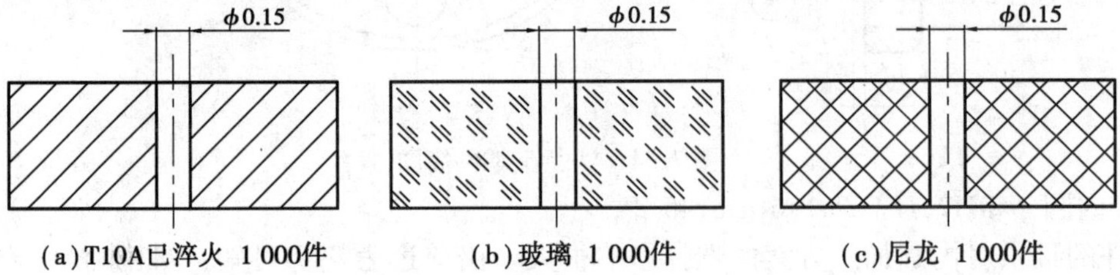

图 7.33　三种不同材料的块状零件

7.5.5　根据零件的批量选择

零件的批量是指根据零件年产量将零件分批投产，每批投产零件的数量，按照零件的大小、复杂程度和生产周期等因素，可分为单件、成批(小批、中批、大批)和大量生产 3 种。加工同一种表面，若零件批量不同则需选用不同的加工方案。在单件小批生产中一般采用普通机床；在大批大量生产中则尽量采用专用机床或生产线。

以上介绍的仅为选择表面加工方案的主要依据。在实际应用中，这些依据常常不是独立的，而是相互重叠和交叉的。因此，在具体选用时，应根据具体条件全面考虑，灵活运用，不能教条主义，一叶障目，顾此失彼。只有这样，才能选择出优质、高产、安全、低耗的加工方案。

7.5.6　表面加工方案选用实例

【例 7.4】　法兰盘零件，其简图如图 7.34 所示。材料为 45 钢，数量分别为 10 件、1 000 件、100 000 件。试选择外圆 ϕ55g7、内圆 ϕ40H7、6-ϕ12 孔、6-M6-7H 螺纹孔的加工方案，并确定所用的机床、夹具和刀具。

分析如下：

法兰盘零件数量有 10 件、1 000 件、100 000 件三种情况。该零件属轻型零件，10 件、1 000 件和 100 000 件分属单件生产、中批生产和大量生产。选择该零件的表面(尤其是内圆)加工方案时，要充分考虑批量这个因素。

(1)外圆 ϕ55g7，IT7，*Ra*0.8 μm，45 钢

根据材料、尺寸精度和 *Ra* 值，似乎选择前述表 4.6 中的外圆车削类方案和车磨类方案均可。由于该外圆的长度仅为 4 mm，其结构不宜磨削，只能采用车削类方案，即表中的序号 3。不论批量多少，ϕ55g7 的加工方案均为：粗车→半精车→精车。采用车床、三爪自定心卡盘和 90°右偏刀。

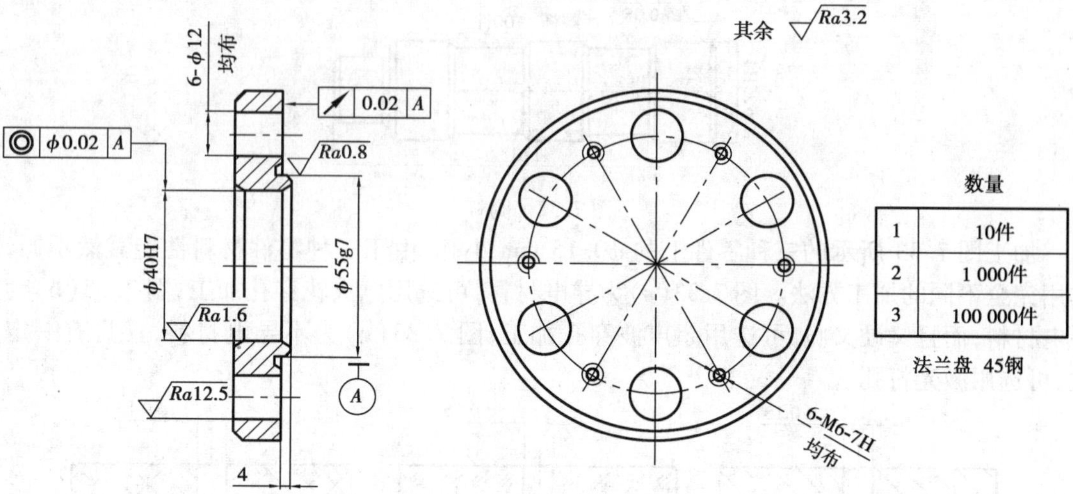

图 7.34 法兰盘零件简图

(2)内圆 ϕ40H7,IT7,Ra1.6 μm,45 钢

零件的批量对内圆加工方案的选择影响很大。由前述表 4.7 可知:单件小批生产宜选用车(镗)类方案中的序号 11;中批生产宜选用钻扩铰类方案中的序号 16;大批大量生产宜选用拉削类方案(即序号 8)。因此,内圆 ϕ40H7 的加工方案随零件批量不同而异。10 件:毛坯选用圆钢棒料,其加工方案为粗镗(车)→半精镗(车)→精镗(车),采用车床、三爪自定心卡盘装夹、麻花钻和车孔刀。1 000 件:毛坯选用胎模锻件,孔已锻出,其加工方案为钻→(扩)→粗铰→精铰→珩磨,采用车床、三爪自定心卡盘装夹、车孔刀、扩孔钻和铰刀。100 000 件:毛坯选用模锻件,孔已锻出,其加工方案为钻→扩→拉,采用车床和拉床,工件在车床上用三爪自定心卡盘装夹,在拉床上不用装夹,刀具分别为车孔刀和内圆拉刀。

(3)6-ϕ12 孔,IT14,Ra12.5 μm,45 钢

均采用钻床钻孔,装夹方法可随零件数量不同而异:单件生产可用平口虎钳装夹按划线钻孔;中批生产可用分度头卡盘垂直装夹,分度钻孔;大批大量生产可用钻模钻孔。

(4)6-M6-7H 螺纹孔,精度 7 级,Ra3.2 μm,45 钢

均采用攻螺纹方案,单件生产可用手攻,批量较大采用机攻。

上述分析结果列于表 7.13 中。

表 7.13 法兰盘有关表面加工方案的选择

序号	表面	零件数量	加工方案	机床	夹具	刀具
1	ϕ55g7	10	粗车、半精车、精车	车床	三爪自定心卡盘	90°右偏刀
		1 000				
		100 000				
2	ϕ40H7	10	钻、半精车、精车	车床	三爪自定心卡盘	麻花钻、车孔刀
		1 000	粗车、扩孔、铰孔	车床	三爪自定心卡盘	车孔刀、扩孔钻、铰刀
		100 000	钻、扩、拉孔	车床	气动或液压卡盘	车孔刀
				拉床	—	内圆拉刀

续表

序号	表面	零件数量	加工方案	机床	夹具	刀具
3	6-ϕ12	10	钻孔	钻床	平口虎钳	麻花钻
		1 000	钻孔	钻床	分度头卡盘	麻花钻
		100 000	钻孔	钻床	钻模	麻花钻
4	6-M6	10	攻螺纹(可手攻)	—	虎钳	丝锥
		1 000	攻螺纹(机攻)	钻床	分度头卡盘	丝锥
		100 000	攻螺纹(机攻)	钻床	钻模	丝锥

【例 7.5】　V 形铁零件,其简图如图 7.35 所示。材料为 HT200,数量 2 件,两次时效处理。试选择平面 A, B,C,D,E,F 和 V 形槽的加工方案及所用机床、夹具和刀具。

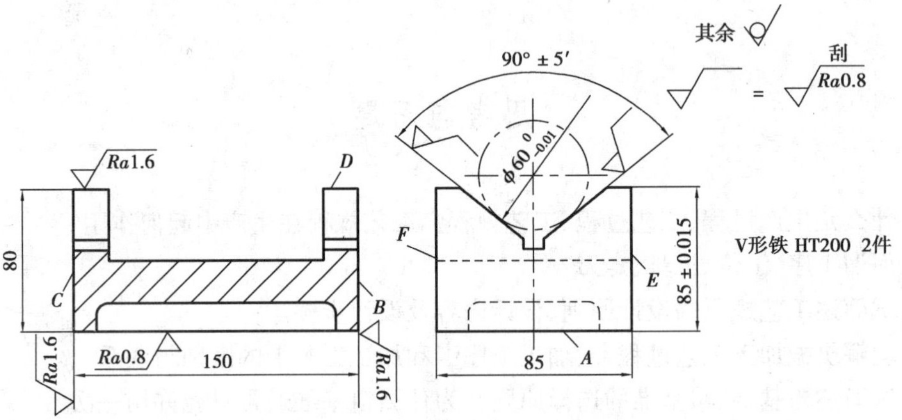

图 7.35　V 形铁零件简图

分析如下:

V 形铁为六面体零件,该零件主要是平面的加工,应根据本书前述表 4.8 选择加工方案,并注意两次时效处理的安排。

(1)平面 A,Ra0.8 μm,HT200,2 件

应选择铣(刨)磨类方案中的序号 7,即粗刨(或粗铣)→精刨(或精铣)→磨削。刨削时,采用牛头刨床、平口虎钳和平面刨刀;磨削时采用平面磨床、电磁吸盘和砂轮。

(2)平面 B,C,D,E,F,Ra1.6 μm,HT200,2 件

仅就这 5 个平面来说,可以选择铣(刨)类方案,即粗刨(或粗铣)→精刨(或精铣)。但从整个零件看,由于平面 A 需要磨削,所以这 5 个表面最好也选用与平面 A 相同的方案,即粗刨(或粗铣)→精刨(或精铣)→磨削。所用机床、夹具和刀具均与平面 A 相同。

(3)V 形槽,Ra0.8 μm(图样标注要用刮削的方法达到),角度为 90° ±5′,检验心轴的中心高为 85 ±0.015,HT200,2 件

很显然,应选择本书表4.8中的序号5,即粗刨(或粗铣)→精刨(或精铣)→刮研。采用牛头刨床、平口虎钳、左偏刀、右偏刀及刮刀等。

将上述分析结果列于表7.14中。

表7.14 V形铁有关表面加工方案的选择

序号	表面	加工方案	机床	夹具	刀具
1	平面 A	粗刨(或粗铣)→精刨(或精铣)→磨削	牛头刨床、平面磨床	平口虎钳、电磁吸盘	平面刨刀、砂轮
2	平面 B,C,D,E,F	粗刨(或粗铣)→精刨(或精铣)→磨削	牛头刨床、平面磨床	平口虎钳、电磁吸盘	平面刨刀、砂轮
3	V形槽	粗刨(或粗铣)→精刨(或精铣)→刮研	牛头刨床	平口虎钳	左偏刀、右偏刀、平面刮刀

思考与习题

7.1 什么是生产过程、工艺过程、工艺规程?工艺规程在生产中起何作用?

7.2 何谓工序、工位、工步、走刀?

7.3 试简述工艺规程的设计原则、设计内容及设计步骤。

7.4 理解机械加工工艺过程卡、加工工序卡和加工工艺卡的区别与联系。

7.5 试简述粗基准、精基准的选择原则。为什么粗基准通常只允许用一次?

7.6 机械加工过程一般都要划分加工阶段的目的是什么?

7.7 简述按工序集中原则、工序分散原则组织工艺过程的工艺特征。它们各用于什么场合?

7.8 安排工序顺序时,一般应遵循什么原则?

7.9 什么是加工余量、工序余量和总余量?

7.10 试分析影响工序余量的因素。为什么在计算本工序加工余量时必须考虑本工序装夹误差和上工序制造公差的影响?

7.11 题图7.1(a)为一轴套零件的半剖视图,7.1(b)为车削工序简图,7.1(c)给出了钻孔工序三种不同定位方案的工序简图,要求保证题图7.1(a)所规定的位置尺寸(10 ±0.1) mm的要求。试分别计算工序尺寸 A_1、A_2 与 A_3 的尺寸及公差。为表达方便,图中只标出了与计算工序尺寸 A_1、A_2、A_3 有关的轴向尺寸。

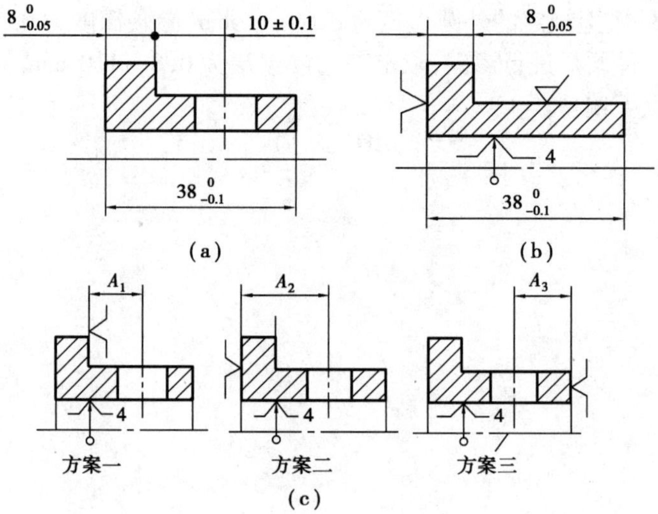

题图 7.1

7.12 题图 7.2 为齿轮轴截面图,要求保证轴径尺寸 $\phi28^{+0.024}_{+0.008}$ mm 和键槽深 $t=4^{+0.16}_{0}$ mm。其工艺过程为:①车外圆至 $\phi28.5^{0}_{-0.10}$ mm;②铣键槽槽深至尺寸 H;③热处理;④磨外圆至尺寸 $\phi28^{+0.024}_{+0.008}$ mm。试求工序尺寸 H 及其极限偏差。

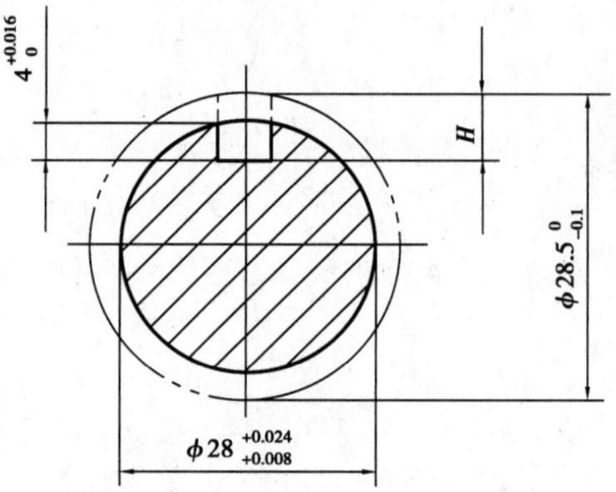

题图 7.2

7.13 加工题图 7.3(a)所示零件有关端面,要求保证轴向尺寸 $50^{\ 0}_{-0.1}$ mm,$25^{\ 0}_{-0.3}$ mm 和 $5^{+0.4}_{0}$ mm。题图 7.3(b),(c)是加工上述有关端面的工序草图,试求工序尺寸 A_1、A_2、A_3 及其极限偏差。

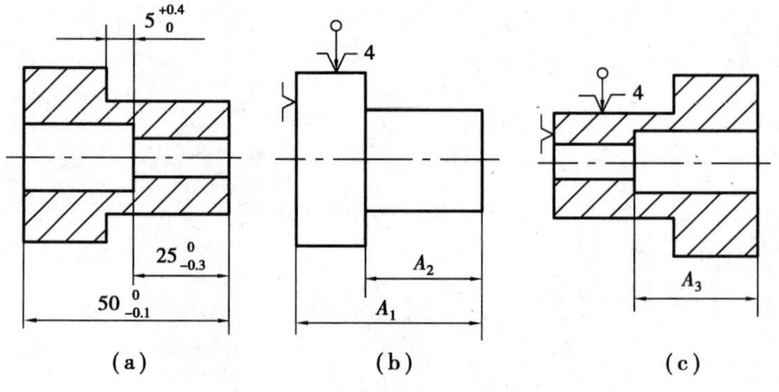

题图 7.3

7.14 设某一零件图上规定的外圆直径为 $\phi32_{-0.05}^{\ 0}$ mm,渗碳深度为 0.5 ~ 0.8 mm,现为使此零件可与另一种零件同炉进行渗碳,限定工艺渗碳层为 0.8 ~ 1.0 mm。试计算渗碳前车削工序的直径尺寸及上下偏差。

参考文献

[1] 卢秉恒.机械制造技术基础[M].4版.北京:机械工业出版社,2018.
[2] 倪晓丹,杨继荣,熊运昌.机械制造技术基础[M].北京:清华大学出版社,2007.
[3] 苏建修.机械制造基础[M].2版.北京:机械工业出版社,2006.
[4] 韩春鸣.机械制造基础[M].北京:化学工业出版社,2006.
[5] 袁绩乾,李文贵.机械制造技术基础[M].北京:机械工业出版社,2001.
[6] 张亮峰.机械加工工艺基础与实习[M].北京:高等教育出版社,1999.
[7] 庄万玉,等.制造技术[M].北京:国防工业出版社,2005.
[8] 黄镇昌.互换性与测量技术[M].广州:华南理工大学出版社,2001.
[9] 蔡光起.机械制造技术基础[M].沈阳:东北大学出版社,2016.
[10] 孔庆华.金属工艺学实习[M].上海:同济大学出版社,2005.
[11] 徐宏海.数控加工工艺[M].北京:化学工业出版社,2004.
[12] 韩荣第,王杨,张文生.现代机械加工新技术[M].北京:电子工业出版社,2003.
[13]《机械工程标准手册》编委会.机械工程标准手册:基础互换性卷[M].北京:中国标准出版社,2001.
[14] 吴圣庄.金属切削机床[M].北京:机械工业出版社,1980.
[15] 王隆太.先进制造技术[M].北京:机械工业出版社,2003.
[16] 傅水根.机械制造工艺基础[M].2版.北京:清华大学出版社,2004.
[17] 蔡建国,吴祖育.现代制造技术导论[M].上海:上海交通大学出版社,2000.
[18] 王红岩,蔡卫东,史锦屏.智能制造系统的关键技术[J].锻压机械,2001,36(6):3-4.